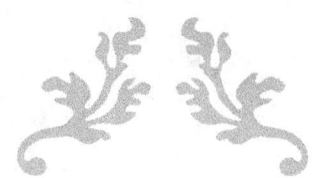

HOMO HACKING

DEL TRANSHUMANISMO AL POSTHUMANISMO

OSCAR PARDO

2021 HOMO HACKING, All Rights Reserved

© 2021 Oscar O. Pardo Guzmán All Rights Reserved

Este libro está dedicado a mis padres y a mis hijas:
Karen Tatiana y Danna Sofía

CONTENIDO

CONTENIDO 4
INTRODUCCION 7
I. PREHUMANISMO 13
  ¿QUÉ ES LA TIERRA? 18
  ¿CÓMO FUE LA FASE INORGÁNICA? 21
  ¿CÓMO FUE LA FASE ORGÁNICA, PREHUMANA? ... 25
    ¿Cómo pudo ser el inicio y evolución de las células? 39
    Clasificación de los seres vivos 43
II. HUMANISMO 59
  ¿QUÉ NOS DIFERENCIA DE OTROS ANIMALES? 63
  ¿CÓMO EVOLUCIONÓ EL HOMO SAPIENS? 71
    Prehistoria humana 74
    Historia Humana 79
  EVOLUCIÓN DE LA CIENCIA 89
    Algunos hechos relevantes de la historia de la ciencia 92
    Ciencia, industria, política y economía 94
    La Gran ciencia 95
    La Tecnociencia 97
  EVOLUCION DE LA MEDICINA 99
III. TRANSHUMANISMO 133
  ¿CÓMO COMENZÓ EL TRANSHUMANISMO? 143
    Algunos logros médicos que condujeron al transhumanismo 146
    Algunos logros de ingeniería que condujeron al transhumanismo . 176
  REALIDAD ACTUAL DEL TRANSHUMANISMO 193
    ¿En qué momento un humano se convierte en transhumano? 194

EL TRANSHUMANISMO Y SU ENTORNO **203**

ETAPA DEL MEJORAMIENTO EN EL TRANSHUMANISMO **206**

    La condición humana 214

CAMBIOS PROPIOS DEL TRANSHUMANISMO **218**

    1. Inmortalidad 218

    2. Eterna juventud 225

    3. Libertades morfológicas y funcionales 234

    4. Capacidades super humanas 239

    5. Cyborg 243

    6. Biohacking 248

TRANSHUMANISMO Y SOCIEDAD **253**

    La ciencia y otras variables 257

    Posibles problemas del transhumanismo 267

IV. POSTHUMANISMO *273*

    Interfaz homo-computer 289

¿COMO PODRIAN SER LOS POSTHUMANOS? **295**

UNA MAÑANA EN MARTE **300**

DATOS DEL AUTOR **311**

Bibliografía **313**

INTRODUCCION

Aun no logramos develar muchos eventos relacionados con **nuestro origen**, nuestra esencia, el sentido de la vida humana, las probabilidades de seguir existiendo, la felicidad, el hambre, la pobreza y otros dilemas que han permanecido en el escenario desde que tenemos razón. Sin embargo, es tan grande la curiosidad del homo sapiens, que sin conocer adecuadamente el pasado ya queremos modificarnos de forma artificial.

En el imaginario de todas las generaciones, ha permanecido el deseo de ser **inmortales, la eterna juventud, los superpoderes físicos y mentales, ser más bellos, conocer los secretos de la naturaleza y de dios,** etc. Acudimos a la ciencia y la metafísica para resolver las inquietudes fundamentales y alimentar las esperanzas de satisfacer esos imaginarios de forma material o inmaterial; como, por ejemplo, lograr la vida eterna en una dimensión más allá de la terrenal. Gracias al desarrollo mental y la ficción creíble, las sociedades han evolucionado rodeando ideas y sueños compartidos por muchos.

Aprendimos a controlar y modificar algunos entornos a voluntad y conveniencia humana, desafiando la evolución natural. Ya no solo necesitábamos adaptarnos para sobrevivir y evolucionar; sino que podíamos modificar a nuestro antojo los ecosistemas planetarios, para que se adaptaran a nuestras necesidades y deseos. La naturaleza mantenía en secreto las leyes y códigos universales, que había utilizado para dar curso a la evolución desde el Big Bang. Fuimos capaces de **hackear** a la naturaleza y acceder a sus sistemas de información para realizar modificaciones en el mismo o en los elementos controlados por ella.

No nos satisficimos en conocernos y describirnos por fuera, sino que **accedimos al interior**. Las primeras civilizaciones se interesaron en examinar cuerpos humanos cuando éstos sufrían heridas de guerra o eran víctimas de sacrificios rituales, con especial interés en la cavidad abdominal. En Egipto durante el periodo helenístico-ptolemaico (siglos IV y III a.C.), Herófilo (335 – 280 a.C.) y Erasístrato (310 – 250 a.C.) realizaban disecciones anatómicas humanas para obtener conocimientos profundos de anatomía y a la vez, lograban información sobre manifestaciones viscerales de ciertas enfermedades. Aproximadamente por el 250 a.C. se practican **autopsias**, se estudian muertes naturales y violentas para la búsqueda de "lo normal y lo anormal". Luego surgió la **cirugía** y múltiples procedimientos de implantación de **prótesis, órganos, tejidos, elementos electrónicos**, etc.

Fuimos capaces de lograr la **fertilización, por fuera del ser humano**. Louise Brown en 1978 (Inglaterra) fue el primer **bebé "probeta"** producto de la fusión extracorpórea de los gametos masculino y femenino (Fecundación in vitro, FIV), llevada a cabo por los pioneros en esta técnica, los doctores Robert G. Edwards y Patrick Steptoe. Hoy nacen muchos niños mediante estos procesos.

El 5 de julio de 1996 nace la oveja Dolly, fue el primer mamífero **clonado** a partir de una célula somática adulta. Sus creadores fueron los científicos del Instituto Roslin de Edimburgo, Ian Wilmut, Keith Campbell. Se consiguió de forma asexual, copias idénticas de un organismo, célula o molécula ya desarrollado. Con la clonación se abrieron también otras posibilidades de investigación, como la copia de animales transgénicos, es decir genéticamente modificados, para crear razas enteras con características predefinidas, de modo que, por ejemplo, fueran resistentes a los virus. Al parecer; aún no hemos clonado a un homo sapiens.

La naturaleza decidía la **procreación**, luego de una relación sexual entre un hombre y una mujer. En el Papiro de Petri, de 1850 antes de Cristo (a.C.), figuraban ya las recetas anticonceptivas. Una aconsejaba el uso de excremento de cocodrilo mezclado con una pasta que servía como vehículo, usado seguramente como pesario insertado en la vagina; otra receta consistía en una irrigación de la vagina con miel y bicarbonato de sodio nativo natural. El segundo texto importante, El Papiro de Ebers, contiene la primera referencia a un tapón de hilaza medicado... *"Tritúrese con una medida de miel, humedézcase la hilaza con ello y colóquese en la vulva de la mujer"*. Soranos, el ginecólogo más importante de la antigüedad, hizo la descripción más brillante y original sobre las técnicas anticonceptivas antes del siglo XIX: *"Un anticonceptivo se diferencia de un abortivo en que el primero no permite que tenga lugar la concepción, mientras que el último destruye lo que ha sido concebido..."*. Se fueron desarrollando diferentes mecanismos y dispositivos para intentar la anticoncepción; como el diafragma, el condón, espermicidas, dispositivos intrauterinos y en 1956 el doctor Pincus anuncia en Puerto Rico el descubrimiento de la píldora; que se generalizo en todo el mundo.

La naturaleza mantenía celosamente guardada la información de la vida, hasta que en 1953 James Watson y Fancis Crick hackearon ese misterio y descubrieron la estructura del DNA, la **molécula portadora del programa genético de los organismos vivos,** se componía de subunidades llamadas nucleótidos. Un nucleótido está formado por un azúcar (desoxirribosa), un grupo fosfato y una de cuatro bases nitrogenadas: adenina (A), timina (T), guanina (G) o citosina (C). El descubrimiento de los planos y códigos por los que se rige la molécula de la vida propició avances de los que se han derivado el diagnóstico y la terapia genéticos o la creación de animales y plantas transgénicos. Tomamos las llaves de la vida y comenzamos a jugar a ser dioses.

Luego, Neil Harbisson un artista vanguardista, que padecía de acromatopsia; solo veía en blanco, gris y negro, decidió convertirse en el **primer ciborg** en 2004, implantándose una antena permanentemente en su cabeza; está osteointegrada dentro de su cráneo y sale de su hueso occipital. La antena le permite oír las frecuencias del espectro de luz incluyendo colores invisibles como infrarrojos y ultra violetas. Incluye conexión a internet que le permite recibir colores de satélites y de cámaras externas, así como también recibir llamadas telefónicas directamente a su cráneo. Después de él han venido otros, que se atreven, cada vez más, a juntar la biología con la tecnología.

Estos y otros progresos científicos y tecnológicos, hicieron posible pensar; que era viable; **biohackear** al homo sapiens y a otras especies, con el objetivo de transformar la condición y la **evolución humana natural**, mediante **mecanismos artificiales**, provenientes del desarrollo e implementación de tecnologías presentes y futuras.

Sin que existiera, algún plan histórico; el progreso cultural, filosófico y científico, nos ha conducido al **transhumanismo;** en donde ya no solo estamos sujetos; a la también desconcertante evolución natural, sino que, accedimos a los secretos naturales, y comenzamos a modificar e incorporar **nuevas reglas evolutivas**; que proceden de la voluntad y el desarrollo del homo sapiens. Estamos yendo, más allá del ser humano, que la naturaleza tenía "planeado", para convertirnos en "**HOMO HACKING**", al romper los sistemas de seguridad que contenían la información biológica para beneficio o perjuicio de los individuos humanos. La naturaleza queda complementada o remplazada, por una serie de **biohacker** expertos, con capacidades para modificar, remplazar, sustituir los códigos o planos genéticos y la biología y la fisiología humana; permitiendo cambios morfológicos, mentales, emocionales en individuos con ciertas patologías o para prevenir algunas enfermedades. Estas mismas tecnologías útiles para curar o prevenir padecimientos, podrán ser también utilizadas para mejorar física, psíquica y moralmente a una elite deseosa de inmortalidad, eterna juventud, superpoderes, mayor felicidad y calidad de vida.

Ya estamos transitando por el **H+**, convirtiéndonos progresivamente en individuos hackeados y por lo tanto diferenciados de forma artificial, de las generaciones homo sapiens, que nos antecedieron. No se trata de un plan macabro u orquestado por unos pocos, simplemente es una circunstancia connatural al desarrollo científico, que, por primera vez, se presenta como una alternativa para satisfacer algunos deseos ancestrales; ya no de forma sobrenatural, si no materializándolos en el plano físico y terrenal.

El transhumanismo es un tipo de evolución que combina la natural; a la que debemos nuestra existencia, con la artificial; controlada por la ciencia y los intereses humanos. La **evolución antropo-dirigida**, es un experimento novedoso y por lo tanto riesgoso, no obstante, algunos individuos ya están trabajando en ello. Es tal el interés y los recursos invertidos, que muy rápidamente veremos resultados y en 100 o 200 años estos cambios podrán ser tan drásticos y acumulativos, que podrán originar al **homo hybridus**, posiblemente con algunos rasgos humanos, pero con tantos cambios físicos, psíquicos y espirituales, que ya no se podrán llamar humanos.

Sí, no todos llegan al **posthumanismo**, entonces la raza humana habrá quedado relegada y superada por una nueva especie, muy posiblemente superior. Si la especie humana en su conjunto va por el transhumanismo, aterrizará en el posthumanismo, hackeados de tal manera que perderemos la esencia humana.

Para entender mejor este extraño fenómeno evolutivo, conduciré al lector, por un recorrido histórico, científico y filosófico que se inicia en el **prehumanismo**, desde cuando se presume apareció la vida; cuando aún no estábamos en los planes de la vida o de un Dios, hasta la llegada de los homo sapiens; dando origen al periodo del **humanismo**. La capacidad cognitiva produjo un hito evolutivo, que nos ha hecho creer que somos superiores y dignos de transformar el entorno, colonizar otros lugares del universo y automodificarnos a conveniencia.

Hemos tenido épocas de gran impotencia frente a la incertidumbre y la naturaleza; pero hemos aprendido a adaptarnos, a crear realidades subjetivas; llenas de ficción, que nos han ayudado a darle sentido a la existencia individual y de la especie humana. Dios ha sido parte fundamental de la agenda humana y en él nos hemos resguardado en las adversidades y para resolver los misterios de forma metafísica, mediante la fe y la esperanza. La concepción de Dios ha venido cambiando con cada cultura y época, y posiblemente lo siga haciendo en este tránsito al posthumanismo.

Las herramientas que nos están conduciendo por el transhumanismo son muy variadas, e irán surgiendo cada vez más. Los descubrimientos y avances de hoy apalancarán mayores y sorprendentes innovaciones en el futuro. La ciencia y tecnología del transhumanismo se ha concentrado en **biotecnología**, con la genética y la manipulación celular; **la cibernética y la robótica**, con la posibilidad de crear todo tipo modificaciones físicas y funcionales a nuestro organismo actual; la **nanotecnología**, interviniendo en el mundo de lo ultra pequeño; **la inteligencia artificial**, con la posibilidad de modificar el entorno con nuevas máquinas, y así mismo, **integrarnos** física y/o mentalmente a sistemas cognitivos individuales o colectivos de tipo electrónico, cuántico, mixtos, etc.

En el fondo estos cambios buscan **prolongar la vida**; bajo el entendido que la enfermedad y la muerte son fallas biológicas; que deben tener solución y ya la senescencia o fecha de caducidad humana tiene poco sentido. La medicina tradicional se fundamentó en aspectos terapéuticos con el propósito de "reparar", pero el nuevo escenario se dirige al "**mejoramiento**" con un enfoque multidisciplinario e incorporando nuevas ciencias y tecnologías. El deseo del transhumanismo abarca mejoras físicas, psíquicas, emocionales, intuitivas, espirituales, etc. Me gusta incluir el aspecto espiritual; pero ignoro, si en este tránsito, la espiritualidad llegue al posthumanismo.

También me aventuro, en los campos de la ciencia ficción, al plantear respuestas a: ¿Cómo podrían ser los posthumanos?; ¿Serán híbridos, de materiales diversos, con genética o apariencia de otros animales o plantas, con materiales inorgánicos, metales, platicos u nuevos tipos de materiales?; ¿Con tecnología robótica y nano de autodiagnóstico, regeneración celular y de tejidos, con inteligencia artificial incorporada e interconectada con otros sistemas biológicos o virtuales, etc.? ¿Podrán existir individuos tan interconectados, que los **posthomo sapiens**, existirán como individuo-especie, en donde ya no existe la privacidad y además no se necesita, sino solo el colectivo, con funcionalidad pública?

¿Los posthumanos cambiaran tanto que los individuos ya no necesitaran el sexo como medio de reproducción; ya que no necesitaran nacer de una madre; sino crearse en un laboratorio?

¿La **felicidad** también será una meta y se buscaran muchas formas de obtener placer y bienestar y anular el dolor, la tristeza o el disconfort? Puede ser que, en el posthumano, la felicidad deje de ser una necesidad, dada las variantes biológicas y culturales. En fin, este libro es un viaje por la historia, la ciencia, la filosofía y posiblemente por la imaginación.

I. PREHUMANISMO

Aunque desconocemos el **origen del universo**, evolutivamente hemos construido nuestra historia a partir del Big Bang, sucedido hace aproximadamente 13.800 millones de años; suponemos que con esta gran explosión se produjo el inicio cósmico. También podría ser un fenómeno más; dentro de un perenne ciclo evolutivo, que aún no podemos teorizar. Es posible que el universo sea un continuo circular, y lo que consideramos el comienzo, sea también el fin de un lapso previo y así repetidamente. Puede haber firmamentos paralelos o múltiples y nosotros solo estamos ocupando una de sus dimensiones. El Big Bang se pudo dar a partir de una pequeña partícula super densa, que mantenía concentrado el universo pasado; que luego de su expansión, como nos ocurre actualmente, volvió a aglutinarse, para luego volverse nuevamente inestable y generar una nueva explosión, promoviendo el siguiente periodo de tiempo.

Creemos que existe la **materia y la energía** y entre ellos, una serie de sustancias intermedias; que van desde la antimateria, la anti energía, la materia oscura, partículas elementales, cuerdas vibrantes, fotones, quarks, gluones, etc.; algunas de las cuales se perciben en ocasiones como onda y en otras como partícula. No conocemos el estado más pequeño o nanoscopico de esa relación materia-energía-vibración.

El concepto de una **unidad básica** data de los antiguos griegos; uno de los primeros filósofos en dar respuesta a cómo estaba constituida la materia fue Tales de Mileto. Él propuso que la materia básica o «**elemento**» que formaba todas las cosas del universo era el agua, ya que de todas las sustancias es la que parece encontrarse en mayor cantidad. El agua rodea la Tierra, impregna la atmósfera en forma de vapor, corre a través de los continentes, y la vida tal como la conocemos sería imposible sin ella. Anaxímenes (585-524 a. C.), otro filósofo griego de la ciudad de Mileto, propuso que el aire era esa sustancia elemental. Heráclito de Éfeso pensó que la sustancia elemental era el fuego. Empédocles (490-439 a. C.) nacido en Sicilia, pensó que la respuesta a esta pregunta no era un solo elemento, sino todos los que ya se habían propuesto: el agua, el aire, el fuego y agregó un cuarto elemento; la tierra. Aseguraba que cada elemento tenía un lugar en el orden del Universo; en la parte superior estaba el fuego, después el aire, el agua y por último la tierra. Aristóteles también pensaba que los cielos estaban formados por un quinto elemento, al que llamó éter.

Así, continuamos con muchas teorías de las sustancias más elementales; hasta que John Dalton, en 1800 desarrolló una teoría atómica en la cual proponía que cada elemento químico estaba compuesto de un **único átomo**, y aunque no pueden ser alterados o destruidos por medios químicos, estos pueden combinarse para formar estructuras más complejas (compuestos químicos). Niels Bohr estableció por primera vez un modelo estructural para el átomo, a la manera de un sistema planetario, y que daba cuenta de los fenómenos de emisión de luz por parte de ciertos gases. Desde ese momento hasta ahora, las ideas han evolucionado, dejando atrás las órbitas de Bohr, e introduciendo las ideas de probabilidad que son parte de la teoría fundamental del presente: la mecánica **cuántica**, inspirada por Planck en 1900, que propuso la existencia de un cuanto de energía para la luz, cuya magnitud era proporcional a su frecuencia. Posiblemente el universo sea infinito hacia lo macro, como hacia lo microscópico, pero con nuestro conocimiento científico aun no lo podemos develar.

La búsqueda de respuestas sobre el origen del cosmos y la vida; permite hasta las ideas más descabelladas, porque nadie ha dicho la última palabra al respecto. En ese juego imaginativo cabe la posibilidad; que seamos solo una experiencia virtual, en el cual no existimos realmente, sino que creemos existir, dentro de los parámetros programados del videojuego, que está jugando alguien superior; que inclusive podría ser un posthumano, que se recrea en su consola con un "game" llamado "la historia de la humanidad". Por fines existenciales, prefiero opinar, que realmente somos lo creemos ser. Seres evolucionados, con ciertas propiedades físico-químicas y una pisca de inmaterialidad, que llamamos espíritu y coexistimos con otros seres en el planeta Tierra.

Estamos cursando una parte de la historia, que se ha dado por llamar transhumanismo, en donde los homo sapiens estamos transitando por algún tipo de evolución artificial y no solo natural, como había sido hasta hace poco. Este modelo antropodirigido es una aventura evolutiva, que nos está llevando por nuevos caminos filosóficos, éticos, científicos y evolutivos. Para muchas personas este proceso aun es imperceptible y va continuar siéndolo; porque está siendo manejado por unos pocos, que ya decidieron por el resto de la humanidad, transitar por este desconocido sendero de la evolución.

Ya, hace algún tiempo con la presencia del homo sapiens, se le fue usurpando poder a la naturaleza, se están hackeando sus códigos secretos, y el planeta para bien o para mal, ha sido intervenido por decisiones u omisiones humanas. Esta especie se especializó en crear herramientas y modificar el entorno con ellas, y ahora decidió modificarse a sí misma, sin esperar los designios de la naturaleza o de Dios.

El camino de las modificaciones producidas por la evolución natural, han conducido a la creación y desaparición de especies, en los 4.200-3.800 millones de años que lleva la vida en nuestro planeta. Los homos sapiens hemos vivido cerca de 320.000 años, según los restos más antiguos encontrados en Marruecos. No sabemos cuánto tiempo puede sobrevivir la especie humana, según las reglas de la evolución natural y en ese tiempo, a qué tipo de modificaciones nos veremos avocados.

No se puede entender completamente el transhumanismo, sino se conocen los antecedentes evolutivos, biológicos, históricos, científicos y filosóficos, entre otros. No somos un producto terminado, ni hemos llegado al top de nuestras posibilidades evolutivas. Estamos y continuamos en un proceso evolutivo; que siempre alberga un nivel de incertidumbre.

El **prehumanismo** corresponde a un largo periodo de la vida en la Tierra, en la cual todavía no existíamos. En este periodo las fechas son tentativas, pero son producto de diferentes investigaciones científicas. Aun coexisten **teorías científicas y metafísicas** del origen del cosmos, de la vida, del ser humano, del sentido de la vida, de la muerte, del más allá, etc. Al parecer a ambas les hemos encontrado utilidad y hasta consagrados científicos, creen en un dios creador y en su poder para mantener las cosas como están. Estas creencias metafísicas se han materializado en una gran cantidad de religiones, cultos, santerías, mitos, magia, etc. que han acompañado a los homo sapiens desde sus orígenes.

Con la explosión de **Big Bang**, un "algo" o un "nada" que contenía toda la materia y energía del universo actual, creo una nueva dimensión espacio-tiempo en la cual esa primigenia se ha estado expandiendo en proporciones infinitas. La hora cero de la génesis sideral fue hace aproximadamente 13.800 millones de años y en algún momento y lugar del cosmos, se fue dando una acumulación de gases y partículas, que luego se fueron juntando para formar un pequeño sistema de planetas girando alrededor de una estrella. Esto sucedió hace 5.000 millones de años generando lo que conocemos como **sistema solar** y 8 planetas se fueron formado en su interior (Mercurio, Venus, Tierra, Marte, Júpiter, Saturno, Urano, Neptuno). El sistema solar se encuentra en un rincón de **la Vía Láctea**, el diámetro de la galaxia es de 100.000 años luz, es decir, es inmensamente grande. Es por eso que si queremos saber cuántos planetas hay en la vía láctea es imposible contarlos uno a uno. Por un lado, porqué hay muchísimos, pero por otro lado porque no tenemos la tecnología suficiente como para poder detectarlos todos. Sin embargo, numerosos astrónomos han realizado diferentes estudios y cálculos que nos permiten saber que en la galaxia hay cerca de 160.000 millones de planetas en 300.000 millones de sistemas solares.

En el universo observable hay más de 2.000 millones de galaxias. Si multiplicamos 8 (planetas) por 300.000.000.000.000 (de sistemas solares) por 2.000.000.000 (de galaxias) nos da que, solo en el universo observable pueden haber cerca de 4.800.000.000.000.000.000.000.000 planetas.

A la Tierra le corresponde el tercer puesto de cercanía al Sol. Esta condición de distancia nos provee de buena energía solar y la atmosfera nos protege de algunos rayos perjudiciales. Nuestro planeta tiene un diámetro de 12.742 km y es un millón de veces más pequeño que el Sol. Tenemos una Luna que gira alrededor de la Tierra. El sistema solar también gira dentro de la galaxia y todos nos movemos siguiendo el curso de la expansión cósmica.

Existe el espacio y el tiempo; que al parecer conforman una misma dimensión. En un principio se pensaba que el **espacio** era vacío, pero hoy se sabe que está ocupado por la **materia oscura,** que ocupa más del 85% del universo. El **tiempo** (del latín tempus) es una magnitud física con que se mide la duración o separación de acontecimientos. El tiempo permite ordenar los sucesos en secuencias, estableciendo un pasado, un futuro y el presente; que está formada por eventos simultáneos a uno en particular. Mediante la percepción creamos una realidad subjetiva e intersubjetiva, con pasado, presente y futuro.

¿QUÉ ES LA TIERRA?

La Tierra antes de la aparición de la vida, era muy turbulenta, porque aún se estaba consolidando y vivía sometida a toda suerte de fenómenos naturales muy dramáticos; incluyendo el impacto frecuente de micropartículas y meteoros procedentes del exterior. Ese dinamismo no ha desaparecido, pero se ha hecho menos trágico.

La Tierra es el mayor de los planetas interiores y se creó como todos los planetas restantes del sistema solar, hace aproximadamente 4.6 miles de millones de años. La Tierra originaria se formó por la colisión y fusión de fragmentos de rocas más pequeños, de los denominados **planetesimales**. El planeta se fue calentando por causa de las desintegraciones radiactivas, por la creciente presión en su interior y, además, por el bombardeo de partículas provenientes del Universo. Esto llevó finalmente a la fusión del hierro, que como elemento líquido más pesado se hundió en el centro de la tierra y formó el núcleo terrestre. Tras el enfriamiento de la corteza terrestre externa aparecieron los primeros continentes.

La corteza terrestre está formada por un 70% de superficie líquida y un 30% de tierra firme. Su aspecto actual es el resultado provisional de alteraciones permanentes, de las que se consideran responsables distintas fuerzas tanto de tipo interno (endógenas) como externo (exógenas). Entre las fuerzas endógenas se cuentan los procesos tectónicos, de formación de montañas o de la actividad volcánica. Entre las fuerzas exógenas encontramos el agua (en forma de precipitaciones, mares, lagos, ríos), el viento y el hielo móvil. Estos factores provocan distintos procesos de lixiviación (sustancias solubles y cuerpos de tamaño pequeño se desplazan hacia el interior) y sedimentación (acumulación de materiales tras sufrir erosión y haber sido transportados) que llevan a una transformación continua de la superficie terrestre. También la influencia humana (**antropógena**) deja visibles huellas en la superficie terrestre.

La superficie de la Tierra es de 510.1 millones de km2 (liquida 361 millones de km2 y tierra firme 149 millones de km2) recubierta por la atmosfera (78% nitrógeno, 21% oxígeno y 1% gases nobles). Con una temperatura media superficial de 15° y una gravedad superficial en el ecuador de 9.78 m/s.

La Tierra en la fase prehumana paso por dos **etapas** principales; una **inorgánica** que va desde los 4.600 millones de años, cuando en promedio se formó la Tierra y una segunda fase hasta hace 3.800 millones de años, cuando al parecer comenzó la vida o etapa **orgánica**.

La historia de la Tierra comenzó con un pasado violento, sofocante y tóxico, incompatible para la vida; esta faceta de nuestro planeta, sin duda, nos resultaría muy poco amigable, y era más parecida al infierno que es hoy Venus. Después de un periodo inicial en que la Tierra era una masa incandescente, las capas exteriores empezaron a solidificarse, pero el calor procedente del interior las fundía de nuevo. Finalmente, la temperatura bajó lo suficiente como para permitir la formación de una corteza terrestre estable. Al principio la Tierra no tenía atmósfera, y por eso recibía muchos impactos de meteoritos. La actividad volcánica era intensa, lo que motivaba que grandes masas de lava candente saliesen al exterior y aumentasen, gradualmente, el espesor de la corteza al enfriarse y solidificarse.

Esta actividad de los volcanes generó una gran cantidad de gases que acabaron formando una capa sobre la corteza. Su composición era muy distinta de la actual, pero fue la primera capa protectora y permitió la aparición del agua líquida. Algunos autores llaman "**Atmósfera I**" a esa atmósfera primordial de la Tierra formada por hidrógeno y helio, con algo de metano, amoníaco, gases nobles y poco, poquísimo, oxígeno. En las erupciones, a partir del oxígeno y del hidrógeno se generaba vapor de agua que, al ascender por la atmósfera, se condensaba, dando origen a las primeras lluvias. Al cabo del tiempo, con la corteza más fría, el agua de las precipitaciones se pudo mantener líquida en las zonas más profundas de la corteza terrestre, formando mares y océanos, es decir, una hidrosfera.

Un **compuesto inorgánico** es todo aquel combinado formado por dos o más elementos químicos, los cuales **carecen de carbono** o, de presentarlo, carecen de enlaces entre el carbono y el hidrógeno. Se agrupan según sean estos ácidos, bases, óxidos y sales, además de otros compuestos. Ejemplos de sustancias inorgánicas: Amoníaco (NH_3),

Bicarbonato de sodio (NaHCO3), Agua (H2O), Dióxido de carbono (CO2), Óxido de calcio o Cal(CaO) y Óxido nitroso (N2O).

Los **compuestos orgánicos** forman parte de la **constitución de todos los seres vivos** y representan la mayor cantidad de elementos químicos que existen. Definen las funciones de los organismos, por lo que constituyen la "química de la vida". Forman parte de los procesos y reacciones químicas de la vida que permiten a las células desarrollar las funciones que un ser necesita para existir. Un compuesto orgánico es todo aquel que tiene como base **el carbono**. Sus enlaces son covalentes, de carbono con carbono, o entre carbono e hidrógeno. Es sintetizado principalmente por seres vivos, sin embargo, también puede sintetizarse artificialmente. Los compuestos de este tipo constituyen la rama de la química orgánica.

Como lo demostró el químico alemán Friedrich Wöhler (1800-1882) cuando consiguió sintetizar urea, **los compuestos inorgánicos pueden generar compuestos orgánicos**, como tuvo que suceder al inicio de la vida. Con ello, se refutó la noción de la "fuerza vital", cuya idea era que solo los seres vivos tenían la capacidad producir materia orgánica.

¿CÓMO FUE LA FASE INORGÁNICA?

Si pudiéramos retroceder cinco mil millones de años en el tiempo, no tendríamos posibilidades de la vida. Contemplaríamos, en cambio, un anillo de polvo en torno al Sol recién nacido. Se cree que una estrella cercana explotó hace unos 4.600 millones de años convirtiéndose en supernova. La onda de choque de esa explosión puso en movimiento los materiales de nuestra **nebulosa protosolar**. La nube empezó a girar más deprisa y se aplanó formando un disco. Las fuerzas gravitatorias reunieron la mayor parte de la masa en una esfera central y, a su alrededor, quedaron girando otras mucho más pequeñas. La masa central se convirtió en una esfera incandescente, una estrella, nuestro Sol. Las masas pequeñas también se condensaron mientras describían órbitas alrededor del Sol, formando los planetas y algunos de sus satélites.

Tras algunos cientos de millones de años, la gravedad fue obrando su magia para ir convirtiendo el polvo en rocas, y las rocas, en un **protoplaneta**. Tomando la teoría de la gran nube de gas como punto inicial, se puede hablar de una era **pregeológica** y una **era geológica** de la Tierra. La era pregeológica, algo así como una transición de masa gaseosa a cuerpo sólido que duró 1.200 millones de años, produjo las primeras reacciones químicas y lo que llamamos el protoplaneta. La era geológica se inicia a partir de la existencia de un cuerpo celeste definido en cuya corteza diferenciamos rocas y agua, fechando la roca más antigua en 3.800 millones de años. Las islas volcánicas comienzan a irrumpir en la superficie, surcando los océanos. En el futuro, estas islas se unirán para formar los primeros continentes. La actividad volcánica comienza a llenar la atmósfera de dióxido de carbono.

En cuanto a la atmósfera, estudios comparativos, describen a una primitiva capa circundante compuesta mayoritariamente por hidrógeno, helio, amoníaco y metano. El hidrógeno, muy abundante, ya formaba compuestos con el nitrógeno y el carbono. Posteriormente, la gran temperatura de contracción del protoplaneta hizo emigrar a los gases más inestables, el helio y el hidrógeno, para dejar a los residuales, oxígeno y nitrógeno, como dominantes. A partir de este momento el **oxígeno** desarrolla un rol fundamental, ya que, al reaccionar con el silicio, magnesio, calcio y algunos otros forma los silicatos que son los componentes mayoritarios de las rocas. También es importante la aparición del hierro, y de los metales en general, que constituyen gran parte de la masa interna del planeta y de los sulfuros y óxidos de la superficie.

La Tierra no es una esfera perfecta. Presenta una depresión o hundimiento en los polos que hace que un corte o perfil imaginario se asemeje más a una elipse que a una circunferencia. En cuanto al relieve la altura mayor es el monte Everest con 8.000 metros aproximadamente y la depresión más importante podría ser la fosa de Swire, cerca de Filipinas con algo más de 10.000 metros de profundidad.

Al principio de la era geológica, la Tierra era una gran bola de roca fundida, ardiente, como un infierno. Se calcula que, cuando nació, la Tierra contaba unos 1200 °C de temperatura en su superficie; probablemente había vapor de agua, dióxido de carbono y nitrógeno, pero no oxígeno. Tampoco había continentes como los que existen en la actualidad, sino un océano de lava.

Un joven planeta del tamaño de Marte viaja a 15 kilómetros por segundo, 20 veces más rápido que una bala, hacia la Tierra. Se denomina Theia. Seguramente se trataba de otro protoplaneta rocoso recién nacido en el interior de nuestro sistema solar. Finalmente, se produce un choque planetario, expulsando gran cantidad de material hacia el exterior. Los escombros de la colisión son lo que más tarde daría forma un satélite natural. Pero, antes de formarse, seguramente permanecieron en forma de anillo, como los de Saturno, durante unos cuantos millones de años. Así se formó nuestra **Luna**. Por aquel entonces, la Tierra giraba más rápido, y un día duraba solo seis horas.

Hay dos hipótesis sobre la presencia de la **hidrosfera** (agua líquida) en la Tierra. La primera es que se fue llenando la superficie poco a poco al caer en asteroides que golpearon nuestro planeta durante 20 millones de años. La otra posibilidad es que el agua habría estado presente desde el principio, oculta bajo la corteza. En este momento de la historia de la Tierra, los océanos gobiernan nuestro planeta. Pero todavía no hay ni rastro de ninguna forma de vida, ni tan siquiera microorganismos.

La evolución geológica se suele dividir en **supereones, eones, eras, periodos y épocas**. Esta fase inorgánica se dio en el supereon Precámbrico y los eones Hadeico y Arcaico y la era Eoarcaica. En esta era se inició la cristalización del núcleo interno y generación del campo magnético terrestre (~4000 Ma). Se da la máxima actividad de impactos meteoríticos del "Bombardeo intenso tardío" en el Sistema Solar interior (~3920 Ma). Surgen las **primeras moléculas de RNA autoreplicantes**. Luego, las primeras formas de vida unicelulares (probablemente bacterias y puede que arqueas).

La corteza inicial, formada cuando la superficie de la Tierra se solidificó por primera vez, desapareció totalmente debido a la combinación de una tectónica de placas muy activa durante el Hádico y los grandes impactos del bombardeo intenso tardío en el Arcaico, entre 4100 y 3800 millones de años. Las rocas más antiguas de la Tierra se encuentran en el cratón norteamericano de Canadá. Son tonalitas que datan de unos 4,0 Ga. Estas rocas muestran rastros de metamorfismo por alta temperatura, pero también granos sedimentarios que han sido redondeados por la erosión durante el transporte por agua, mostrando que ya existieron entonces **ríos y mares**.

Entre los materiales más ligeros y más abundantes en el gas superficial de la Tierra primitiva se encontraban átomos de **hidrógeno, oxígeno, carbono y nitrógeno**. Por consiguiente, al descender las temperaturas para permitir la formación de compuestos, los átomos de estos cuatro elementos desempeñaron un papel importante (no es una coincidencia que, en la actualidad, casi el 95% de las sustancias de los seres vivos esté formada por estos cuatro elementos).

Por lo que se conoce de sus propiedades químicas y de su supuesta abundancia relativa en la Tierra primitiva, el H, C, O y N debieron de unirse aproximadamente en media docena de combinaciones diferentes: agua (H_2O), metano (CH_4), amoníaco (NH_3), entre otros, unas permanecieron en la Tierra, otras se evaporaron en las capas superficiales de la misma debido a la atracción gravitacional del planeta. Los demás permanecieron y formaron una atmósfera caliente y gaseosa, con el tiempo, las temperaturas llegaron a ser lo suficientemente bajas para que se licuaran algunos de los gases y para que alguno de los líquidos se solidificara.

Es evidente que los compuestos no son estructuras completamente estables o permanentes, si se les somete a los efectos de cantidades apropiadas de energía pueden experimentar reacciones químicas y convertirse en compuestos diferentes. En el curso de estas reacciones ocurren cambios en el número, tipo y disposición de los átomos de los compuestos que participan en ellas.

Llegaron las lluvias, se formaron los océanos y en ellos se acumularon (CH_4), (CO_2), (NH_3), (compuestos que siguen siendo gases a temperaturas en la que el agua es líquida), sales y sustancias minerales que al principio no estaban presentes pero que son el resultado de la erosión de las montañas por los ríos, derivadas de las erupciones volcánicas, o disueltas del fondo del mar. Este es el acontecimiento clave que hizo posible el ulterior origen de la vida. **El agua es el componente esencial de la sustancia viva**, las dos terceras partes, y a menudo hasta el 90% o más de la sustancia viva es agua, este papel fundamental del agua en la sustancia viva se debe, primariamente, a dos propiedades de la misma: Es el mejor de todos los disolventes posibles, esto significa que es un excelente medio para las reacciones químicas y en ella puede realizarse con mayor rapidez. El agua sigue siendo la única fuente útil de hidrógeno y una de las fuentes importantes de oxígeno.

¿CÓMO FUE LA FASE ORGÁNICA, PREHUMANA?

La **abiogénesis** se refiere al proceso natural del surgimiento u origen de la vida a partir de la no existencia de esta, es decir, partiendo de materia inerte, como simples compuestos orgánicos. Es un tema que ha generado en la comunidad científica un campo de estudio especializado cuyo objetivo es dilucidar cómo y cuándo surgió la vida en la Tierra. La opinión más extendida en el ámbito científico establece la teoría de que la vida comenzó su existencia en algún momento entre 4.280 y 3.770 millones de años atrás. El enigma de la vida sigue siendo apasiónate para científicos, filósofos y gente del común; porque en realidad sabemos muy poco y lo que creemos saber, puede ser el resultado de simples especulaciones. Desde el origen hasta nuestra condición actual es todo un misterio.

Siguiendo la narrativa de los científicos y algo de lógica; hasta el origen de la vida, existía un planeta Tierra en formación y transformación permanente, que tenía una serie de compuestos químicos inorgánicos; pero no se descarta que ya existieran moléculas orgánicas. Se presume que la vida comenzó con algún tipo de microrganismo a partir de unos **compuestos probióticos y prebióticos**.

Graham Cairn-Smith, de la Universidad de Glasgow, ha elaborado una hipótesis muy bien argumentada sobre la posibilidad de que, antes de los seres vivos orgánicos existieran **organismos minerales**. De **arcilla** concretamente. En efecto, los cristales de arcilla, pueden ser sistemas con capacidad de crecimiento y duplicación y acaso con capacidad de evolucionar por selección natural. Cabe la pregunta ¿Cómo es ello posible? Los cristales de arcilla, no son perfectos, no son uniformes. En su estructura pueden albergar diversos tipos de "defectos" y estos defectos se extienden al crecer los cristales, y se esparcen al fracturarse los cristales, y como los defectos alteran las propiedades de la arcilla, podría haber cristales que se reprodujeran más rápidamente o que perduraran más que otros con defectos distintos. Según Cairn-Smith, estos sistemas arcillosos podrían evolucionar llegando a incluir en su estructura a moléculas orgánicas (ARNs), asegurándose de esta forma el "**poder genético**" en la evolución gracias a sus mayores potencialidades. Suena alucínate la sola idea de organismo minerales, que dieron luego origen a **organismos orgánicos** gracias al ARN atrapado en su estructura.

Queda claro que **la ciencia** se caracteriza por el reconocimiento de la **provisionalidad de sus descubrimientos y aseveraciones, manteniendo la búsqueda honesta de la verdad**. Es célebre aquello que dijo el premio Nobel George Wald: *"Con el tiempo lo imposible se vuelve posible; lo posible, probable y, lo probable y virtualmente cierto"*. Por lo tanto, las teorías radicales no existen en la ciencia y aun las más descabelladas se vuelven probables.

El planeta por esa época estaba abocado a múltiples impactos **del exterior**; que pudieron traer los primeros seres vivos o las sustancias químicas necesaria para la vida. Otra posibilidad es que los elementos químicos se formaran en la Tierra y gracias a las condiciones ambientales de temperatura, agua, oxigeno, catalizadores, etc. O una mezcla de ambas posibilidades.

En 1953, siguiendo las ideas prevalecientes en la época sobre la formación de la Tierra y en particular de la atmósfera primitiva, según las cuales ésta tendría un carácter reductor (en concreto sería rica en CH_4, NH_3, H_2 y H_2O), Stanley Miller, hizo un experimento revelador. Miller, un estudiante que comenzaba su tesis doctoral en el laboratorio de Harold C. Urey en la Universidad de Chicago, reprodujo en el laboratorio aquella presunta atmósfera y la sometió a una de las fuentes de energía seguramente abundantes en aquellos remotos tiempos: descargas eléctricas. El resultado fue asombroso, pues apareció una serie de **aminoácidos**, componentes esenciales de los seres vivos actuales.

Hay 5 teorías sobre el **origen de la vida** que se encuentran entre las más respetadas:

1. Teoría del Caldo Primordial, de Alexandr Iványovich Oparin.

El bioquímico ruso, Alexandr Iványovich Oparin publicó en 1922 "El origen de la vida". Ubica el inicio de la Tierra hace unos 4.600 millones de años atrás y explica cómo las particulares condiciones de la atmósfera de entonces, con altas concentraciones de metano, vapor de agua, amoníaco e hidrógeno gaseoso, terminó por generar una reacción química. A medida que la Tierra comenzó a enfriarse se fueron formando **mares primitivos o caldos primordiales**, con gran cantidad de compuestos disueltos en ellos. Poco a poco, estas moléculas inorgánicas se habrían asociado o agrupado entre sí a través de reacciones químicas, creando otras mayores, cuerpos cada vez más complejos (coacervados), que fueron determinantes en la evolución de los primeros compuestos orgánicos y células vivas.

2. La teoría de Miller y su experimento.

Como mencione previamente, el científico estadounidense, Stanley Miller, en 1953 quiso probar la teoría de Oparin. Para esto, creó un dispositivo que reproducía la mezcla de elementos (agua, metano, amoníaco e hidrógeno) y la atmósfera primitiva inicial de la Tierra, a la vez que producía pequeñas descargas eléctricas, simulando los rayos de una tormenta. Una semana después, se vieron los resultados, parcialmente positivos. Se generaron moléculas orgánicas sencillas y, a partir de ellas, otras más complejas, como aminoácidos, ácidos orgánicos y nucleótidos. Aunque no se logró probar el desarrollo evolutivo de la vida en la Tierra, se abrió un nuevo camino hacia la obtención de moléculas orgánicas.

3. La teoría de las microesferas de proteinoides, de Fox.

El paso siguiente lo dio el bioquímico norteamericano Sidney W. Fox. Según sus estudios, las primeras formas de vida no sólo sucedieron en el mar, sino también en la tierra. A muy altas temperaturas (cercanas a los 1.000° C), una determinada mezcla de gases habría sufrido transformaciones que culminaron en la síntesis de aminoácidos, que a su vez se unieron formando **"proteinoides"**. Al sumergirse en el agua, éstos se replegaron sobre sí mismos adoptando formas de microesferas, que podían absorber sustancias como agua, glucosa, aminoácidos y continuar su desarrollo.

4. Teoría de la panspermia.

Esta línea, desarrollada por el biólogo alemán Hermann Ritcher en 1865, supone que la vida en la Tierra tiene **origen en el cosmos** o, específicamente, en microorganismos espaciales que llegaron a nuestro planeta a través de rocas, cometas, meteoritos o restos de material cósmico que impactaron en ella. Estos "gérmenes extraterrestres" o cosmozoarios, habrían aportado el material orgánico necesario para el comienzo de la vida.

En 1908 el químico sueco, Svante Arrhenius, recuperó esta teoría denominándola: panspermia, palabra que en griego significa "semillas por todas partes". Así, adheridos a algunos cuerpos celestes, estos organismos, viajarían por el espacio hasta encontrar una atmósfera o ambiente con las condiciones adecuadas para evolucionar. Los seguidores de esta hipótesis a su vez, se dividieron en dos ramas: los partidarios de la **panspermia celular**, o los que creen en un origen de la vida terrestre a partir de microorganismos cósmicos; y los adeptos a la **panspermia molecular**, es decir, que los cuerpos celestes trajeron consigo moléculas orgánicas relativamente complejas, pero sin alcanzar el nivel celular.

Recientemente, científicos de la NASA descubrieron ribosa (un componente crucial del ARN o ácido ribonucleico) y otros azúcares esenciales, como arabinosa y xilosa, en dos meteoritos ricos en carbono llamados NWA 801 y Murchison. El hallazgo en meteoritos de azúcares esenciales e imprescindibles para el origen de la vida, parece respaldar la teoría de la panspermia molecular.

5. Teoría del Mundo del ARN.

El ácido ribonucleico o **ARN**, junto a otras proteínas y moléculas, es un elemento decisivo para que el ADN pueda replicarse. Esta teoría sostiene que el ARN es la molécula que dio lugar al ADN, ya que su presencia en la cadena evolutiva es muy anterior y, al igual que el ADN, tiene la capacidad de **almacenar información** y, al mismo tiempo, puede **catalizar reacciones químicas** (como las proteínas).

La hipótesis plantea que el ARN sería el punto de partida en la formación de las células primitivas y la molécula a partir de la cual habría evolucionado el sistema genético tal como se lo conoce actualmente. ¿El problema sin resolver? El origen del propio ARN en la Tierra. Incertidumbre que, para muchos, vuelve a conducir a la idea de que los nucleótidos podrían haber llegado del espacio, a través de la lluvia de meteoritos que impactaban contra la superficie terrestre en aquella época.

Acaso el problema más grave en el origen de la vida no sea el de la formación de los "bloques de construcción" como aminoácidos o azúcares etc., ni siquiera el de su polimerización, sino, el **ensamblaje funcional** de estos componentes. En los organismos actuales, la mayoría de los trabajos vitales los desarrollan unas proteínas de estructura compleja: las **enzimas**, biocatalizadores que modulan de manera específica diversas reacciones bioquímicas que se desarrollan a nivel celular y que se sintetizan gracias a la información contenida en los ácidos nucleicos. Pero, para que los ácidos nucleicos expresen su información y se dupliquen, es necesario que previamente existan ya proteínas. Es un círculo vicioso que complica el problema de los orígenes. Sin embargo, en el año 1981 unos descubrimientos de Thomas Cech, que le llevaron a obtener el premio Nobel de química en 1989, arrojaron una nueva luz a nuestra penumbra intelectual. Cech y sus colegas encontraron la existencia de un tipo de ácidos nucleicos **ARN con capacidades enzimáticas**, capacidad tenida como exclusiva de las proteínas. Se les dio el nombre de **ribozimas**. El primer impulso fue argüir que unos ribozimas primitivos no necesitarían proteínas enzimáticas auxiliares, lo que eliminaría el problema del origen simultáneo.

La cuestión de **lo que significa estar vivo** sigue sin resolverse. Por ejemplo, los virus, pequeñas estructuras de proteínas y ácido nucleico que solo pueden reproducirse dentro de las células, presentan muchas propiedades de la vida. Sin embargo, no tienen una estructura celular y no pueden reproducirse sin un hospedero. Tampoco está claro si pueden mantener la homeostasis y no presentan metabolismo propio. Científicamente **la vida**, puede definirse como *la capacidad de administrar los recursos internos de un ser físico de forma adaptada a los cambios producidos en su medio, sin que exista una correspondencia directa de causa y efecto entre el ser que administra los recursos y el cambio introducido en el medio por ese ser.*

Los biólogos han identificado varias **características comunes a todos los organismos que conocemos**. Aunque las cosas inanimadas pueden tener algunos de estos rasgos, solo los seres vivos poseen todas:

1. Organización: Los seres vivos están altamente organizados, es decir, contienen partes **especializadas y coordinadas**. Todos los seres vivos se conforman de una o más células que se consideran las unidades fundamentales de la vida. Incluso los organismos unicelulares son complejos. Dentro de cada célula, los átomos forman moléculas, las cuales forman organelos y estructuras celulares. En organismos pluricelulares, células semejantes forman tejidos. Estos a su vez colaboran para crear órganos (estructuras del cuerpo con una función clara). Los órganos trabajan juntos para formar sistemas de órganos.

Los organismos pluricelulares, como los seres humanos, están formados de muchas células. Las células de los organismos pluricelulares pueden estar especializadas para realizar funciones diferentes y se organizan en tejidos, tales como el tejido conjuntivo, epitelial, muscular y nervioso. Los tejidos forman órganos, como el corazón o los pulmones, que llevan a cabo funciones específicas que necesita el organismo en su conjunto.

2. Metabolismo: La vida depende de una enorme cantidad de **reacciones químicas interconectadas**. Estas reacciones permiten a los organismos realizar un trabajo, como moverse o atrapar una presa; así como crecer, reproducirse y mantener la estructura de sus cuerpos. Los seres vivos deben usar energía y consumir nutrientes para llevar a cabo las reacciones químicas que sustentan la vida. La suma total de las reacciones bioquímicas que ocurren en un organismo se llama metabolismo. El metabolismo puede dividirse en **anabolismo y catabolismo**. En el anabolismo los organismos hacen moléculas complejas a partir de otras más sencillas, mientras que, en el catabolismo, hacen lo contrario. Los procesos anabólicos generalmente consumen energía, mientras que los catabólicos hacen que la energía almacenada quede a disposición del organismo.

3. Homeostasis: Los organismos **regulan su ambiente interno** para mantener el rango relativamente estrecho de condiciones necesarias para el funcionamiento celular. Por ejemplo, tu temperatura corporal debe mantenerse alrededor de los 37°C. El mantenimiento de un ambiente interno estable, incluso frente a un entorno externo cambiante, se conoce como homeostasis.

4. Crecimiento: Los seres vivos experimentan **crecimiento regulado**. Las células individuales aumentan de tamaño y los organismos pluricelulares acumulan muchas células por división celular. Tú mismo empezaste como una sola célula ahora tienes más de 30 billones de células humanas en tu cuerpo. Además, de los billones de microorganismos también presentes en el homo sapiens.

5. Reproducción: Los seres vivos pueden reproducirse para crear nuevos organismos. La reproducción puede ser **asexual**, que involucra a un solo organismo parental, o **sexual**, que requiere de dos organismos parentales. Los organismos unicelulares, pueden reproducirse con solo dividirse en dos. En la reproducción sexual, dos organismos complementarios producen espermatozoides y óvulos que tienen la mitad de su información genética y estas células se fusionan para formar un nuevo individuo con un conjunto genético completo. Este proceso se denomina fecundación.

6. Respuesta: Los organismos presentan "**irritabilidad**", esto es, responden a los estímulos o cambios de su medio ambiente. Por ejemplo, las personas quitan su mano; rápidamente, de una llama; muchas plantas giran en busca del sol y los organismos unicelulares migran hacia una fuente de nutrientes o se alejan de sustancias químicas nocivas.

7. Evolución: Las poblaciones de organismos pueden evolucionar, esto es, que **la composición genética de una población puede cambiar con el tiempo**. En algunos casos, la evolución involucra selección natural, en la que un rasgo heredable, como un pelaje más oscuro o un pico más estrecho, les permite sobrevivir a los organismos y reproducirse mejor en un ambiente en particular. A lo largo de varias generaciones, un rasgo heredable que ofrece una ventaja adaptativa puede volverse cada vez más común en una población, lo que la hace más adecuada a su entorno. A este proceso se le llama **adaptación**.

Los organismos vivos tienen muchas características diferentes relacionadas al hecho de estar vivo y por ello puede ser difícil decidir qué conjunto de ellas define mejor lo que es la vida. Así, distintos pensadores han elaborado diferentes listas de las propiedades de la vida. Por ejemplo, algunas listas incluyen **el movimiento** como una característica definitoria, mientras que otras especifican que los seres vivos guardan su **información genética** en forma de ADN; algunos más enfatizan que la vida se basa en el carbono.

Los **objetos inertes** pueden presentar algunas de las propiedades de la vida, pero no todas. Por ejemplo, los cristales de nieve tienen organización, aunque no tienen células, y pueden crecer, pero no cumplen con otros criterios de vida. De manera semejante, el fuego puede crecer, reproducirse creando nuevos fuegos, responder a estímulos e incluso podría decirse que "metaboliza". Sin embargo, no presenta organización, no mantiene la homeostasis y carece de la información genética necesaria para la evolución.

Los seres vivos pueden conservar algunas de las propiedades de la vida cuando mueren, pero pierden otras. Por ejemplo, si observas la madera de una silla bajo el microscopio, verás rastros de las células que solían conformar al árbol vivo. Sin embargo, la madera ya no está viva y, una vez convertida en silla, ya no puede crecer, metabolizar, mantener la homeostasis, responder ni reproducirse.

Los virus generalmente no se consideran vivos. Sin embargo, no todo mundo concuerda con esta conclusión y todavía se debate si cuentan como una forma de vida o no. Algunas moléculas más sencillas, como las proteínas que se replican a sí mismas, por ejemplo, los **"priones"** de la enfermedad de las vacas locas, y las enzimas de ARN que se autoreplican, también presentan algunas de las propiedades de la vida, pero no todas.

Más aún, todas las propiedades de la vida que he mencionado son características de la vida en la Tierra. De existir vida extraterrestre, esta podría o no compartir dichas características. De hecho, la definición operativa de la vida según la NASA, "*la vida es un sistema autosustentable capaz de evolución darwiniana*", abre la puerta a muchas más posibilidades que los criterios expuestos anteriormente.

Conforme se descubran más tipos de entidades biológicas, en la Tierra o fuera de ella, se hará necesario volver a pensar lo que significa que algo esté vivo. Los descubrimientos futuros puede que hagan necesario revisar y extender la definición de la vida.

Lo que no tiene discusión es que **la vida surgió y luego comenzó a evolucionar**. Se tuvo que dar una **fase bioquímica** y luego una **fase biológica** que dio origen a la unidad fundamental de la vida, que conocemos como la célula. Una serie de elementos químicos se fueron conjugando y articulando en medio propicio, con la energía necesaria y los catalizadores convenientes para generar vida. Se supone que hace 3500 millones de años, unas colonias de bacterias llamadas **estromatolitos** fueron las primeras formas complejas de vida de la Tierra. Los estromatolitos comienzan a hacer la **fotosíntesis**, transformando dióxido de carbono en glucosa, expulsando oxígeno al exterior y poco a poco, a llenar el océano de oxígeno. Durante cientos de millones de años, los estromatolitos continuaron llenando el océano de oxígeno, y la atmósfera se fue formando y engrosando. Estas colonias de bacterias prepararon el terreno para la llegada de otras formas de vida sobre la Tierra.

Una sola **célula bacteriana** contiene alrededor de cinco mil clases diferentes de moléculas y una célula vegetal o animal tiene aproximadamente el doble. Estas miles de moléculas, sin embargo, están compuestas de relativamente pocos elementos (CHNOPS). De modo similar, relativamente **pocos tipos de moléculas desempeñan los principales papeles en los sistemas vivos**. El agua constituye entre el 50 y el 95% de un sistema vivo, y los iones pequeños tales como K+, Na+ y Ca+ dan cuenta de no más del 1%. Casi todo el resto, hablando en términos químicos, está compuesto de moléculas orgánicas. En los organismos se encuentran **cuatro tipos diferentes de moléculas orgánicas** en gran cantidad. Estos cuatro tipos son los **carbohidratos** (compuestos de azúcares), **lípidos** (moléculas no polares, muchas de las cuales contienen ácidos grasos), **proteínas** (compuestas de aminoácidos) y **nucleótidos** (moléculas complejas que desempeñan papeles centrales en los intercambios energéticos y que también pueden combinarse para formar moléculas muy grandes, conocidas como ácidos nucleicos). Todas estas moléculas: carbohidratos, lípidos, proteínas y nucleótidos contienen carbono, hidrógeno y oxígeno. Además, las proteínas contienen nitrógeno y azufre, y los nucleótidos, así como algunos lípidos, contienen nitrógeno y fósforo.

Algunas **características y funciones** de los 4 tipos de moléculas orgánicas son:

1. **Carbohidratos**
   - Los carbohidratos están compuestos por los elementos carbono (C), hidrógeno (H) y oxígeno (O).
   - Los azúcares son carbohidratos comunes.
   - Los carbohidratos cumplen varias funciones dentro de las células:
     - Fuente de energía principal
     - Proporcionar estructura
     - Comunicación
     - Adhesión celular
     - Defensa y remoción de material extraño

2. **Proteínas**
   - Las proteínas están compuestas por amino ácidos.
   - Las proteínas tienen distintas funciones dentro de los seres vivos:
     - Transporte celular
     - Estructura del pelo, músculo, uñas, componentes celulares y membranas celulares
     - Catalizadores biológicos o enzimas
     - Mantener contacto celular
     - Controlar actividad celular
     - Señalización a través de hormonas

3. **Lípidos**
   - Una amplia variedad de biomoléculas incluyendo grasas, aceites, ceras y hormonas esteroides.

- Los lípidos no se disuelven en agua (son hidrofóbicos) y están compuestos principalmente por carbono (C), hidrógeno (H) y oxígeno (O).
- Los lípidos tienen distintas funciones en los seres vivos:
  - Forman membranas biológicas
  - Las grasas pueden ser almacenadas como fuente de energía
  - Los aceites y ceras brindan protección al recubrir áreas que podrían ser invadidas por microbios (es decir, piel u oídos)
  - Las hormonas esteroides regulan la actividad celular alterando la expresión genética

4. **Ácidos Nucleicos**
   - Toda la información necesitada para controlar y construir las células está almacenada en estas moléculas.
   - Los ácidos nucleicos están compuestos por nucleótidos abreviados como A, C, G, T y U.
   - Hay dos grupos principales de ácidos nucleicos, ácido desoxirribonucleico (ADN) y ácido ribonucléico (ARN):
     - ADN
     - El ADN tiene una estructura de doble hélice compuesta por los nucleótidos A, C, G y T.
     - El ADN está localizado en el núcleo de la célula.
     - El ADN es la forma de almacenamiento de la información genética.
     - ARN
     - La estructura del ARN es típicamente de una hebra formada por nucleótidos A, G, C y U.

- El ARN es copiado del ADN y es la forma de trabajo de la información.
- El ARN es formado en el núcleo y el ARNm es exportado al citosol.

Biomoléculas adicionales pueden formarse combinando estos cuatro tipos. Como ejemplo, muchas proteínas son modificadas por la adición de cadenas de carbohidratos. El producto es llamado **glicoproteína**.

Las unidades básicas de la vida son **las células**, ya que son los organismos vivos más pequeños a partir de los cuales todos estamos construidos. Las células están compuestas, a su vez, por diferentes tipos de moléculas, por ejemplo, los azúcares, que conforman la reserva energética, o los ácidos grasos (fosfolípidos) que sirven para construir la membrana celular. Hay dos tipos de moléculas que desempeñan un papel fundamental dentro de la maquinaria celular: las proteínas y los ácidos nucleicos. Las **proteínas** son los "**constructores y operarios**" celulares, es decir, son las moléculas encargadas de llevar a cabo todas las funciones metabólicas de la célula. Hay proteínas que se encargan de transportar oxígeno, que dirigen la construcción de membranas, que introducen nutrientes a la célula; otras degradan estos nutrientes extrayendo la energía química requerida, y otras más expulsan los desechos fuera de la célula. En fin, las proteínas son las encargadas de realizar, de manera orquestada y organizada, todo el trabajo celular.

Por otro lado, los **ácidos nucleicos**, el ADN y el ARN, contienen la **información genética del metabolismo celular**. Es decir, en estas moléculas se almacena la información de todas las proteínas que requiere la célula para subsistir. Cuando decimos, por ejemplo, que el ADN contiene la información del color de los ojos de las personas, a lo que nos referimos es a que en el ADN está contenida la información de las proteínas que le dan el color a los ojos. Esta información se pasa íntegramente de la célula madre a las células hijas en la división celular, lo que hace que se conserven las características genéticas de la especie. Las proteínas son fundamentales para que esto ocurra, ya que participan activamente en la replicación de la célula, suministrando, transportando y degradando todos los nutrientes químicos necesarios para la replicación, y acelerando reacciones químicas metabólicas que de otra forma no podrían realizarse.

La interrelación entre ácidos nucleicos y proteínas es muy estrecha y complicada. En el ADN y ARN está la información para construir a las proteínas, y a su vez las proteínas son fundamentales para la conservación y replicación del ADN y del ARN. Al parecer, sin proteínas, los ácidos nucleicos no se pueden construir ni mucho menos replicar y, sin ácidos nucleicos, la célula no cuenta con la información para fabricar las proteínas que necesita para estar viva.

Si imaginamos que en los inicios de la Tierra pudieron formarse polímeros, esto aún nos deja con la duda de cómo llegaron a duplicarse o perpetuarse a sí mismos y cumplir los criterios más básicos para la vida. Este es un tema sobre el cual hay muchas ideas, pero poca certeza acerca de la respuesta correcta. Dos teorías son:

1. Las hipótesis de "los genes primero"

Una posibilidad es que las primeras formas de vida fueron ácidos nucleicos que se duplicaron a sí mismos, como el ARN o ADN, y que otros elementos (como las redes metabólicas) fueron un complemento posterior a este sistema básico. Muchos científicos que avalan esta hipótesis piensan que el ARN, no el ADN, probablemente fue el primer material genético, lo cual se conoce como la hipótesis del mundo del ARN. Los científicos favorecen el ARN como la primera molécula genética por varias razones. Tal vez la más importante es que el ARN puede, además de llevar información, actuar como un catalizador. En cambio, no sabemos de ninguna molécula catalítica de ADN que surja de forma natural.

También es posible que el ARN no fuera la primera molécula portadora de información que sirviera como material genético. Algunos científicos piensan que incluso una molécula más sencilla "similar al ARN" con capacidad catalítica y de portar información pudo surgir antes, y pudiera haber catalizado la síntesis de ARN o actuado como un molde para esta. En ocasiones esto se conoce como hipótesis del "mundo previo al ARN"

2. La hipótesis de "primero el metabolismo"

Una alternativa a la hipótesis de primero los genes es la de primero el metabolismo, que sugiere que las redes de **reacciones metabólicas autosustentables** pueden haber sido la primera forma de vida simple (antes de los ácidos nucleicos). Estas redes pudieron formarse, por ejemplo, cerca de respiradores hidrotérmicos submarinos que proporcionaron un suministro continuo de precursores químicos y que pudieron ser autosustentables y persistentes (cumplen los criterios básicos para la vida). En este caso, vías inicialmente simples pudieron producir moléculas que actuaron como catalizadores para la formación de moléculas más complejas. Finalmente, las redes metabólicas pudieron construir grandes moléculas, como proteínas y ácidos nucleicos. La formación de "individuos" rodeados de membranas (independientes de la red comunal) habría sido un paso posterior.

¿Cómo pudo ser el inicio y evolución de las células?

Una propiedad básica de una célula es la capacidad de mantener un ambiente interno diferente del entorno. Las células actuales están separadas del ambiente por una bicapa de fosfolípidos. Es poco probable que los fosfolípidos existieran en las condiciones en que se formaron las primeras células, pero se ha demostrado que otros tipos de lípidos (aquellos que tienen más probabilidad de haber estado disponibles) también forman espontáneamente compartimentos bicapa.

En principio, este tipo de compartimento pudo rodear una ribozima autoreplicante o los componentes de una vía metabólica, y formar una célula muy básica. Aunque es intrigante, este tipo de idea no cuenta con el respaldo de pruebas experimentales, es decir, ningún experimento ha podido generar espontáneamente una célula autoreplicante a partir de componentes abióticos (no vivos).

Otra posibilidad es que moléculas orgánicas llegaran del espacio exterior. En varios meteoritos se han encontrado compuestos orgánicos (derivados del espacio, no de la Tierra). Un meteorito, ALH84001, que vino de Marte contenía moléculas orgánicas con varias estructuras en anillo. Otro meteorito, el Murchison, portaba bases nitrogenadas (como las que se encuentran en el ADN y ARN), así como una amplia variedad de aminoácidos. Un meteorito que cayó en el año 2000 en Canadá contenía diminutas estructuras orgánicas llamadas "glóbulos orgánicos". Los científicos de la NASA creen que este tipo de meteorito pudo caer con frecuencia en la Tierra durante sus inicios y sembrarla de compuestos orgánicos.

Luego de que hace 3500 millones de años, se formaran o llegaran del exterior los estromatolitos, se ha dado un proceso evolutivo. La evolución de la vida en nuestro planeta es un proceso dinámico y continuo cuyo resultado es la gran diversidad de formas, extintas y vivientes, que la han poblado. Es notable que descendientes de algunos grupos de organismos unicelulares que surgieron hace 3500 millones de años sobrevivan hasta nuestros días. A la vez, la **extinción** es inherente al proceso evolutivo, pues se calcula que del total de especies que han habitado el planeta, aproximadamente 99 por ciento ya desapareció, de tal forma que las actuales representan el restante uno por ciento. Para entender la evolución de la vida es necesario ubicarnos en dimensiones de tiempo que datan de millones de años, así como recurrir al conocimiento de disciplinas como la geología y relacionarlas con estudios paleontológicos, a través del uso de técnicas clásicas y modernas.

El registro fósil más antiguo data de hace 3500 millones de años en rocas de Groenlandia y corresponde en su mayoría a organismos procariotas unicelulares semejantes a las cianobacterias actuales, las cuales tenían la capacidad de **fotosíntesis**. La evolución física y biológica en nuestro planeta ha sido un proceso complejo y continuo. Para simplificar su comprensión, los geólogos y paleontólogos dividieron la historia de la vida en la Tierra en etapas, cada una caracterizada por eventos particulares. Como se muestra en el siguiente cuadro, se le llama precámbrico al enorme periodo que va desde el origen del mundo hasta hace aproximadamente 542 millones de años. Esta etapa se divide en dos eones: arqueano y proterozoico. La vida, después de originarse en el arqueano, estuvo representada por **microorganismos y organismos pluricelulares que carecían de esqueletos**, por lo que las evidencias de fósiles son escasas. El eón restante se denomina fanerozoico y se subdivide en tres eras: paleozoica, mesozoica y cenozoica.

Hace 1500 millones de años la rotación de la Tierra continúa ralentizándose, y ahora los días duran 16 horas. Tras millones de años de tectónica de placas, se ha formado **el primer supercontinente, Rodinia**, muy árido en su interior. Finalmente, hace unos 800 millones de años, Rodinia comenzó a fracturarse por la fuerza del calor interno de la Tierra, cuyo núcleo sigue fundido. Tras la intensa actividad volcánica que motivó la fractura de Rodinia, hace 750 millones de años se produce mucho dióxido de carbono, que es absorbido por las rocas. No hay suficiente dióxido de carbono para atrapar el calor del Sol en la atmósfera, lo que provoca un cambio climático y una bajada masiva de las temperaturas. Entramos en la más larga e intensa **glaciación** global de nuestro planeta, en la que prácticamente toda la superficie de la Tierra se mantuvo cubierta de una capa de hielo de unos tres kilómetros de grosor, y la temperatura media del planeta se situaba en −50 °C.

Finalmente, 15 millones de años después, la actividad volcánica consigue ir derritiendo el hielo, y el CO2 fue llenando poco a poco la atmósfera de nuevo. Esta vez, sin rocas que puedan atrapar el dióxido de carbono, éste fue llenando la atmósfera provocando otro cambio climático y un aumento de las temperaturas, lo que contribuyó a seguir derritiendo el hielo.

Mientras la Tierra se hallaba envuelta en una capa de hielo, bajo la corteza helada, el agua líquida continuaba haciendo prosperar la vida. Conforme el hielo se va derritiendo, hace unos 540 millones de años, se produce lo que los paleontólogos llaman **la explosión cámbrica**, es decir, la explosión de vida del Periodo Cámbrico. Ahora, los días duran 22 horas, las temperaturas vuelven a ser suaves y, bajo el agua, surgen multitud de formas de vida multicelulares asombrosas, decenas de miles de especies vegetales y animales: **algas, trilobites, esponjas, gusanos, anomalocaris**... Estos animales son los antepasados de los actuales insectos. También aparecieron las picaias, una incipiente espina dorsal.

Hace 370 millones de años, la **vida comienza a florecer en tierra firme**. Bajo el agua, las criaturas están protegidas, pero la vida sobre el terreno no sería posible sin la capa de ozono. Tanto oxígeno derivado de la explosión de vida bajo el mar llenó la atmósfera que, reaccionando con la luz solar, creó un nuevo tipo de gas llamado **ozono**. El ozono puede absorber la radiación letal del Sol, con lo que ahora la vida es posible sobre tierra firme. El engrosamiento de la capa de ozono fue lo que motivo la aparición de las primeras especies vegetales sobre la tierra.

Pero los animales de la Explosión Cámbrica tuvieron que enfrentarse a la extinción masiva del Devónico-Carbonífero. Algunos de los supervivientes saldrían del agua y comenzarían a colonizar tierra firme poco después. Con el tiempo, los animales fueron llenando la Tierra. Estamos en plena Era Paleozoica, cuando los **insectos de gran tamaño** gobernaban el planeta, como la meganeura. El **huevo y la semilla** fueron el gran avance evolutivos de esta etapa, que hacían que los animales y plantas dejaran de depender del agua para colonizar tierra. Aparecen los **primeros reptiles**, que comienzan a dominar la Tierra.

Hace 252 millones de años, la edad de los reptiles toca a su fin. Durante millones de años, otro tipo de grandes animales dominaron la Tierra. No eran dinosaurios, sino reptiles de gran tamaño, como los gorgonópsidos. La mayoría pereció tras la extinción masiva del Pérmico-Triásico, la tercera gran extinción que sufriría la Tierra, y la mayor que jamás ha experimentado. El 95 % de las criaturas vivientes perecería, y las especies que sobrevivieron heredarían la Tierra.

Hace 190 millones de años, el **supercontinente de Pangea** se rompe y marca el final de la Era Paleozoica y el inicio de la Era Mesozoica. Los fragmentos de Pangea serán un remanente de lo que hoy son nuestros continentes actuales. Los cambios de la superficie de la Tierra obligan a los animales a adaptarse a las nuevas condiciones. Los **grandes saurios** dominan ahora la tierra y los mares.

Hace 66 millones de años, el reinado de los dinosaurios se vio amenazado, y finalmente destronado, por el **impacto de un asteroide** de 11 kilómetros de diámetro. Las consecuencias del impacto provocaron la quinta extinción masiva del planeta, la conocida como extinción masiva del Cretácico-Paleógeno. El 76 % de las especies desapareció, incluidas todas las especies de dinosaurio, excepto los antepasados de las aves. Esta fue la gran oportunidad para los **mamíferos**, que por aquel entonces eran solo **pequeños roedores**. Estos fueron capaces de sobrevivir bajo tierra alimentándose de raíces y granos, subsistiendo al cataclismo y pudiendo prosperar.

Clasificación de los seres vivos

Los seres vivos se clasifican en la actualidad en seis diferentes reinos de la naturaleza:

- *Animalia* (animales)
- *Plantae* (plantas)
- *Fungi* (hongos)
- *Protista* (protozoarios)
- *Bacteria* (bacterias)
- *Archaea* (arqueas)

1. Reino *Animalia* (animales)

- Dominio: *Eukarya*.
- Tipo de célula: célula animal eucariota, ausencia de cloroplastos y pared celular.
- Organización celular: pluricelulares.
- Nutrición: heterótrofos.
- Reproducción: sexual.
- Ejemplos: seres humanos, abejas, gusanos, corales, peces.

2. Reino *Plantae* (plantas)

- Dominio: *Eukarya*.
- Tipo de célula: célula vegetal eucariota; cloroplastos y pared celular de celulosa presente.
- Organización celular: pluricelulares.
- Nutrición: autótrofos.
- Reproducción: sexual y asexual.
- Ejemplos: pinos, hierbas, cereales, arbustos.

3. **Reino *Fungi* (hongos)**
   - Dominio: *Eukarya*.
   - Tipo de célula: célula eucariota; ausencia de cloroplastos, presencia de pared celular de quitina.
   - Organización celular: unicelular/ pluricelulares.
   - Nutrición: heterótrofos.
   - Reproducción: asexual y sexual.
   - Ejemplos: levaduras, moho, hongos.

4. **Reino *Protista* (protozoarios)**
   - Dominio: *Eukarya*.
   - Tipo de célula: célula eucariota;
   - Organización celular: mayoritariamente unicelulares.
   - Nutrición: heterótrofos/autótrofos.
   - Reproducción: asexual principalmente.
   - Ejemplos: protozoarios, amebas.

5. **Reino *Archaea* (arqueas)**
   - Dominio: *Archaea*.
   - Tipo de célula: célula procariota (sin núcleo) y con pared celular sin peptidoglicano.
   - Organización celular: unicelulares.
   - Nutrición: autótrofos/heterótrofos.
   - Reproducción: por fisión binaria.
   - Ejemplos: metanógenos, termófilos.

6. **Reino *Bacteria* (bacterias)**
   - Dominio: *Bacteria*.

- Tipo de célula: célula procariota (sin núcleo) y con una pared celular de peptidoglicano.
- Organización celular: unicelular, formación de colonias.
- Nutrición: autótrofos/heterótrofos.
- Reproducción: por fisión binaria.
- Ejemplos: enterobacterias, estafilococos, estreptococos.

❖ **Diferencias y similitudes** entre el reino **animal y vegetal:**

1. Diferencias

El **reino vegetal** está compuesto por organismos multicelulares, eucariotas, que son capaces de sintetizar su propio alimento por medio de la **fotosíntesis**. En su mayor parte se encuentran en hábitat terrestres, pero algunas especies viven en el agua. Sus células se encuentran cubiertas por una pared celular hecha a base de celulosa, que les da gran rigidez y resistencia. Varían de tamaño desde aquellas pequeñas como los musgos, hasta gigantescos árboles que pueden llegar a medir más de 100 metros de altura.

En la clasificación científica de los seres vivos, el **reino animal** o Metazoa (metazoos) constituye un amplio grupo de especies eucariotas, heterótrofas y pluricelulares. Se caracterizan por su capacidad para la **locomoción**, por la ausencia de clorofila y de pared en sus células, y por su desarrollo embrionario, que atraviesa una fase de blástula y determina un plan corporal fijo (aunque muchas especies pueden sufrir posteriormente metamorfosis). Los animales forman un grupo natural estrechamente emparentado con los hongos y las plantas. Los animales se alimentan de otros seres vivos (animales o plantas), se dice que son heterótrofos, no son capaces de fabricar su propio alimento. Los animales tienen capacidad sensorial y tienen movimiento a voluntad, las plantas no. Los animales tienen el desarrollo embrionario interno dentro del útero de la madre.

2. Similitudes

Ambos son organismos pluricelulares, ambos reinos contienen la célula eucariótica, tanto plantas como animales necesitan del agua para vivir y ambos nacen, crecen, se reproducen y mueren.

❖ Los mamíferos

Gracias al uso de herramientas genéticas y registros fósiles, los biólogos ahora saben que los mamíferos somos monofiléticos, es decir, que todos compartimos el mismo antepasado. Nuestros primeros ancestros, fueron los **sinápsidos**, unos animales muy parecidos a los reptiles. Los sinápsidos tenían como características un agujero en el cráneo detrás de cada ojo (ventana temporal), y los huesos craneales articulados: el estribo y el cuadrado. Este grupo se diferenció de su grupo hermano, los saurópsidos, hace aproximadamente **300 millones de años**. Los saurópsidos dieron origen a los reptiles actuales, a las aves y a los dinosaurios. De esta manera, el linaje de los sinápsidos continuó evolucionando, hasta que hace aproximadamente **205 millones de años, aparecieron los primeros mamíferos**. Estos fueron los **mamaliaformes** (morganucodóntidos), animales similares en forma y tamaño a las musarañas de hoy, pero de hábitos nocturnos. Estos animales ya tenían pelo, glándulas mamarias y todas las características que nos unen a todos los mamíferos; sin embargo, no había tantas especies como hay ahora. Tuvieron que pasar otros 140 millones de años, y la extinción de los dinosaurios, para que lograran la gran diversidad de formas y tamaños con la que ahora convivimos.

Morganucodon

Hace aproximadamente 150 millones de años, África y América del Sur estaban unidas y parcialmente conectadas con la Antártida y Australia, y separadas completamente de lo que conocemos hoy como Europa. **Hace 90 millones de años, América del Sur se separó de África y Australia se separó de la Antártida**, por lo que los tres continentes quedaron aislados. Para hace 50 millones de años, África y Europa llegaron a tener algunos puentes temporales de comunicación, cuando bajaba de nivel del mar. Y **hace 3 millones de años, el nivel del mar disminuyó tanto que apareció el Istmo de Panamá**, lo que permitió la conexión entre América del Sur y del Norte. Si hacemos una la línea de tiempo de la evolución de los mamíferos con esta información, podemos observar que la historia geológica de la Tierra y la evolución de los mamíferos están conectadas y guardan una estrecha relación.

Por ejemplo, uno de los primeros grupos, en evolucionar y diversificarse fueron los Afroterios, que incluye a los elefantes, manatíes y topos dorados, y que tienen su origen en África. Para los paleontólogos, el registro fósil más antiguo que se conoce de este grupo es de hace 61 millones de años. Sin embargo, la evidencia genética señala que este grupo se separó de los demás grupos hace 91 millones de años. Con ayuda de la tectónica de placas, podemos explicar mejor la teoría de que los Afroterios surgieron hace aproximadamente 90 millones de años, poco después de que África y América del Sur se separaran, y África quedara aislada por más de 70 millones de años.

Los **mamíferos placentarios** son el grupo que engloba a la mayoría de los mamíferos –a excepción de los marsupiales y los mamíferos que ponen huevos–, tales como roedores, murciélagos, ballenas, elefantes, etc., **incluidos los humanos**. El momento de evolución y radiación de los primeros mamíferos placentarios, así como su antepasado común, es un tema de controversia. Ahora un estudio de varios centros de investigación estadounidenses y canadienses indica que, según las evidencias fósiles, los mamíferos placentarios surgieron después de la extinción masiva que tuvo lugar en el límite del Cretácico y el Paleógeno, **hace 66 millones de años**. Según sus estimaciones, los linajes de los mamíferos de placenta emergieron y se diversificaron para llenar nichos ecológicos que quedaron vacantes tras la extinción de los dinosaurios no aviarios y otros grandes reptiles. Muy probablemente se **alimentaba de insectos**, carecía de especialización para movimientos concretos, y pesaba entre 6 y 245 gramos. Los fósiles más primitivos pertenecientes a la familia de los placentarios tienen 160 millones de años (Ma) de antigüedad y pertenecen a la especie Juramaia sinensis. Este grupo también se denominó Euterios y su último antepasado común vivió hace 105 Ma.

Los **primates** son mamíferos placentarios, y por tanto eso los convierte en descendientes de los Euterios del Mesozoico. Se piensa que la primera especie antecesora de los primates vivió hasta hace 66 Ma, justo tras la extinción de los dinosaurios y la gran diversificación de los mamíferos al inicio del Paleoceno. Esa especie es el Purgatorius, un pequeño animal, que recuerda a un ratón trepador, y que se piensa que es el ancestro común de los Plesiadapiformes y de los Primates propiamente dichos.

De los Plesiadapiformes conservamos fósiles que datan de hace 58 Ma correspondientes al Plesiadapis. Se trata de un animal pequeño, similar a las ardillas y dotado de garras. Al parecer se desenvolvería en el suelo, aunque probablemente pasaría mucho tiempo en las ramas bajas de los árboles para alimentarse. La otra rama de los descendientes del Purgatorius es la de los **primates**.

El naturalista Carl Linneo publicó en 1758 el que se considera el primer método de clasificación sistemática de la vida, el de los tres reinos: animal, vegetal y mineral. En su obra Systema Naturae (sistema natural), Linneo consideró a los humanos como los seres más avanzados de la naturaleza, por lo que los denominó Primates, que significa "**el primero**" en latín. Al resto de los mamíferos los denominó Secundates, los segundos, y al resto de animales Tertiates, los terceros.

Los monos fueron incluidos en el grupo de los Primates debido al parecido físico que tenían con los seres humanos. Pero esto no significa que estableciera relaciones de parentesco entre monos y humanos. Esta relación la establecería Darwin 100 años más tarde en su obra publicada en 1859 "El origen de las especies".

El principal rasgo característico de los **primates** estaba en que poseían **cinco dedos provistos de uñas**. Además, las extremidades superiores estaban dotadas de **pulgares con la capacidad de colocarse en oposición a los demás**, permitiendo el agarre y la manipulación de objetos. Otras características comunes serían una dentadura parecida y unas adaptaciones corporales similares a todos ellos.

El Paleoceno es una etapa compleja en la evolución de los primates. Generación tras generación, éstos mamíferos continuaron adaptándose a la vida en unos **hábitats repletos de árboles**. Desde este punto de vista se entiende que contar con unas manos capaces de agarrar presas, manipular frutos o asirse a ramas altas para escapar de depredadores fuera una característica favorecida por la selección natural.

Según los análisis genéticos mediante la técnica del Reloj Molecular, hace 63 millones de años, los primates se escindieron en dos ramas. Una de ellas dio lugar a los Primates estrepsirrinos. El nombre vine del griego: estrepho significa curva y rhinos, nariz. De ahí que sean conocidos como primates de nariz curva. Los descendientes más conocidos son los lémures de Madagascar.

El resto de la familia de los primates continuó su camino evolutivo hasta que se conformó, hace unos 58 Ma, el grupo de los Primates haplorrinos hacia finales del Paleoceno. El nombre de haplorrino significa "nariz simple", ya que haplos significa simple en griego. Los estrepsirrinos tienen la nariz dividida en dos secciones y los haplorrinos, no. Tan solo conservamos el surco nasal como un resto de esta antigua segmentación. **Nosotros los seres humanos, somos primates haplorrinos.**

Hacia mediados del Eoceno, hace 40 Ma aproximadamente, los primates haplorrinos se volvieron a dividir en dos familias: los tarsiformes y los simiformes. De los primeros sólo queda una familia viva, la de los Tarsios, unos animales parecidos a los lémures que viven en los árboles y tienen hábitos nocturnos. El resto de parientes se extinguieron hace tiempo.

A los otros, los **simiformes**, no les fue tan mal. Lo cual es lógico si pensamos que, durante el Eoceno, la selva tropical se extendía hasta cerca de los polos. La gran habilidad manual, junto con una vista muy desarrollada adaptada a las latitudes altas y a la vida nocturna, les permitirá alimentarse tanto de frutas como de pequeños insectos que viven también en los árboles.

Los primates simiformes continuaron su evolución hasta formar un grupo llamado **Eosimios**, hoy ya extinguidos, pero que se supone que fueron los ancestros comunes de otros dos grupos que han sobrevivido hasta nuestros días. Los dos grupos supervivientes en los que hoy se divide la familia de los Simiformes son: Platirrinos y Catarrinos. En principio, esta división hacía referencia a un rasgo facial de los monos. Así, platys en griego significa plano, por lo que estos monos reciben el nombre de Platirrinos en referencia a su cara más aplanada. En contraposición, el otro grupo posee unos orificios nasales abiertos hacia abajo y separados por un fino tabique nasal. Por ello se emplea la palabra griega katá, que significa hacia abajo, de ahí su nombre de Catarrinos que, literalmente, significa nariz hacia abajo. Los Platirrinos sólo habitaban en Centroamérica y en América del Sur, por eso se les conocía como "monos del Nuevo Mundo". Y, al contrario, los **Catarrinos** habitaban Europa, África y Asia. Por ello se conocen como "monos del Viejo Mundo".

Los fósiles de Eosimios más antiguos provienen del Sudeste Asiático, de China en concreto. Gracias a ellos sabemos que comían **frutas e insectos** y que se desplazaban con facilidad caminando a cuatro patas por las ramas altas de los árboles. O sea, que hace 45 Ma los Primates Simiformes mostraban unos hábitos parecidos a los que podemos observar en las especies actuales. Los Eosimios se expandieron hasta África hace 40 Ma y continuaron diversificándose. Pero, de algún modo, consiguieron llegar al continente americano y quedaron aislados allí, continuando la evolución por caminos separados de sus primos los Catarrinos.

Y andando en el tiempo, por fin alcanzamos el Oligoceno. Este periodo se inició hace 33 Ma y terminó hace 23 Ma. Pues bien, el fósil más antiguo de primate Platirrino encontrado en el continente suramericano data de mediados de esta época, de hace 27 Ma. Y en él todavía perduran algunos rasgos de sus parientes Catarrinos, por lo que la hipótesis de un origen común en África y la posterior especiación aislada en América parece la más probable.

Bueno, ya que hemos alcanzado el Oligoceno, vamos a continuar con el viaje que nos conducirá desde los primeros primates hacia los seres humanos. Y para ello veremos los cambios que se operaron en los primates Catarrinos a partir de este periodo. A principios del Oligoceno, el clima cálido de los polos desaparece bajo el hielo. Pero en África persiste la selva tropical. Será allí, en ese entorno repleto de árboles, donde la familia de los primates Catarrinos comenzará a separarse en otros grupos. Sobre estas fechas, hablamos de hace 35 Ma más o menos, en aquellas selvas tropicales habitaba una especie de monos muy curiosa. Además, estaba muy adaptada al medio. Se llamaba Aegyptopithecus zeuxis y pertenecía al grupo de los Propliopitecoideos.

El Egiptopitecus es una especie muy importante dentro de los primates porque constituye el eslabón perdido entre los monos del Viejo y del Nuevo Mundo. Aunque está clasificado como Catarrino o mono del Viejo Mundo, conserva características típicas de los Platirrinos, por ejemplo, la cola prensil. El orden de los catarrinos continuó evolucionando. Gracias a fósiles de otra especie de monos encontrados cerca de La Meca, en la región de Hijaz en Arabia Saudí, pensamos que hace unos 28 Ma empezó a crearse otra división en superfamilias. Pero esta vez se trataba de Cercopitécidos y Hominoideos.

Entre los Primates de la familia Cercopitécida y la **Hominoidea**, la diferencia también está en la cola. Los Cercopitecos tienen cola y nuestra súperfamilia no. Los Cercopitécidos evolucionarían para convertirse en babuinos, macacos y la especie más grande, los mandriles. Algunos de sus ejemplares pueden pesar hasta 50 kg.

Desde el punto de vista de la taxonomía, los hominoideos serían aquellas especies pertenecientes al reino animal, del filo de los cordados, clase mamíferos, orden primate, suborden haplorrinos, infraorden simiformes, parvorden catarrinos y, como hay tantas especies, las agruparemos no en una familia sino en una súperfamilia: la Hominoidea.

Por ser primates, sabemos que se trata de animales dotados de cinco dedos, cuyo pulgar es capaz de colocarse en oposición para hacer la función de pinza y poder agarrar objetos. Debido a que son haplorrinos, se sabe que tienen la nariz configurada en una sola sección. Además, se trata de simios, de ahí lo de simiformes, y por ser catarrinos, resulta que poseen dos orificios nasales separados por un surco y orientados más o menos hacia abajo. Por último, no tienen cola. Si la tuviesen no serían Hominoideos sino Cercopitécidos.

Sin embargo, hay otra diferencia importante. Los Cercopitécidos, y todos sus ancestros, son cuadrúpedos. Es decir, que todo su diseño corporal: forma y posición de cráneo, columna vertebral, cadera, piernas, omóplatos, hombros, muñecas y manos; están orientados hacia un tipo de movimiento a cuatro patas, ya sea sobre el suelo o por las ramas de los árboles.

Pero con el nacimiento de la súperfamilia Hominoidea, esto empezará a cambiar. A lo largo de Mioceno y del Plioceno, aparecerán especies que emplearán otros mecanismos para desplazarse, por lo que sus diseños corporales empezarán a adaptarse poco a poco hacia el movimiento sobre dos pies o **bipedismo**, típico del género **Homo**. Al inicio de la era Cuaternaria, hace **2,6 millones de años**, el género Homo hace su aparición en la Tierra y **comienza la prehistoria de la humanidad**.

La clasificación de las especies vivas de la súperfamilia Hominoidea es:

- Hilobátidos
- Homínidos
- Ponginos o Póngidos
- Homininos
- Género Gorilla. Gorilas
- Género Pan. Chimpancés y bonobos
- Género Homo. El ser humano u Homo sapiens.

Las subfamilias de Homínidos son la Pongina y la Homínina. Desde el punto de vista genético comparten ente sí más del **98% de los genes**, por lo que este criterio no es suficiente para clasificarlos por géneros, lo cual se logra por la característica de la bipedestación. La subfamilia

Homínina agrupa varios géneros, que a su vez contienen diferentes especies.

Al principio, los primates eran cuadrúpedos. Se desplazaban con las cuatro extremidades, pero, llegado el momento, empezaron a colgarse de las ramas por los brazos. Es la aparición de este nuevo modo de desplazarse el que hizo que las estructuras anatómicas cambiasen. De la postura cuadrúpeda, se empezó a transformar la posición del cráneo, la estructura de los hombros, de la columna y de las manos. Todo ello para **adaptarse mejor la postura de estar colgado en vertical**.

Los **homíninos** son primates bípedos. Se mueven por el suelo apoyando la planta del pie entera, no solo el borde externo. Esto ya se considera bipedestación, y los gorilas son capaces de realizarla. El género Gorilla es el primer tipo de homínino, pero no es el único. Los otros dos géneros vivos hoy en día son el género Pan (formado por chimpancés y bonobos) y el género Homo, que actualmente sólo tiene una especie, el Homo sapiens.

Desde el punto de vista genético, si los gorilas compartían con nosotros el 98% de los genes, los chimpancés comparten el 98,7%. Son parientes nuestros mucho más cercanos. Tanto es así, que el nombre de Pan para el género se puso por este motivo.

El **consumo de carne**, en el contexto de una dieta omnívora, es un rasgo que comparte el género Pan con el Homo. La diferencia entre chimpancés y humanos está en el **lenguaje verbal**. Desde un punto de vista puramente anatómico, el lenguaje pudo originarse en una etapa tan temprana como hace 4,4 Ma, entre especies no humanas. Pero **el lenguaje fue una de las estrategias evolutivas** que utilizo el género Homo en su expansión por el planeta.

El **Australopithecus** fue un género que agrupó varias especies. Esta palabra deriva del latín, australis, que significa "del sur" y pithecus, mono en griego. Por tanto, se refiere al género de los monos del sur.

En 1954, un paleontólogo sudafricano llamado John T. Robinson propuso la clasificación de los homíninos en dos grupos: gráciles y robustos. Los gráciles se llamaban así porque presentaban unas formas más o menos esbeltas, unos cráneos redondeados y dientes menos desarrollados. El linaje de los **Australopitecos gráciles** terminaría en los chimpancés y en **los humanos**. En cambio, los robustos tendrían un cráneo adaptado a la masticación: molares grandes, mandíbula desarrollada y una cresta sagital. Se dio origen a un tercer género de homíninos, el **género Homo**, y en estas fechas tan antiguas son indistinguibles de los chimpancés.

Características principales del **género homo**:

- Un tipo de movimiento plenamente **bípedo**, aunque todavía se retiene la capacidad de trepar.

- Un **volumen craneal grande**, parecido al de los chimpancés modernos. Este no es el caso ni del bebé Taung ni de Selam, pero como son individuos jóvenes no es importante. Lo que permite clasificarlos como humanos es la forma del hueso frontal, o sea, la forma de la frente.

- La **base del cráneo es más amplia** y la cara más plana que en la especie afarensis. Estos rasgos favorecen la comunicación verbal.

- Las piezas dentales son muy parecidas a las nuestras, capaces de mantener una **dieta omnívora**, basada en el consumo de carne y en la masticación de especies vegetales duras.

Hace entre 3 y 2 millones de años (Ma), quizás en la sabana primigenia de África, nuestros antepasados adquirieron apariencia humana. Durante más de un millón de años sus predecesores australopitecinos, entre los que se hallaban Lucy y otros, habían prosperado en los bosques del continente africano. Ya eran bípedos y caminaban de forma similar a la nuestra, aunque poseían piernas más cortas, manos adaptadas para trepar por los árboles y un tamaño cerebral reducido, semejante al de los simios. Pero su mundo se estaba transformando. El cambio climático favoreció la expansión de la sabana y los primeros australopitecinos dieron lugar a nuevas líneas evolutivas. Uno de esos descendientes contaba con piernas largas, manos aptas para la construcción de herramientas y un cerebro más voluminoso. Era un representante del género Homo, el primate que dominaría el planeta.

La **antigüedad del género Homo se estima en 2,6 a 2,4 millones de años** siendo Homo habilis y el Homo rudolfensis sus primeros representantes. Todas las especies, a excepción de Homo sapiens, están extintas. Se caracteriza por ser bípedo, con pies no prensiles y su primer dedo alineado con los restantes. Presenta hipercefalización y una verticalización completa del cráneo. Entre las características que llevaron a separar Homo habilis del género Australopithecus destacan el **tamaño del cráneo** y, más importante aún, la capacidad de crear **herramientas** y conservarlas para un futuro uso. Dentro del género Homo, se han clasificada gran cantidad de especies, con diferentes características, de las cuales solo ha subsistido el homo sapiens.

En el siguiente cuadro se observan algunas **especies y su significado** semántico:

Especies	Significado	Existencia
Homo habilis	Hombre hábil	extinto
Homo naledi	Hombre estrella	extinto
Homo gautengensis	Hombre de Gauteng. Sudáfrica	extinto
Homo rudolfensis	Hombre del Lago Rodolfo. act. Lago Turkana, Kenia y Etiopía	extinto
Homo ergaster	Hombre trabajador	extinto
Homo georgicus	Hombre de Georgia	extinto
Homo erectus	Hombre erguido	extinto
Homo antecessor	Hombre explorador "el que va adelante"	extinto
Homo cepranensis	Hombre de Ceprano. Provincia de Frosinone, Italia	extinto
Homo floresiensis	Hombre de Flores. Isla de Flores. Indonesia	extinto
Homo luzonensis	Hombre de Callao. Cueva del Callao, Filipinas	extinto
Homo heidelbergensis	Hombre de Heidelberg	extinto
Homo neanderthalensis	Hombre de Neandertal	extinto
Homo rhodesiensis	Hombre de Rodesia	extinto
Homo helmei	Hombre de Florisbad. Sudáfrica	extinto
Homo tsaichangensis	Taiwán	extinto
Homínido de Denísova	Rusia	extinto
Hombres de la cueva de los ciervos	China	extinto
Homo sapiens	Hombre sabio	existe

En la siguiente tabla se puede observar la **cronología** de aparición, su distribución y algunas características de las especies homo más conocidas.

Especies	Cronología (Ma)	Distribución	Altura de adulto (m)	Masa de adulto (kg)	Volumen craneal (cm^3)
H. habilis	2.4–1.4	África oriental	1.0–1.5	30–55	510–670
H. rudolfensis	1.9–1.6	Kenia			750
H. ergaster	1.9–1.25	Este y Sur de África	1.9		700–850
H. erectus	2–0.3	África, Eurasia (Java, China, Vietnam, Caucaso)	1.8	60	900–1100
H. antecessor	0.8–0.35	España, Inglaterra	1.75	90	1000
H. heidelbergensis	0.6–0.25	Europa, África	1.8	60	1100–1400
Homo rhodesiensis	0.3–0.12	Zambia			1300
Homo neanderthalensis	0.23–0.024	Europa, Asia Occidental	1.6	55–70 (complexión fuerte)	1200–1700
Homo sapiens	0.25–presente	Mundial	1.4–1.9	55–100	1000–1850

El **Homo sapiens** (del latín, homo 'hombre' y sapiens 'sabio') es una especie del orden de los primates perteneciente a la familia de los homínidos. También son conocidos bajo la denominación genérica de «**humanos**». Los seres humanos poseen capacidades mentales que les permiten inventar, aprender y utilizar estructuras lingüísticas complejas, lógicas, matemáticas, escritura, música, ciencia y tecnología. Los humanos somos animales sociales, capaces de concebir, transmitir y aprender conceptos totalmente abstractos. **Los restos más antiguos atribuidos a Homo sapiens se encuentran en Marruecos, con 315 000 años.**

El género Homo se fue diversificando y durante el último millón y medio de años incluía **otras especies ya extintas**. Desde la extinción del Homo neanderthalensis, hace 28000 años, y del Homo floresiensis hace 12000 años (debatible), el Homo sapiens es **la única especie conocida del género Homo** que aún perdura.

II. HUMANISMO

Si aceptamos que el ser humano u homo sapiens surgió hace aproximadamente 315.000 años; realmente somos una especie muy reciente, en comparación con los 4.500 millones de años de formación de la Tierra y de los 3.500 millones del comienzo de la vida en nuestro planeta. Algunos científicos hablan del **Antropoceno**, la edad de humano, como una nueva etapa geológica de la Tierra, debido a las profundas consecuencias de la actividad de nuestra especie sobre la Tierra.

Con el breve relato del prehumanismo, busque poner en contexto la magnificencia y complejidad de la evolución. Durante mucho más tiempo del que hemos existido como especie, se formó la Vía Láctea, en ella, el sistema solar y nuestro planeta en tercer lugar. Luego, por razones que desconocemos se creó la vida y en un variado proceso evolutivo apareció la especie **Homo sapiens**. Nuestros demás hermanos Homo, fueron desapareciendo poco a poco; inclusive por efecto directo o indirecto de los sapiens.

Es un hecho innegable que la duración de una forma de vida, de cada especie biológica, ha sido limitada. A lo largo del tiempo, las especies se van renovando de manera natural mediante dos procesos. La **extinción de fondo** es la desaparición de unas pocas especies que se observa de modo más o menos continuo a lo largo del tiempo geológico; el segundo mecanismo es la **extinción masiva** en ocasiones, por causas extraordinarias, se produce una aceleración en esa tasa de extinción, en la cual desaparecen sin descendencia un 10 % o más de las especies a lo largo de un año, o bien un 50 % o más de las especies en un periodo comprendido entre uno y tres millones y medio de años. Las **causas** que producen dichas extinciones son bien diferentes para cada una de ellas. Se agrupan en tres categorías: **biológicas, geológicas y extraterrestres**. Las primeras actúan básicamente sobre la extinción de fondo, las otras dos, menos previsibles, suelen provocar extinciones en masa. Son causas biológicas el endemismo y la competencia –entre otras muchas–, geológicas los cambios climáticos, el vulcanismo intensivo o la tectónica de placas, y, entre las extraterrestres, se cuentan los impactos de meteoritos o los efectos del paso en proximidad de cometas.

La tasa de extinción en un periodo geológico concreto depende de la magnitud desencadenada por una causa primaria (aquélla que desencadena los mecanismos de extinción); según lo repentino del evento, tendrá más o menos tiempo de actuar la selección natural. Se denominan causas secundarias a las que actúan después y completan el proceso entre ellas, casi siempre está presente el cambio climático.

Desde la aparición la vida sobre la Tierra –hace más de 3.500 millones de años– se han producido **cinco grandes extinciones** en las cuales desaparecieron de la faz del planeta más de la mitad de las especies que lo poblaban. Dichos acontecimientos cerraron diversos períodos: Ordovícico, Devónico Superior, Pérmico, Triásico y Cretácico. La última, que se produjo hace 65 millones de años, es la mejor conocida y parece ser que fue provocada por el impacto de un gran **asteroide en el Golfo de México**; acabó con los **dinosaurios** y otros muchos grupos no tan espectaculares, pero no por ello menos importantes –Ammonites y Belemnites– o como los foraminíferos, componentes del plancton marino.

En la extinción de finales del Cretácico se perdieron **más del 70%** de las especies existentes. Con todo, la que mayor incidencia tuvo sobre la biodiversidad fue la tercera (aproximadamente hace 251 millones de años), en la que, por causas todavía no delimitadas con precisión, desaparecían entre el **95 y el 97%** de las especies, el 83% de los géneros y el 57% de las familias, alterando completamente la vida marina en el planeta en un momento que señala el tránsito del Paleozoico al Mesozoico, a partir del cual se volvió básicamente pelágica o de alta mar; esta crisis no olvidó a los seres de tierra firme, aunque la escasez de archivos fósiles no permiten establecer un balance exhaustivo, pero debió de ser incluso peor, ya que en lo que a los insectos se refiere desaparecieron el 63% de las familias.

Aunque existen problemas para determinar con seguridad el porqué de esa hecatombe, la mayoría de los científicos admiten que se debió producir por la conjunción de varios fenómenos geológicos: descenso del nivel del mar, episodios volcánicos intensos en la zona de Siberia (los conocidos trapps) y la división de Pangea que provocó una trasgresión marina (elevación del nivel del mar). Como resultado de este **cúmulo de fenómenos naturales** se produjo, en menos de diez millones de años, una serie de extinciones progresivas que desorganizaron la biodiversidad de tal manera que esta tardó millones de años en reconstruirse y volver a florecer.

Existen datos científicos que indican que actualmente se está iniciando la **sexta extinción masiva**. Esta vez el motivo es inédito: la **explosiva proliferación de una especie animal, la especie humana**, una estirpe que aprendió a hackear los secretos de la naturaleza (**nature hacking**) y está transformando el medio a una velocidad alarmante y negando la viabilidad de muchos otros taxones y la posibilidad de un desarrollo evolutivo solamente natural. Desde el año de 1993, el biólogo de Harvard E. O. Wilson estimó que la Tierra está **perdiendo alrededor de 30,000 especies por año**, lo cual se traduce a la estadística aún más espeluznante de tres especies cada hora. Algunos biólogos han comenzado a pensar que esta crisis de la biodiversidad (esta "Sexta Extinción") es aún más severa y más inminente que lo que Wilson supuso.

Los seres humanos hasta ahora somos los únicos en el planeta que tenemos la capacidad de no tener que adaptarnos a un ambiente, sino cambiar ese ambiente a gran escala para que se adapte a nosotros. Hemos ido descifrando los "códigos" de la naturaleza y para bien o para mal, estamos hackeando los designios de la naturaleza, para ponerlos al servicio de los intereses humanos. Esta fase del humanismo se caracterizó por la "**nature hacking**"; mediante el componente **sapiens** fuimos capaces de desarrollar el conocimiento y las herramientas suficientes para modificar los ecosistemas a voluntad; inclusive en contra de los mismos planes naturales de la evolución.

Los científicos calculan que el total de **especies** que han existido en el planeta ronda los **500 millones** y actualmente somos menos del **1%** del total de especies. La mayoría de especies vivió durante el eón Fanerozoico, hace 540 millones de años. Durante el Cenozoico, desde hace 65 millones de años, la diversidad de las especies alcanzó su máximo desarrollo con enorme variedad de plantas y animales. Los cambios climáticos del Cenozoico favorecieron la generación de múltiples especies.

No se conoce con precisión cuantas especies existen actualmente, pero fluctúan entre **5 y 30 millones**, pero a pesar de los siglos de esfuerzo, se cree que desconocemos el 86% de las especies. Los **microrganismos simples** como bacterias, hongos, plancton son los que componen **el 80%** de toda la biomasa de la Tierra, que es el peso total de toda materia viva. Por lo tanto, la mayoría de especies existentes corresponde a microrganismos, insectos y animales marinos. Solo algo menos de 100.000 son alguna clase de vertebrado y **mamíferos menos de 6.000 especies.**

Las estimaciones para la biomasa global de especies y grupos de nivel superior no siempre son consistentes en toda la literatura. La **biomasa global total** se ha estimado en aproximadamente **550 mil millones de toneladas**, de los cuales los humanos solo ponemos **385 millones de toneladas**, con un 30% de biomasa seca. El trabajo mencionado estima que **los humanos no constituimos más del 0,01% de la biomasa terrestre**. Por su parte el planeta Tierra pesa 6.600 trillones de toneladas, que desde el punto de vista de masa nos hace insignificantes.

¿QUÉ NOS DIFERENCIA DE OTROS ANIMALES?

Una **especie** es un conjunto de organismos o poblaciones naturales capaces de entrecruzarse y producir descendencia fértil, aunque —en principio— no con miembros de poblaciones pertenecientes a otras especies. En muchos casos los individuos que se separan de la población original y se aíslan del resto pueden alcanzar una diferenciación suficiente como para **convertirse en una nueva especie**, por lo tanto, el aislamiento reproductivo respecto de otras poblaciones es crucial. En definitiva, una especie es un grupo de **organismos reproductivamente homogéneo**, aunque muy cambiante a lo largo del tiempo y del espacio.

Mientras que en muchos casos esta definición es adecuada, es imposible aplicarla a organismos que no se reproducen sexualmente (como las bacterias u organismos extintos conocidos solo por sus fósiles). Por lo tanto, en la actualidad suelen aplicarse técnicas moleculares, como las basadas en la semejanza del **ADN**, para definir la especie.

Taxonómicamente, nosotros somos animales, cordados, mamíferos placentarios; del orden Primates, de la súperfamilia Hominoidea, familia Hominidae, tribu Hominini y género Homo. Como especie homo sapiens, hasta ahora solo nos reproducimos sexualmente entre un **hombre y una mujer.**

Los humanos solemos excluirnos del reino animal. Cuando nos referimos a los animales, no estamos incluidos; porque previamente ha habido una decisión -tácita o explícita- de crear un criterio que **nos separe del resto** de la naturaleza y, dentro de ella, de los animales. La mayoría ven a los animales como seres esencialmente diferentes e inferiores, por lo tanto, resulta ofensivo o denigrante contemplarnos como parte del reino animal. Pero la verdad es que no existe un reino independiente para el homo o aparte del animal y **solo somos una especie animal más.**

En la prehistoria, cuando todavía éramos **animistas**, nunca nos consideramos seres superiores y creíamos en la **igualdad** de todos los seres de la naturaleza. Según esta teoría, todo objeto, animal, planta, etc. tiene espíritu poderoso que puede ayudar o hacer daño, debe ser adorado o temido y de alguna manera reconocido. Había una relación de igualdad con todos los seres naturales y sobrenaturales. Éramos **nómadas** y recorríamos las planicies como cazadores y recolectores, sintiendo gran respeto y comunicación con todos los seres.

Se cree que el proceso por el cual los seres humanos comenzaron a dejar de ser nómadas para convertirse en **sedentarios** comenzó con el mesolítico, hace aproximadamente **10.000 años** en Oriente Medio. Es posible que los recolectores comenzaran a almacenar alimentos poco perecederos obtenidos de la recolección, lo que condujo al descubrimiento de **las semillas** que germinaron accidentalmente y luego se dio su replicación en la agricultura. Así surgieron los primeros intentos de **manipulación o hackeo del ambiente**, lo cual trajo consigo el fomento y cuidado de ciertas especies vegetales y la **domesticación** de los animales, dando inicio a la transición de un modo de vida cazador-recolector a uno de asentamientos temporales en determinadas zonas, que fue provocando el aumento de la población, haciendo necesaria la búsqueda de medios de subsistencia más estables. El estilo de vida sedentario permitió el crecimiento de la población y el nacimiento de nuevos motivos de estrés social, como las disputas entre grupos humanos y la defensa de los recursos. También se cree que el sedentarismo contribuyó a la **cohesión comunitaria**, al nacimiento de prácticas y rituales, y el desarrollo de **organizaciones religiosas** más formales.

La primera forma de **agricultura** fue la de secano, siendo aquella en la que el ser humano no contribuye a la irrigación de los campos, sino que depende de la lluvia para hacer crecer las especies vegetales plantadas. Con el paso del tiempo se dieron cuenta de que esto no garantizaba el crecimiento adecuado de los cultivos, por lo que empezó a desarrollarse el **regadío**. Con esto llegaron las primeras canalizaciones de agua y sistemas de irrigación, trabajo que no era sencillo y que pudo haber ocasionado la división del trabajo para adelantar las obras y la posterior división entre clases. De acuerdo con los historiadores, los **asentamientos más antiguos** de los cuales se tiene registro pueden ser **Jericó** en el Valle del Jordán y Chatal Huyuk en Turquía. A partir del descubrimiento de este último se han encontrado otros asentamientos de similar antigüedad en Oriente Medio, aunque el primer gran centro urbano realmente importante fue **Uruk**, ubicado en Mesopotamia.

Este cambio en las costumbres trajo consigo nuevas maneras de pensar y sentir el mundo. Los humanos entendieron que **podían controlar** a ciertas especies vegetales y animales y por lo tanto su relación con la naturaleza dejo de ser de igualdad para iniciar un **trato de superioridad**. La revolución agrícola dio origen a las religiones teístas, que permitió **justificar** su condición **moral y biológica superior**. Los homo sapiens se autoproclamaron, los **elegidos por un Dios** y poseedores de un alma eterna. El resto de la naturaleza ya no tiene alma.

De manera muy conveniente resultamos **administrando el planeta por delegación de un Dios**, con el **poder para someter y domesticar** a otros. La domesticación de plantas y animales ayudó sustancialmente a las primeras sociedades a poder establecerse y pensar en construir ciudades, ya que no necesitaban moverse detrás del alimento, sino que podían comenzar a sembrarlo donde ellos decidieran que se podía. Aunque esto parezca un proceso sencillo, el mismo llevó miles de años de evolución, aprendizaje y educación. Las **primeras plantas** en ser domesticadas por el hombre fueron el centeno, la lenteja, el trigo, el frijol y la cebada. Esto ocurrió entre el **10.000 a.C. y el 6.000 a.C.** La caza y la pesca eran principalmente tarea de hombres, aunque se sabe que mujeres, niñas y niños también ayudaban. La recolección de alimentos —frutos, granos, raíces, tallos y hojas, así como huevos y miel— fue tarea central de las mujeres. Con la creación de la agricultura, se produjo una fase histórica en que la alimentación habría disminuido su contenido de proteínas —por lo que, por ejemplo, **disminuyó la estatura media**— pero sí fue posible aumentar el total de alimentos y así alimentar más personas, **disminuyendo la mortalidad**, especialmente infantil.

Los procesos de domesticación vegetal fueron largos, posiblemente tomaron más de 2 mil años para la mayoría de los cultivos. La generalidad de los científicos actuales ve eso como el resultado de una **domesticación "involuntaria"** o "inconsciente", sin conocimiento asociado y sin objetivos claros. El desarrollo de la agricultura no sólo significó la domesticación de cientos o miles de especies, representó también la creación de gran diversidad. Campesinas y campesinos del mundo fueron **creando** cientos y miles de variedades de los distintos cultivos, aumentando la diversidad dentro de cada especie. Eran cultivos antropo-dirigidos y obtenidos por el **hacking del reino vegetal**.

Durante períodos climáticos desfavorables y, sobre todo, en áreas de escasa productividad (zonas de condiciones extremas), resultó más rentable estabular, cuidar y criar animales que salir a cazarlos directamente, acción que además suponía un enorme desgaste físico.

Los animales domésticos más antiguos fueron:

Animal	Origen	Cronología (años)
Perro (Canis lupus familiaris)	Europa	20.000 – 30.000
Cabra (Capra aegagrus hircus)	Oeste asiático	10.500
Vaca (Bos primigenius taurus)	Mesopotamia	10.000
Oveja (Ovis orientalis aries)	Oeste asiático	9.000
Cerdo (Sus scrofa domestica)	China	8.000
Dromedario (Camelus dromedarius)	Arabia	6.500
Caballo (Equus ferus caballus)	Asia	5.000

Los animales posiblemente eran capturados y encerrados, hasta llevarlos a un estado de semidomesticación y luego a la domesticación total en varias generaciones, hasta **perder sus cualidades silvestres** y **quedar dependientes** del ser humano para su **explotación**, y cuyo ciclo vital se desarrolla por completo en cautiverio. Por lo tanto, son animales que no pueden sobrevivir en libertad manteniendo sus características fenotípicas de domesticación. Así se logró el **hacking del reino animal**, cambiando la condición de silvestre a domesticado y dependiente.

Dentro de la **diversidad natural**, cada especie se diferencia de diferentes maneras de otras especies y se parece a otras; especialmente cuando tiene ancestros comunes. Cuando nos referimos al ser humano surgen otros aspectos propios de la especie, que ya no son solo del talento evolutivo o biológico, sino se contemplan variables **psicológicas, sociológicas, filosóficas, culturales, religiosas, científicas, metafísicas**, etc.

Ser humano es una expresión que hace referencia al homo sapiens, cuya principal característica es la capacidad de **razonamiento, aprendizaje y trabajo cooperativo**. El ser humano supone el nivel más alto de complejidad alcanzado por la escala evolutiva. El **cerebro tiene un gran desarrollo** y le permite concretar numerosas actividades racionales y elaborar **pensamientos abstractos, ficticios, creativos y de otro tipo**.

Desde el punto de vista cualitativo, el ser humano se distingue de otros animales en su **modelo de inteligencia**, en su **autoconciencia** y en su capacidad de separarse de la naturaleza y sobrevivir por medio de la **cultura**.

Algunas características relativas, que **diferencian** a la especie homo sapiens de otros animales son:

- Posee capacidad de razonamiento y conciencia
- Tiene consciencia de la muerte
- Es un ser social
- Es capaz de juntar variada información para generar un conocimiento superior que le ayude a resolver problemas complejos
- Se organiza en grupos sociales que generan un código ético para la supervivencia del grupo
- Se comunica mediante el lenguaje
- Se expresa simbólicamente por medio de la cultura (arte, religión, hábitos, costumbres, vestido, modelos de organización social, etc.)
- Expresa su sexualidad mediante el erotismo

- Posee libre albedrío, es decir, voluntad propia
- Tiene capacidad para el **desarrollo científico y tecnológico**
- Tiene habilidad para la empatía
- Su intervención en el medio ambiente causa impacto ecológico (**nature hacking**)
- Tiene capacidades para automodificarse (**homo hacking**)

Algunas **características que resultan relevantes** para el transhumanismo son:

1. Es el único ser **consciente de su propia finitud:** Lo cual puede generar "angustia existencial". Su efecto más conocido es la necesidad de crear un sentido a los actos de vida y a la vida misma. De aquí deriva también la necesidad de trascender y los ya conocidos actos heroicos. Siempre ha existido el sueño de la **inmortalidad**; que se ha resuelto parcialmente, mediante creencias sobrenaturales.

2. Es un ser **emocional**: Las emociones son modelos organizativos y de interpretación evolutivamente anteriores a la racionalidad y que no desaparecen a lo largo de la vida. Las decisiones cotidianas (por más puramente racionales que parezcan) están directamente ligadas a la emocionalidad. Y aunque ésta no pueda hacerse consciente, no significa que no intervengan en el momento y acto de decidir. Algunos aspectos de la **personalidad** se relacionan con las emociones.

3. Es un ser **social:** Se estructura en la **intersubjetividad**. El ser humano se estructura a partir de los otros. Desde los sonidos intrauterinos iniciales, pasando por el aprendizaje de la lectura de los propios sentimientos y pensamientos hasta la lectura y valoración de los sentimientos y pensamientos de los otros. Los otros siempre están: marcando, formando y definiendo; como interlocutores reales o imaginarios, pero están. Hasta los estudios de Psicología Evolutiva y del Desarrollo, que se refieren específicamente a los comienzos de los procesos del pensamiento, de la comunicación verbal y de la formación de conceptos, incluyen necesariamente a los demás. El

ser humano oscila permanentemente entre la búsqueda de la **autonomía** y la **dependencia** de sus congéneres.

4. Es un ser **constructor de conocimientos**: Desde el punto de vista evolutivo el ser humano depende para su supervivencia de sus dotaciones genéticas y de las habilidades que pueda desarrollar. El cerebro humano funciona estableciendo regularidades y recurrencias; construyendo categorías que funcionan como conocimientos organizativos y de interpretación básicos, que resultan por tanto implícitos o tácitos (y por ello no conscientes). Conocimientos que generan las primeras causalidades e intencionalidades que guiarán nuestras futuras percepciones, pensamientos, significados y acciones más conscientes. Estos son otros tipos de conocimientos. Otros diferentes, los más reconocidos como tales, son los productos de la deducción y del razonamiento que llevan al "**desarrollo científico**".

5. Es un ser **lingüístico**: Es el lenguaje con su recursividad (vía desarrollo cerebral) el que le permite al ser humano volver sobre sí mismo y hacerse objeto de la propia mirada y de la propia reflexión. Es a esto finalmente a lo que se refiere la llamada "**racionalidad**". Es esta actividad reflexiva la que permite el **autoconocimiento y el conocimiento de los otros**. Y esto trasciende la idea del lenguaje como mera herramienta de comunicación. El lenguaje es también el que permite a cada uno construir su "identidad narrativa" (la narración/explicación que cada uno se construye de sí mismo –para sí mismo y para los demás– y que lo hace ser quien finalmente es).

6. Es un ser **histórico** y **culturalmente construido**: Lo obvio de hoy, no lo fue ayer. Los conocimientos y las teorías, así como los hábitos y las costumbres, se construyen con los conceptos y supuestos del espacio-tiempo en que fueron validados. Las diferentes formas y manifestaciones del amor; las formas de la felicidad, de lo bello y de lo sano; los criterios y modos de elección, los actos creativos; los modos de suicidarse o de cuidarse; el modo de concebir y sentir el cuerpo; en síntesis; todas las ideas tomadas como válidas en un determinado momento, están atravesadas por el momento en que cada sociedad vive y por cuáles son sus supuestos, creencias,

verdades y valores. Sabemos que el hombre tiene una capacidad infinita de creer. Sorprende que no se lo haya definido como **Homo credens**.

7. Es un se **vulnerable**: Un ser tan prematuro e indefenso al nacer; un ser tan emocionalmente condicionado (con odios, envidias y resentimientos que guían sus conductas, por ejemplo) y que se reivindica y cree racional; un ser tan limitado a veces por la cultura y al lenguaje con los que se estructuró; un ser que necesita confirmarse (aunque se autoengañe) que está siempre en el camino y con la visión correcta para no confrontar con sus propias limitaciones. Es muy **vulnerable a daños físicos y emocionales**. Fragilidad compensada con la creencia de que es una especie superior (por tanto, con el poder para decidir sobre el destino del resto de las especies "inferiores"). Creencia en la superioridad que luego es trasladada a grupos humanos (razas, sexos, etc.) y obviamente a la intimidad de las autoevaluaciones individuales. La primera lleva al desastre ecológico, la segunda a las guerras y la tercera a la estupidez. En realidad, el ser humano es todo esto funcionando en simultánea.

¿CÓMO EVOLUCIONÓ EL HOMO SAPIENS?

El ser humano ha estado evolucionando de manera permanente e integral. Algunos cambios que nos han conducido a los **procesos de transhumanismo** son:

1 - **Vivir en grupo**: Los primeros primates, el grupo que incluye a monos y humanos, evolucionaron poco después de la desaparición de los dinosaurios. Muchos comenzaron rápidamente a vivir en grupos. Eso supuso que cada animal debía moverse en una compleja red de **amistades, jerarquías y rivalidades**. Así que vivir en grupos puede haber impulsado un aumento sostenido de la capacidad intelectual.

2- Más **sangre al cerebro**: Hace 15-10 millones de años, humanos, chimpancés y gorilas descienden todos de una especie extinguida. En este ancestro, un **gen llamado RNF213** comenzó a evolucionar rápidamente. Esto puede haber estimulado el flujo de sangre hacia el cerebro al **ensanchar la arteria carótida**. En humanos, las mutaciones de RNF213 causan la enfermedad de Moya moya, en la que la arteria es demasiado estrecha, una condición que conduce al deterioro de la capacidad cerebral por falla de irrigación.

3 – La **división de los primates**: Por algunos cambios genéticos; hace 13-7 millones de años, nuestros ancestros se separaron de sus parientes parecidos a los chimpancés. En un principio, tendrían una apariencia similar. Pero dentro de sus células, el cambio ya estaba en marcha. Después de la división, los genes **ASPM y ARHGAP11B** empezaron a mutar, así como un segmento del genoma humano denominado región HAR1. No está claro que provocó estas modificaciones, pero HAR1 y ARHGAP11B están involucrados en el **crecimiento del córtex cerebral.**

4 – **Subidón de azúcar**: Hace menos de 7 millones de años, después de que la línea evolutiva humana se separó de la línea de los chimpancés, dos genes mutaron. SLC2A1 y SLC2A4 forman proteínas que transportan glucosa dentro y fuera de las células. Las modificaciones pueden haber desviado glucosa de los músculos hacia el cerebro de aquellos homínidos primitivos, y es posible que esta glucosa los haya estimulado y permitido que **crecieran los cerebros.**

5 – **Las manos más hábiles**: Hace menos de 7 millones de años, nuestras manos son inusualmente hábiles y nos permiten hacer bellas herramientas de piedra o escribir palabras. Eso puede deberse en parte a un fragmento de ADN llamado **HACNS1**, que se activa cuando se desarrollan nuestros brazos y manos.

6 – **Mandíbulas débiles**: Hace 5,3 - 2,4 millones de años, se produjo este cambio mandibular generando **más espacio craneano**. En comparación con otros primates, los humanos no pueden morder con demasiada fuerza porque tienen músculos delgados en la mandíbula. Esto parece deberse fundamentalmente a una mutación del **gen MYH16**, que controla producción de tejido muscular.

7 – **Dieta variada**: Hace 3,5 – 1,8 millones de años, se incluyó la carne en el menú. Nuestros ancestros primates más antiguos comían principalmente fruta, pero géneros posteriores como el Australopithecus ampliaron su gusto. Además de alimentarse con una variedad más grande de plantas, como las hierbas, parece que comieron mucha más carne e incluso que la troceaban con herramientas de piedra. Más **carne supuso más calorías** y menos tiempo de masticación.

8 – **Menos vello corporal**: Hace 3,3 millones de años, nos convertimos en lampiños. Expuesta al sol, la piel se oscureció. A partir de entonces, todos nuestros **ancestros fueron negros**, hasta que algunos humanos modernos dejaron los trópicos.

9 - **Conexiones**: Hace 3,2 – 2,5 millones de años, un gen llamado **SRGAP2** fue duplicado tres veces. Como resultado, nuestros ancestros tuvieron varias copias, algunas de las cuales podrían haber evolucionado libremente. Una de las copias mutadas resultó ser mejor que la original. Es probable que haya provocado que las células del cerebro modelaran más prolongaciones, permitiéndoles formar más conexiones. Se convirtió en un gen de inteligencia.

10 – **Cerebros más grandes**: Hace 2,6 millones de años, la primera especie fue probablemente Homo habilis, como primeros primates pensantes. En comparación con sus ancestros, estos nuevos homínidos tenían cerebros mucho más grandes.

11 – **Parto complicado**: Hace 2,5 millones – 200.000 años, para los homo, el parto se hizo difícil y peligroso, por una cabeza muy grande del bebe. Esto es porque caminar en dos piernas supone un canal pélvico más estrecho para el paso de un bebé humano, cuya cabeza ha crecido en relación a sus ancestros. Para compensar el parto dificultoso, los bebés nacen más pequeños e indefensos.

12 - **Control del fuego**: Nadie sabe cuándo nuestros ancestros aprendieron a controlar el fuego. La prueba directa más antigua proviene de la Cueva Wonderwerk, en Sudáfrica, que contiene cenizas y huesos quemados de hace 1 millón de años. Pero hay evidencias de que los homínidos procesaban los alimentos incluso antes y de que eso podía incluir cocinar con fuego.

13 – El **don de la charla**: Hace 1,6 millones – 600.000, todos los grandes homínidos tenían sacos de aire en sus tractos vocales que les permiten lanzar fuertes bramidos. Pero los humanos no, porque esos sacos de aire hacen que sea imposible producir diferentes sonidos vocales. Nuestros ancestros los perdieron aparentemente antes de que nos bifurcáramos de nuestros primos Neandertales, lo que sugiere que ellos también podían hablar.

14 - Un **gen para el lenguaje**: Hace 500.000 años, el gen moderno se desarrolló en el ancestro común de los humanos y otros homos: el FOXP2 neandertal es igual al nuestro. Algunas personas tienen una mutación en un gen llamado FOXP2. Como resultado, les cuesta entender gramática y pronunciar palabras. Eso sugiere que FOXP2 es crucial para aprender y usar el lenguaje.

15 – **Saliva reforzada** para comer carbohidratos: La saliva contiene una enzima llamada amilasa, fabricada por el gen AMY1, que digiere el almidón. Los humanos modernos cuyos ancestros fueron agricultores tienen más copias AMY1 que aquellos cuyos ancestros siguieron siendo cazadores recolectores. Este refuerzo digestivo puede haber ayudado para dar inicio a los cultivos, los poblados y las sociedades modernas.

Prehistoria humana

El ser humano lleva cientos de miles de años sobre la tierra, dejando su huella. Desde su aparición, nuestra especie ha tenido que hacer frente a innumerables peligros y ha tenido que luchar para sobrevivir. Sin documentos escritos que determinen los grandes sucesos que ocurrieron entre pueblos y tribus, los historiadores, arqueólogos y antropólogos han dividido la prehistoria en diferentes etapas en función de los instrumentos y materiales que empleaban nuestros antepasados.

Es necesario tener en cuenta, sin embargo, que dependiendo la región del planeta de la que estemos hablando el desarrollo de nuevas tecnologías y técnicas pudo producirse antes o después, existiendo un desfase entre la duración de las distintas edades según el lugar en el que nos encontremos. La historia humana, comienza con la prehistoria. A continuación, veremos algunas de las principales etapas de la prehistoria. Las fechas son aproximadas, pudiendo variar en gran medida dependiendo del lugar.

A. Edad de piedra (hasta 6.000 a.C.)

La primera de las etapas de la prehistoria que se ha identificado es la edad de piedra, caracterizada por la creación de diversas herramientas hechas de este material, tanto para la cacería como para otros usos. Técnicamente comprendería desde la aparición de los **primeros homos** hasta la utilización del metal como herramienta. Los seres humanos se agrupaban en pequeños grupos o clanes, y eran principalmente nómadas cazadores-recolectores (si bien a finales de esta edad ya aparecieron los primeros asentamientos fijos, la agricultura y la ganadería). Dentro de la edad de piedra destacan tres grandes períodos.

1. Paleolítico (2.500.000 a.C. -10.000 a.C.)

El paleolítico es el primero de los períodos considerados como prehistoria, que iría desde la aparición de las primeras herramientas creadas por homínidos. Se trata asimismo del período o etapa más largo. Durante este período gran parte de Europa estaba congelada, estando situada en la etapa glacial. En este periodo existieron diferentes especies homos además de la nuestra, como el Homo habilis o el Homo neanderthalensis, que terminarían por extinguirse.

Nuestra dieta estaba principalmente basada en la recolección de frutas y bayas y en la caza, siendo el ser humano cazador-recolector. Esta etapa de la edad de piedra puede, de hecho, dividirse en tres: paleolítico inferior, medio y superior.

a. El paleolítico inferior es el periodo de tiempo que comprende aproximadamente desde la aparición del homo (que se supone alrededor de hace dos millones y medio de años) hasta aproximadamente el 127.000 a.C. De este período datan las primeras herramientas encontradas, hechas de manera rudimentaria con piedra tallada mediante la fricción con otras.

b. El paleolítico medio se corresponde con el periodo que iría de esa fecha hasta aproximadamente el 40.000 a.C. Esta etapa se corresponde con la presencia de los Homo neanderthalensis en Europa, existiendo ya el dominio del **fuego**, los primeros ritos funerarios conocidos y las primeras ornamentaciones y pinturas rupestres. Las herramientas creadas empleaban el método Levallois, que consistía en la elaboración de lascas de piedra a las que se daba (al menos a la capa superior) forma antes de extraerlas.

c. Por último, consideraríamos paleolítico superior al periodo comprendido entre el 40.000 a.C. y el 10.000 a.C. Uno de los principales hitos de esta etapa es la migración y expansión del homo sapiens en Europa tras emigrar de África, así como la desaparición de los demás hermanos homos. El **arte** rupestre se vuelve habitual y empieza la **domesticación** de los animales como el lobo.

2. Mesolítico (10.000 a.C.- 8.000 a.C.)

El segundo de los períodos pertenecientes a la edad de Piedra, el período conocido como mesolítico, se corresponde en gran medida con la finalización de la última Edad de Hielo. Por lo general, la humanidad seguía siendo principalmente nómada, a excepción de algunos asentamientos que empiezan a florecer. En efecto, empiezan a aparecer las **primeras aldeas**. Las herramientas elaboradas tienden a reducir su tamaño y las personas tienen menor tendencia a buscar refugio en cuevas. Otro elemento característico es que empiezan a verse los primeros **cementerios**.

3. Neolítico (8.000 a.C.- 6.000 a.C.)

El neolítico es el último de los periodos de la Edad de Piedra. Esta etapa se caracteriza por el nacimiento, expansión y progresiva mejora de la **agricultura y la ganadería**. El ser humano ya no precisaba de realizar grandes migraciones siguiendo a las manadas de los animales a cazar, y empezaron a surgir asentamientos que con el tiempo se convertirían en grandes civilizaciones.

B. Edad de los metales (6.000 a.C.- 600/200 a.C.)

La denominada edad de los metales se corresponde con un período en que el ser humano remplazó la piedra por el metal y empezarían a aparecer las primeras civilizaciones y culturas.

1. Edad de Cobre (6.000 a.C.- 3.600 a.C.)

El cobre fue uno de los primeros metales que fueron utilizados como material para crear herramientas, produciendo elementos más eficientes y cortantes que la piedra. Inicialmente se empleaba sin fundir, empleándose los mismos mecanismos que con la piedra. Con el tiempo se empezaría a experimentar y terminaría por surgir la metalurgia.

2. Edad de Bronce (3.600-1.200 a.C.)

Etapa caracterizada por el uso del bronce como material de fabricación. Además del bronce, también se empezaron a trabajar otros materiales como el vidrio. Durante la edad del bronce. También se observa la cremación de los cuerpos de los muertos y la colocación de las cenizas en urnas de cerámica. Las diferentes culturas de la antigüedad ya habían aparecido, como por ejemplo la micénica.

3. Edad de Hierro (1.200 a.C.- 600/200 a.C.)

Esta etapa se caracteriza por el uso del hierro como material para crear herramientas. Dicha utilización es muy compleja y requiere de un elevado nivel de técnica. Esta etapa, de hecho, podría considerarse ya dentro de la historia, puesto que ya existían algunas de las principales civilizaciones de la antigüedad y en algunos lugares la escritura existe desde aproximadamente el año 3.500 a.C. Sin embargo, la generalización del uso del hierro no se produciría en Europa hasta la existencia del imperio romano (uno de los motivos por los que, aunque ya existía la escritura se considera esta etapa aún dentro de la prehistoria).

C. ¿Y en América?

Las etapas antes mencionadas son las que se emplean generalmente a nivel europeo, asiático y africano. Sin embargo, las etapas de la prehistoria variaron enormemente en otras regiones del mundo. Una muestra es la prehistoria que vivieron los pueblos nativos americanos. Por ejemplo, estos pueblos no empezaron a usar el hierro hasta que fueron invadidos por los pueblos procedentes de Europa. La escritura como tal se corresponde con los últimos momentos de los olmecas, de los cuales no se tiene mucha información precisamente por este hecho.

Anteriormente a ello, se considera que la cultura americana tiene las siguientes etapas de la prehistoria.

1. Etapa paleoindia (hasta el 10.000 - 8.000 a.C.)

Esta etapa es la más larga de la prehistoria americana, incluyendo todo lo que sucedió antes del 8.000 a.C. Ello no quiere decir que no hubiese grandes desarrollos antes del 8000 a.C., pero no se tiene constancia de elementos que permitan una diferenciación clara. Sus inicios no están del todo claros.

Se podría considerar el equivalente al paleolítico, con sus subperiodos inferior, medio y superior. Se observa la existencia de población con herramientas de piedra, en su mayoría cazadores-recolectores que llegaron a hacer frente a la megafauna existente en la época. A finales del 8000 a.C. el hielo empezó a retirarse, lo que provocó grandes cambios en el ecosistema de numerosas especies.

2. Etapa arcaica (10.000 - 8.000 a.C. hasta el 1.500 a.C.)

Etapa que da inicio con la retirada del hielo de gran parte del continente. Los pobladores de América empezaron a dejar de ser cazadores-recolectores nómadas para poco a poco empezar a establecer poblados y las primeras ciudades. Se empezaron a domesticar animales y a cultivar plantas.

3. Período formativo o preclásico (entre el 1500 a.C. y el 900 de nuestra historia)

Esta etapa se caracteriza por la expansión de la agricultura y la formación y apogeo de las primeras sociedades jerarquizadas conocidas en este continente. Entre ellas destacan la civilización olmeca.

4. Período clásico (292 y el 900)

Los inicios de este período se corresponden con la invención de la escritura en América. Se trata de la etapa más documentada de la historia precolombina, en el que desapareció la civilización olmeca y apareció una de las civilizaciones mesoamericanas más conocidas: la civilización **maya**.

5. Postclásico (entre el 900 y la llegada de Colón a América, en el 1527)

En este último periodo previo al encuentro con los pueblos de Europa, que de hecho ya es considerado histórico debido a que se han encontrado registros escritos. Los mayas empezaron a entrar en decadencia y aparecieron entre otros imperios como el **azteca** o el **inca**. La agricultura era la base económica, y se produjo un periodo de migraciones y conflictos relativamente frecuentes. También aparece por primera vez la metalurgia y el trabajo con minerales y metales.

Historia Humana

Tanto la prehistoria, como la llamada "historia"; en realidad, ambas conforman la historia de la humanidad. Sin embargo, por fines metodológicos, la historia se suele contemplar como el período temporal que comienza con la invención de la **escritura** en la Antigüedad y continúa hasta el presente. El conocimiento histórico es acumulativo, se especializa en un tema, tópico o región específica, de modo que es posible hablar de historia de prácticamente todo y sólo estudiando cómo ocurrieron las cosas del pasado, podemos **entender** la configuración de la realidad actual y el posible futuro posthumano.

La periodización "tradicional" se organiza según los parámetros europeos, de los cuales difieren los demás continentes y culturas, de modo que no existe una periodización única y universal, sino que el modelo que veremos a continuación deberá siempre adaptarse a las particularidades de cada región y cultura.

A. *Edad Antigua*

La primera de las edades de la historia, la Edad Antigua da inicio con la invención de la **escritura** (que aproximadamente se considera que surgió entre el 3500 y el 3000 a.C.). La Edad Antigua se iniciaría entonces en un momento comprendido entre las anteriormente citadas edades del Bronce y del Hierro. Su finalización se sitúa aproximadamente en el 476 d.C., con la **caída del Imperio Romano Occidental.**

Esta etapa se caracteriza por ser la más larga dentro de la historia, y parte de los sucesos que en ella ocurrieron, se han perdido. Es en la Edad Antigua en la que el ser humano abandona en su mayoría el nomadismo y se hace sedentario, siendo esta edad el momento en que surgieron **grandes civilizaciones** como la griega, la egipcia, la mesopotámica, la persa y la romana. Esta etapa es famosa también por la elevada prevalencia de batallas y guerras, la esclavitud y el surgimiento de diversos sistemas y conceptos políticos como la democracia o la dictadura.

A nivel europeo destaca la presencia de una gran cantidad de pueblos y tradiciones que poco a poco fueron invadidas y se fueron perdiendo según iban siendo aglutinadas por el Imperio Romano, el cual se expandió por Europa y parte de Asia y África.

Por otro lado, esta etapa de la historia es aquella en la que se produjeron grandes avances en el conocimiento humano, siendo el período en el que aparece la etapa clásica de la **filosofía** (de la cual partirán más adelante todas las ciencias). Se generaron diferentes sistemas de creencias y de valores. A nivel de religión, las diferentes culturas mantenían creencias en general politeístas. También en ella surgieron algunas de las principales **creencias religiosas** actuales tanto politeístas (como el hinduismo), como monoteístas (el judaísmo y el cristianismo).

Dentro de la Edad Antigua pueden distinguirse dos etapas: antigüedad clásica y antigüedad tardía.

1. Antigüedad clásica

Se denomina antigüedad clásica el período caracterizado por la expansión de las civilizaciones griega y romana, del siglo V al II a.C. En esta etapa observamos el surgimiento de ambas civilizaciones, el Imperio de Alejandro Magno, las guerras médicas, el surgimiento de la democracia, la república romana y su expansión por Italia, la creación y expansión del Imperio Romano y el inicio de su decadencia.

2. Antigüedad tardía

La antigüedad tardía iría del siglo II a.C. al 476 d.C., correspondiendo con la etapa de decadencia del Imperio romano y la transición desde el **esclavismo** hasta el **feudalismo**. En esta etapa Roma y su imperio empiezan a sufrir levantamientos cada vez más frecuentes (destaca la protagonizada por Espartaco) y es invadido por los pueblos germanos (como ocurría en la península ibérica).

Una de las invasiones más conocidas fue la de Atila el Huno. También resulta relevante la aparición y expansión del **cristianismo** como religión oficial del Imperio, que posteriormente se convertiría en la religión dominante en el territorio europeo. La Antigüedad tardía terminaría técnicamente en el año 476 d.C., con la caída del Imperio Romano.

B. Edad Media

Esta etapa se origina con la caída del Imperio Romano Occidental (en el 476 d.C. y finaliza con la caída a manos de los otomanos del Imperio Bizantino (el Imperio Romano Oriental) en 1453. Sin embargo, otros historiadores consideran que su finalización se corresponde más bien con la llegada de Colón a América en 1492.

Tras la caída del Imperio Romano, que centralizaba el poder, surgieron diferentes reinos y civilizaciones, estableciéndose diferentes **pueblos y naciones**. Aparece el **feudalismo como sistema político**, en el que los señores gobernaban sus tierras a la par que obedecían a la figura del rey. Durante esta etapa se observó la expansión y dominancia del cristianismo como religión predominante de Europa, y también nace en Arabia el **islam** como religión.

Asimismo, es durante esta época en que aparece la **burguesía** como clase social. Son frecuentes los conflictos bélicos enmarcados o justificados mediante **diferencias religiosas**, siendo la época de las Cruzadas y de diferentes persecuciones religiosas. Aparecen diferentes grupos y sectas, muchas de las cuales son consideradas herejías y eliminadas. Aparece también la figura de la Inquisición, los actos de fe y la quema de brujas.

Este período histórico puede dividirse en dos etapas: Alta Edad Media y Baja Edad Media. Si bien en ocasiones se añade una etapa intermedia, la Edad Feudal.

1. Alta Edad Media

Se considera Alta Edad Media al periodo de tiempo que transcurre entre los siglos V y X. Supone un período de tiempo en el que diferentes imperios y civilizaciones lucharon entre sí, una vez caído el Imperio Romano. Vikingos, húngaros, musulmanes, bizantinos e imperio carolingio fueron algunos de los más relevantes a nivel europeo.

La población vivía mayoritariamente en el campo, y se dividía en **nobles y plebeyos**. Las diferencias de clases son muy notorias, teniendo la nobleza todos los derechos y los plebeyos prácticamente ninguno. Surge el feudalismo y aparecen constantes conflictos bélicos derivados del control de las tierras y señoríos. La cultura está muy mediada por la Iglesia y surge la Inquisición.

2. Baja Edad Media

La etapa final de la Edad Media, la Baja Edad Media se corresponde con el período de tiempo comprendido entre el siglo XI y la caída de Constantinopla a manos turcas en 1453 (o el descubrimiento de América en 1492, dependiendo de dónde se ponga el límite).

Esta etapa supone un resurgimiento económico general, apareciendo la burguesía y comenzando la población a centrarse en las **ciudades**. El número de conflictos bélicos disminuye y empieza a aumentar la población. Se **inventa el molino** y empiezan a aparecer los primeros derechos para los campesinos y burgueses, trabajando estos últimos a cambio de remuneración y no por servidumbre. Durante el siglo XIV el feudalismo entra en decadencia y se disuelve. También disminuye el poder de la Iglesia, aunque sigue teniendo gran influencia.

Otro suceso de gran importancia es la aparición de la epidemia de la **peste negra**, la mayor epidemia de la que se tiene constancia y que terminó con la vida de alrededor de entre un tercio y la mitad de la población de la época.

C. *Edad Moderna*

La caída de Constantinopla en 1453 o la llegada de Colón a América en 1492 son los dos principales puntos de partida de la llamada Edad Moderna. El fin de esta edad se sitúa en 1789, concretamente el día de la toma de Bastilla que da inicio a la **Revolución Francesa**.

Durante esta etapa aparece el **absolutismo**, en el que los reyes concentraban el poder político. El final de esta forma de gobierno también daría lugar a la finalización de la Edad Moderna, con la Revolución Francesa. Otros sucesos de gran relevancia fueron el citado descubrimiento de América (y su posterior invasión) y su colonización por parte de diversos países. Abunda el **expansionismo**, en una etapa marcada por la colonización de lo que son considerados nuevos territorios. Sin embargo, con el paso de los siglos terminan por producirse levantamientos que culminan con la **Revolución Americana** y la Guerra de la Independencia de Estados Unidos y múltiples colonias. Se abolió la esclavitud.

Culturalmente, destaca el surgimiento de la **Ilustración**, un movimiento cultural que transformó la vida intelectual de la época: Dios dejaba ser el núcleo del interés intelectual para centrarse en la figura del ser humano. Fue una época en que se produjeron grandes avances científicos y sociales, llegando a aparecer la **máquina de vapor o las primeras vacunas**. También existieron cambios políticos y religiosos, así como grandes conflictos vinculados a dichos cambios, como los producidos en base a la reforma luterana y la contrarreforma. Así mismo, fue durante esta época en que transcurrió el Siglo de Oro español, siendo el **Imperio Español** uno de los más poderosos de la época.

La finalización de esta etapa se da con la Revolución Francesa, un hito histórico de gran importancia en que se abolió el absolutismo. Esta etapa y su final se caracterizan por la aparición y posterior persistencia de los valores propios de la sociedad Occidental.

D. Edad Contemporánea

La última de las edades que se contempla en la historia, incluye todos los sucesos acontecidos desde la Revolución Francesa hasta la actualidad. Son muchos los hitos conocidos de esta etapa. La Revolución Francesa en sí, el avance de la tecnología hasta llegar a la denominada **Revolución Industrial**, la Primera Guerra Mundial, la aparición del fascismo y la Segunda Guerra Mundial son algunos de los más conocidos sucesos acontecidos.

Además de ello podemos observar la evolución de los derechos, deberes y libertades de los ciudadanos y de los distintos colectivos sociales. La lucha por la erradicación de las clases sociales, por los derechos e igualdad de mujeres, de las distintas razas y orientaciones sexuales son otros de los logros que se han conseguido o están en vías de lograrse durante esta etapa.

Sigue existiendo una gran desigualdad social, si bien las clases sociales tradicionales pierden parte de su vigencia: el poder empieza a compartirse entre **aristocracia y burguesía**. Se establece la burguesía como clase predominante y aparece la clase media. Sin embargo, sigue existiendo (aún en la actualidad) **clasismo social,** si bien esta vez está más ligado a la **capacidad económica** y no al estrato social de nacimiento.

Aparecen los **grandes sistemas económicos** aún vigentes, **capitalismo** y comunismo, que llegan a enfrentarse en numerosos momentos históricos como durante la Guerra Fría.

También la ciencia ha evolucionado en gran medida, mejorando las condiciones de vida de la mayor parte de la población occidental. La medicina avanza hasta hacer que enfermedades anteriormente mortales pueden controlarse e incluso erradicarse, si bien se descubren o aparecen nuevas enfermedades (como el SIDA, COVID 19), El hombre se lanza a la **exploración del espacio,** llegando a la Luna y buscando ir **más allá de ella.**

El universo y el planeta, además de objetos y sujetos contiene **información,** que queremos obtener o si es necesario **hackearla.** Antes de que se originara la vida, la **materia inanimada** contenía información. Sin embargo, la misma carecía de una significación particular. Cada estructura contiene un modelo informacional. Las **sustancias vivas** se orientaban en el mundo que las rodea y respecto a sus estados internos a partir de la información contenida en los modelos.

El desarrollo de la información contenida en los modelos aparece en una forma más desarrollada en la **abstracción** que realiza el hombre cognoscente. La información contenida en los modelos humanos se origina en las condiciones de **comunicación social** entre las personas, en cuyo proceso se efectúa la materialización de la información **intersubjetiva.** La **realidad objetiva** la convertimos en realidades individuales **subjetivas,** mediante la percepción e interpretación de la misma.

Según Zubov, "en las **relaciones de los sistemas vivos con el medio,** se identifican los procesos de organización, denominados **idioadaptación** (progreso particular) y de **aromorfosis** (proceso general). En el proceso de adaptación, de perfeccionamiento de las relaciones con el entorno, una parte considerable de las formas de vida sobre la Tierra siguieron el camino de la idioadaptación y de la especialización morfofisiológica, de acuerdo con las condiciones concretas del ecosistema. Esta vía de evolución, en reducidos lapsos de tiempo, proporcionaba ciertas ventajas en el curso de la lucha por uno u otro nicho ecológico y permitía aproximarse a cierto óptimo particular de períodos de relaciones **especie-medio**; sin embargo, durante los grandes períodos de tiempo, ante las condiciones bruscas de la naturaleza, la especialización devenía, en ocasiones, perniciosa, porque las estructuras adaptativas, antes útiles, resultaban nocivas en las nuevas condiciones y no podían reestructurarse en virtud de la **irreversibilidad** de la evolución. En condiciones relativamente estables, a las formas especializadas les era posible, sin embargo, existir prácticamente un tiempo ilimitado, pero sin perspectiva alguna de elevar cualitativamente el nivel general de organización. Así se formaron las ramas laterales del árbol evolutivo, cuyo tronco es la vía principal del progreso general que viene a ser una cadena de aromorfosis, que conduce a una **mayor flexibilidad adaptativa** y que permite evitar una especialización morfofisiológica estrecha. Las particularidades troncales del proceso evolutivo obtenían, en el curso del desarrollo de la vida sobre la Tierra, cada vez, mayores ventajas y con el transcurso del tiempo se revelaban cada vez más. Entre esas particularidades, pueden mencionarse: la **universalización**, la **autonomía**, la **integración taxonómica** y la **acumulación de la información**.

En el proceso de la evolución, el organismo vivo se hace cada vez más autónomo respecto a los factores del medio ambiente exterior. Esta autonomía se manifiesta en las adaptaciones autorreguladas a partir del sistema nervioso central. La autonomía de la conducta se vinculó con:

- El incremento progresivo de la **actividad informativa y la cognición** no determinada desde el punto de vista genético, que se expresa principalmente en la enorme plasticidad, entrenabilidad y capacidad de aprender del cerebro humano.

- Las reacciones **anticipadas**, que se hicieron más flexibles, activas y rápidas.

- Con la posibilidad de **acumular y aprovechar la experiencia** individual y colectiva.

- Con el mayor significado del rol del individuo como **portador de nueva información (creatividad)** que mantiene y eleva el nivel informativo general del sistema.

Todo ello propicia que la **evolución informativa y cognitiva** sea una nueva propiedad primordial de la vía troncal de la evolución, que incide en los diferentes niveles de desarrollo de la materia conocida. En los seres vivos, la evolución informativa se manifestó en la **acumulación de la información en el genoma** y la activación de la función transformadora de los procesos informativos. En el proceso evolutivo del ser humano, a partir de la información acumulada en su memoria y de su análisis, se originó la capacidad de **sintetizar la información pronosticada**, mediante la ciencia y la cultura, que asegura reacciones anticipadas adecuadas. En el nivel social de evolución de la materia, esta propiedad se constituyó en una de las características fundamentales de la vía troncal de la evolución de la vida en la Tierra.

Tanto la conciencia social como la del homo sapiens en particular se han convertido en un **centro de acumulación y procesamiento de conocimiento**, que incluye la de objetos cósmicos muy distantes de nuestro planeta. El cerebro humano permitió que la información regulara la energía; **la sociedad humana se ha convertido en un complejísimo sistema informativo cognoscente y transformador**. Desde esta visión, se puede considerar que la esencia de todo el proceso troncal de la evolución humana, ahora radica en escudriñar, obtener y modificar las leyes naturales del Universo.

El surgimiento de la **conciencia** como una etapa superior del desarrollo psíquico ha tenido un impacto trascendental en el proceso evolutivo. En el reflejo consciente, se distinguen las propiedades objetivas estables de la realidad. El psiquismo está sometido a las leyes del **desarrollo socio - histórico** y no a las leyes generales de la **evolución biológica**.

Al respecto, A. N. Leontiev afirma que "en la conciencia, la imagen de la realidad no se funde con la experiencia vivida del sujeto: lo reflejo está como "presente" en el sujeto. Esto significa que, cuando se tiene conciencia de un libro o, simplemente, conciencia del pensamiento propio concerniente al mismo, el libro no se funde en la conciencia con el sentimiento que se tiene de él, ni tampoco el pensamiento de ese libro se funde con el sentimiento que se tiene de la conciencia". Leontiev, indica que la conciencia humana es la forma superior de psiquismo y es un producto histórico **resultante del lenguaje y los procesos de trabajo**. Para que existiera la conciencia individual fue preciso que existiera una conciencia social con conceptos lingüísticos elaborados socialmente. La conciencia posee una naturaleza refleja activa. El mundo objetivo, actuando sobre el hombre, se refleja en su conciencia - se transforma en ideal, y la conciencia como **algo ideal** (subjetivo) se convierte en **acciones**, en algo real(conducta).

La actividad del hombre determina la formación de su conciencia, y esta última, al regular la actividad del hombre, mejora su adaptación al mundo exterior. La conciencia forma el plano interno de la actividad, **su programa**. Es precisamente en la conciencia que se sintetizan los modelos dinámicos de la realidad con ayuda de los cuales el hombre se orienta en el entorno físico y social que le rodea.

La regulación **consciente, racional y volitiva** de la conducta del ser humano es posible gracias a que en este se forma un modelo interno del mundo exterior. En el contexto de este patrón, se realiza la manipulación mental que posibilita la comparación del estado presente con el pasado, el humano no sólo se percata de los objetivos de la conducta futura, sino que también se la representa. Así, se realiza la representación de las consecuencias de los actos antes de su ejecución - y se establece el control, por etapas, para acercarse a los objetivos entre la situación real y deseada de las cosas.

A partir de estas propiedades de la vía troncal de la evolución (biológica y social), especialistas como Zubov suponen que la humanidad:

- Tendrá una forma de existencia más **autónoma y universal** (adaptación al Cosmos, al medio submarino, etc.), **dominará** nuevos tipos de energía, dependerá menos de las condiciones climáticas, de los recursos energéticos y naturales que se emplean actualmente.

- Incrementará, en forma significativa, la **información y el conocimiento** sobre el mundo y con ello, se enriquecerá y precisará su modelo del mismo.

- Se enfatizará en la información de **pronóstico y anticipadora.**

- Alcanzará el estado de **diversidad integrada**, esto es, mantener y aumentar la diversidad individual sin formar nuevas unidades taxonómicas- reducción de la ramificación del árbol evolutivo y la concentración del potencial evolutivo dentro de un tazón. Por otro la do el transhumanismo presupone, la formación de nuevas unidades taxonómicas; **ramificando de manera artificial el árbol evolutivo.**

EVOLUCIÓN DE LA CIENCIA

El conocimiento, junto con la ciencia y la tecnología; se han convertido en las principales herramientas de la **evolución artificial** propiciada por los homo sapiens. Con el incremento del conocimiento y el desarrollo de herramientas tecnológicas logramos el "**nature hacking**", conquistando algunos secretos de la naturaleza y de esta manera logramos imponer cambios antropo-dirigidos del entorno y sus ecosistemas. Luego de lograr el sometimiento de algunos factores de la naturaleza, iniciamos el camino de domesticación de la propia biología y psicología humana. Como lo habíamos hecho con el entorno, procedimos a modificarnos con el "**homo hacking**", que nos condujo a la etapa inicial del transhumanismo. No nos satisfizo la evolución natural, como único mecanismo del progreso de la biología humana y de forma intencionada y voluntaria procedimos a domesticar y modificar nuestra condición natural; para ir más allá de lo que este tipo de evolución nos ha venido ofreciendo. Ahora, expandimos nuestros horizontes, para domesticar y modificar el universo con el "**cosmo hacking**" para que se adapte a nuestras necesidades y deseos. Con la ciencia y la tecnología aspiramos a someter al planeta Marte y luego el resto del cosmos.

El comienzo histórico exacto de la ciencia es indeterminable en el tiempo. Se plantea que su surgimiento tiene lugar en el momento "donde se descubre (o se establece) la relación de que unos fenómenos son "**causa**" y otros "**efecto**". Desde nuestros más antiguos antepasados, ha existido la necesidad de subsistir y de intentar comprender el entorno; para evitar los riesgos y aprovechar las oportunidades. Progresivamente se hizo necesario entender cada vez más a la naturaleza y descubrir, hackear o develar sus misterios. Con el desarrollo cognitivo; algunos individuos se fueron especializando en "**pensar**" e investigar con el interés de **comprender el mundo**. Las primeras explicaciones fueron de tipo mágico y mítico-religioso, construyendo un saber denominado **prefilosófico** y **pre científico**. Con la magia el homo sapiens se esfuerza por dominar las fuerzas sobrenaturales.

El término "pensar" abarca actividades mentales ordenadas y desordenadas, y describe las cogniciones que tienen lugar durante el juicio, la elección, la resolución de problemas, la originalidad, la creatividad, la fantasía, los sueños, etc. El pensamiento superior dota al homo sapiens de **ventajas para la supervivencia**, pues permitió resolver problemas con mucha **más antelación y certeza**.

En esencia, esta historia comprende un período de **antigüedad**, otro de **ciencia clásica** y otro de **ciencia moderna**. La **ciencia antigua** creía en el poder supremo de la razón para resolver todos los problemas **sin necesidad de experimentos** y su influjo duró dos milenios. Su principal representante es Aristóteles, que consideraba que una piedra grande cae más deprisa que una pequeña, aunque nunca se le ocurrió probarlo. Experimentar no estaba en el espíritu de esa época, que ignoraba la verdadera relación entre la vida humana y la naturaleza. El supuesto esplendor de los tiempos antiguos solo era aplicable a clases privilegiadas, pero no a las condiciones de vida del hombre ordinario.

La ciencia antigua acabó en el siglo XVI cuando Galileo demostró que si dos piedras desiguales se dejan caer simultáneamente llegan al suelo al mismo tiempo. Este **experimento** fue un momento clave en la historia de la humanidad. Abrió una nueva relación entre el hombre y la naturaleza, inaugurando una etapa de cambio en la mente humana que fue continuada por muchos otros. El despertar racional de la **ciencia clásica** clarificó las relaciones entre nosotros y las cosas del mundo visible hasta desembocar en la **Revolución Industrial** del siglo XIX que liberó al hombre, al menos en parte, de la miseria. El paso decisivo en la consolidación del pensamiento científico como institución social ocurrió en la Europa Occidental entre 1600 y 1700. En el capitalismo, la ciencia rompió con la visión de sí misma heredada de la antigüedad como actividad primordialmente centrada en la comprensión intelectual del mundo sin actuar sobre él, para convertirse en la base de la **evolución técnica** que caracteriza al mundo moderno, desde la revolución industrial (siglos XVIII y XIX) hasta nuestros tiempos.

La **ciencia moderna** comenzó a principios del siglo pasado con descubrimientos singulares como el de los rayos X, el electrón y la radioactividad. Con la teoría de la relatividad o la mecánica cuántica desveló un mundo enteramente nuevo no sospechado con anterioridad, porque nuestros sentidos no están hechos para verlo o sentirlo. De alguna manera comenzamos a abrir la "caja de pandora" de la vida y la naturaleza y a obtener las llaves de apertura de muchos misterios. Esta nueva ciencia permitió entender el átomo, el sol y las estrellas, y aportó una idea de unidad fundamental en la naturaleza. Cambió todos los parámetros que dominaban hasta entonces la vida humana: la velocidad del caballo por la de la luz, la combustión por la fusión nuclear, la fuerza bruta por la de potentes diseños y el aislamiento geográfico por la desaparición de las distancias terrestres. La historia de la ciencia y la de la humanidad llegaron a fundirse en una misma historia.

Algunos hechos relevantes de la historia de la ciencia

Los hechos históricos de la ciencia han sido progresivos y acumulativos, con aportaciones desde diferentes frentes geográficos y disciplinarios. Muchas ideas, que en su momento se consideraron grandes verdades, luego fueron remplazadas, por nuevas y mejores teorías. Los filósofos y científicos, que se atrevieron a proponer cambios en sus épocas, tuvieron que enfrentarse al rechazo, la violencia e inclusive la muerte. Cada generación; a pesar de sus deseos y necesidades, evalúa su realidad con base en el conocimiento obtenido del pasado y por lo tanto es bastante incrédulo de los nuevos hitos históricos de la cultura y la ciencia. Sin embargo; el progreso ha continuado, con sus consabidas imperfecciones y errores y algunos de los hechos históricos de la ciencia, que ejemplifican esa evolución son:

Grecia clásica:

- Predominio del conocimiento teórico (episteme) frente al conocimiento práctico (techné).
- Dogma teoricista aristotélico-platónico.
- Arquímedes como excepción.

Siglos XVI-XVII

- Francis Bacon defiende el empirismo y el **conocimiento manipulativo** (faceta instrumental y de hacking de la ciencia).
- Galileo (péndulo, telescopio…).
- Descartes: "Verdad y utilidad son inseparables."

Siglos XVII-XVIII

- Relaciones de la ciencia con el Estado, el ejército, empresarios y comerciantes (Boyle, Hooke, Newton…).
- Académie des Sciences de Francia como precursora de las Academias de Ciencias.

Siglo XVIII

- Desarrollo de Instituciones Estatales o Academias de Ciencias (Academia Prusiana de las Ciencias, Academia de Ciencias de San Petersburgo...).

- Royal Institution de Gran Bretaña.

Siglo XIX

- En 1840, William Whewell usa por primera vez el término "**científico**" en vez de "filósofo natural" para designar a quien practicaba la ciencia.

- Fomento de la **investigación en equipo**. Liebig crea una escuela de investigación de Química (Giessen, Alemania, 1825).

- Profesionalización de la ciencia. Laboratorio Cavendish de la Universidad Siglo XIX de Cambridge en Reino Unido (1874), Instituto Imperial de Física y Tecnología de Alemania (Physikalisch-Technische Reichsanstalt, 1887), Instituto Pasteur de Francia (1888), etc.

- La investigación académica estaba muy por delante de la investigación industrial, pero esta última comenzaba a surgir como profesión atractiva para los científicos.

Ciencia, industria, política y economía

La investigación científica es la fuente de todo progreso industrial. Los procedimientos empíricos desempeñan un papel cada día menos importante en el esfuerzo continuo de mejorar los métodos de innovación y fabricación. Los sistemas políticos y económicos entendieron la necesidad de apoyar a la ciencia, con el objetivo de maxificar los desarrollos industriales y por lo tanto sus ganancias. Algunos antecedentes de la alianza ciencia e industria son:

• Pasteur resolvió con éxito ciertos problemas de las industrias francesas de la **alimentación** y la **seda** en el siglo XIX.

• Thomson (Lord Kelvin) se interesó por el **cableado de la telegrafía** transatlántica (siglo XIX).

• En el siglo XX, Marie Curie dirigió el Instituto del Radio de Francia, que tuvo un decisivo papel en el desarrollo metrológico de la **radiactividad** para usos industriales y médicos.

• La ciencia industrial se desarrolló con vigor en Alemania durante el último tercio del siglo XIX: industria derivada del electromagnetismo, industria de los tintes basada en la química orgánica, motores de combustión interna como consecuencia de la termodinámica, etc.

• A comienzos del siglo XX, empresas de EE.UU. como la General Electric y la American Telephone and Telegraph (ATT) transformaron sus pequeños laboratorios para trabajos rutinarios en auténticos centros de I+D+I (investigación, desarrollo e innovación).

La Gran ciencia

En la década de los años 30, se desarrollaron y pusieron en marcha con éxito los primeros aceleradores de partículas elementales (**ciclotrones**), Orígenes Big Science (Gran ciencia) bajo la dirección de Ernest O y Lawrence en el Radiation Laboratory de la Universidad de Berkeley (California). Este proyecto pionero culminó en 1940 con el apoyo económico de la Rockefeller Foundation, muy interesada en las posibles aplicaciones biomédicas del ciclotrón.

La Big Science supuso un gran cambio en la práctica científica. Sus principales rasgos son: concentración de recursos humanos y materiales en unos pocos centros de investigación; especialización del trabajo en los laboratorios; desarrollo de proyectos científicos con relevancia política y social, que contribuyen a incrementar el poder militar, el potencial industrial, la salud o el prestigio nacional; interacción entre científicos, ingenieros, industriales y militares; burocratización y politización de la ciencia y la tecnología; pérdida de autonomía de la ciencia; alto riesgo de sus posibles impactos, etc.

Se consolidó entre los años 40 y 50 del siglo XX, coincidiendo con la implicación de la ciencia en la Segunda Guerra Mundial. El proyecto Manhattan (Manhattan Engineer District) para la fabricación de las **primeras bombas atómicas** en las instalaciones de Los Álamos (Nuevo México, EE.UU.) es un caso paradigmático de big science militarizada. Otro ejemplo de big science es el proyecto RADAR (Radio Detection and Ranging), iniciado en Gran Bretaña, aunque desarrollado en el Radiation Laboratory (RadLab) del MIT (Massachusetts Institute of Technology), con la participación decisiva de los laboratorios de la Bell Telephone y la colaboración de conocidas empresas de EE.UU. como Westinghouse, General Electric, Sylvania y Du Pont. Además de su decisiva contribución militar en la Segunda Guerra Mundial, este proyecto también favoreció el desarrollo de la física del estado sólido (semiconductores), que condujo al descubrimiento del transistor por Shockley, Bardeen y Brattain en los laboratorios de la Bell Telephone a finales de 1947.

Algunos desarrollos posteriores fueron:

• ENIAC (Electronic Numerical Integrator and Computer) de la Universidad de Pennsylvania (Moore School of Electronics Engineering) para desarrollar la primera **computadora electrónica**.

• **Estación espacial** Skylab puesta en órbita por los EE.UU.

• Construcción del famoso **telescopio espacial** Hubble de la NASA (National Aeronautics and Space Administration), con la colaboración de la ESA Desarrollos posteriores (European Agency Space).

• Acelerador circular de partículas (Tevatrón) del Fermilab en Illinois, EE.UU.

• Los diversos proyectos relacionados con la construcción de los gigantescos aceleradores de partículas europeos del CERN (Centre Européen de Recherches Nucléaires).

La Tecnociencia

En las últimas décadas, los intereses políticos y económicos han establecido un marco nuevo, caracterizado por la aparición de **redes internacionales**, con formas organizativas novedosas, que controlan una buena parte del conocimiento básico o esencial, así como la difusión de ideas y resultados en campos estratégicos de la investigación punta. La tecnociencia surgió hacia el último cuarto del siglo XX por evolución de la big science y gracias al impulso de algunas grandes empresas de EE.UU. Posteriormente, se expandió con mucha rapidez por otros países desarrollados.

Mientras que la investigación básica representó un papel importante en la big science, en la tecnociencia destaca sobre todo la **instrumentalización del conocimiento científico** para cumplir el objetivo de lograr innovaciones tecno-científicas comercialmente rentables. Otras características distintivas de la tecnociencia son: el predominio de la **financiación privada** sobre la pública en las actividades Investigación, Desarrollo e Innovación, la importancia relativamente menor del tamaño del proyecto y de los equipos e instrumentos, su carácter multinacional, la conexión en red de los laboratorios mediante el uso de tecnologías de la información y comunicación, la pluralidad y diversidad de agentes tecno-científicos, etc.

La tecnociencia ha transformado la **estructura de la práctica científica tecnológica** en todas sus dimensiones y ha incorporado nuevos valores a la actividad científica. La tecnociencia suele producir un conocimiento instrumental que es: (i) patentable vs. público, (ii) privado/local vs. universal, (iii) prosaico vs. imaginativo, (iv) pragmático vs. autocrítico, y (v) interesado/parcial vs. desinteresado.

Durante los años 60 y 70 del siglo XX, en un mundo en el que los negocios y el dinero representaban un valor material y cultural, unos cuantos científicos se decidieron a traspasar las fronteras académicas del mundo universitario de manera mucho más radical, convirtiéndose en **empresarios**. De este modo, se han ido creando mercados en campos como la **biotecnología, las telecomunicaciones, los nuevos materiales, la robótica, la inteligencia artificial, el hardware y el**

software científico, etc. Por ejemplo, la **ingeniería genética comercial** nació en 1979, cuando una pequeña empresa de investigación en genética, llamada Genentech, sacó con gran éxito sus acciones al mercado. En la década de los 90, puede servir como ilustración el caso del bioquímico estadounidense Craig Venter, relacionado con la investigación del **Proyecto Genoma**, las patentes de genes y secuencias de segmentos del genoma humano, y las compañías de la industria biotecnológica como Celera Genomics.

EVOLUCION DE LA MEDICINA

Antes de referirme de forma específica a la **ciencia médica**, voy a precisar brevemente a la salud. La evolución biológica o natural de los seres vivos ha involucrado un proceso de nacimiento, crecimiento, desarrollo, reproducción y muerte. Todos los seres vivos tienen **fecha de caducidad**. Cada especie tiene un promedio de esperanza de vida; que en los humanos actuales ronda los 80 años.

Todos los seres vivos presentan un proceso de envejecimiento. El **envejecimiento** se define como: *"un proceso continuo, universal e irreversible que determina cambios morfológicos, funcionales y psicológicos, que conllevan una pérdida progresiva de la capacidad de adaptación"*. Podemos decir que el envejecimiento físico empieza desde que se alcanza la madurez física completa y el fin de la etapa de crecimiento, alrededor de la **veintena** de edad.

Características del envejecimiento:

- **Universalidad**: ocurre en todos los seres vivos, todos los siguen un proceso por el que se nace, se crece, se madura, se envejece y se muere.

- **Irreversibilidad**: no puede detenerse ni revertirse.

- **Heterogeneidad e individualidad**: cada especie tiene una velocidad característica de envejecimiento. Igualmente ocurre entre cada uno de los sujetes de cada especie e incluso, en cada órgano de un mismo individuo.

Aunque a lo largo del tiempo se han elaborado diversidad de teorías sobre el motivo del proceso de envejecimiento no existe una hipótesis clara sobre cuál es el mecanismo íntimo por el que se envejece. Actualmente en todos los estudios científicos se demuestra que para el envejecimiento existe una **base genética** sobre la que actúan **diversos agentes externos**, que van desde el tabaco o el alcohol hasta las más diversas patologías, que acortan o aceleran el envejecimiento.

Algunas **teorías** sobre el proceso de envejecimiento son:

1. **Teorías estocásticas**: Se basan en variables aleatorias que hacen que el proceso de envejecimiento sea debido a una **acumulación** de acontecimientos perjudiciales que se acumulan a lo largo del tiempo.

- **Teoría del error catastrófico**: Propone que con el paso del tiempo se produciría una **acumulación de errores** en la síntesis de proteínas del organismo, que en ultimo termino determinaría daños en la función celular.

- **Teoría del entrecruzamiento**: Postula que ocurrirían enlaces o entrecruzamientos entre las proteínas y otras moléculas celulares, lo que determinaría a la aparición de **enfermedades ligadas** a la edad.

- **Teoría del desgaste**: Cada organismo estaría compuesto de partes irremplazables y que la acumulación de daño en sus partes vitales, llevaría al daño celular y a su vez de tejidos y órganos.

- **Teoría de los radicales libres**: Sería el resultado de una inadecuada protección contra el daño producido en los tejidos por los radicales libres. Estos radicales son moléculas químicamente inestables producidas en pequeñas cantidades por el cuerpo tras procesos de **oxidación**.

2. **Teorías no estocásticas**: Producida por variables limitadas y conocidas, por lo cual el envejecimiento estaría **programado y predeterminado**.

- **Teoría del marcapasos**: Los sistemas inmune y neuroendocrino serían "marcadores" intrínsecos del envejecimiento. La involución estaría genéticamente programada.

- **Teoría del reloj biológico**: Según esta teoría existe el llamado **gen del envejecimiento**, que en un momento determinado provocaría la aparición de los cambios moleculares, celulares y de sistemas que se observan con el envejecimiento.

- **Teoría endocrina**: Se produciría por una pérdida de las secreciones hormonales, en especial de las glándulas sexuales, que conduciría al decaimiento orgánico que acarrea el envejecimiento.

- **Teoría genética:** Dependería de multitud de factores que viene indicados en el genoma de cada organismo.

El envejecimiento **no es una enfermedad**. Sin embargo, en la psiquis humana en general, se asocia al envejecimiento con enfermedades crónicas, y la verdad es que actualmente es raro encontrar "vejez" como causa de muerte en un certificado de defunción. Los pacientes de edad avanzada **sucumben a enfermedades**, entre las cuales cabe destacar las cardiovasculares, diabetes, cáncer, etc. Estas son **enfermedades asociadas al envejecimiento**, ya que el proceso de deterioro de la capacidad funcional deja al individuo expuesto a que se manifiesten los síntomas característicos de ellas. Pero las enfermedades en sí no son parte del proceso de envejecimiento propiamente tal, sino consecuencia del mismo.

Además de las enfermedades antes mencionadas, y cuyo desenlace suele ser la muerte, hay otras muchas enfermedades y condiciones asociadas al envejecimiento que, sin ser directamente causantes de muerte, sí son responsables en gran parte del deterioro en la calidad de vida del anciano. Entre éstas podremos destacar la sarcopenia, osteoporosis, artritis y enfermedades autoinmunes, demencias, etc. Finalmente, es importante destacar que la calidad de vida se encuentra desmedrada además por otros factores biológicos tales como la falta de resistencia a infecciones (debido a la llamada **"inmunosenescencia"**) y la **pérdida de capacidad regenerativa**, lo que lleva por ejemplo a una pobre respuesta de curación de heridas. En consecuencia, podemos decir que otro aspecto importante de la definición de envejecimiento es la **reducción paulatina de la resiliencia homeostática**, es decir, la capacidad de recuperar los parámetros fisiológicos cuando éstos se han alterado.

Las transformaciones del envejecimiento se van haciendo poco a poco más evidentes al pasar el tiempo, de tal manera que con la sola apariencia se reconoce a una persona adulta mayor; por esta razón, lo mismo que un niño o niña tiene que adaptarse a las transformaciones que lo llevan a convertirse en un jovencito o jovencita, parte de lo que hace una persona mayor es aprender a vivir con su **nueva imagen personal**.

Reconocer cómo se transforma toda nuestra persona, nuestro cuerpo; cómo cambia su fuerza y energías; como disminuyen la capacidad de equilibrio; de visión, del oído, la sexualidad, lo que resulta necesario para evitar riesgos y accidentes. Con el envejecimiento también se presenta la posibilidad de convertirse en personas más reflexivas, más cuidadosas, capaces de observar con calma la vida y sus quehaceres, por esta razón, en muchas culturas es considerada una **etapa de sabiduría**.

El **origen de la medicina** se remonta prácticamente a la propia aparición del ser humano, ya en el **Neolítico** se han detectado diferentes patologías como la artritis o la acondroplasia, y hay muestras evidentes de que ya en esta época se realizaban trepanaciones. En este capítulo he dejado a propósito, muchos datos y protagonistas históricos, para destacar que los logros obtenidos en el desarrollo de la medicina, han sido el resultado de un proceso histórico en la búsqueda de soluciones a los problemas de salud que han aquejado al homo sapiens y más recientemente en el mejoramiento del ser humano. En muchas ocasiones ha sido un trabajo arduo y continuo, durante mucho tiempo y con la intervención de varios científicos, que como en una carrera de relevos, van tomando los logros o errores previos para construir nuevo conocimiento y tecnología. De esta manera, tal vez sin proponérnoslo estamos llegando a un punto de avances, que nos acercan al transhumanismo.

Marc Armand Ruffer (1859-1917), médico y arqueólogo británico, definió la **paleopatología** como la ciencia de las enfermedades que pueden ser demostradas en restos humanos de gran antigüedad. La **paleomedicina** se entiende gracias a las huellas de una acción medica encontradas en fósiles, momias y objetos arqueológicos, por eso sus restos son menores que la paleopatología.

En la medicina primitiva, **no existía distinción** entre enfermedad orgánica, funcional o psíquica, debido a que primaba el **concepto mágico**, tratada por los chamanes. En la mitología griega se dice que el Dios de la medicina era Apolo, también llamado Alexikako (el que evita los males). Era el médico de los dioses olímpicos cuyas heridas sanaba empleando una raíz de peonia. Apolo le trasmitió el conocimiento de la medicina al centauro Quirón (hijo de Saturno), éste era el encargado de educar a los héroes griegos, Jasón, Hércules, Aquiles y muchos otros, entre los cuales se encontraba Asclepio, conocido posteriormente con el nombre latinizado de Esculapio. Por esos remotos tiempos, en Egipto 2.700 años a.C., **Imhotep**, arquitecto y médico de la corte del faraón Zoser, era considerado **el primer médico del mundo** y por ello fue divinizado por este pueblo.

Asclepio era hijo de Apolo quién lo había tenido con una joven llamada Coronis, ésta para ocultar su embarazo y deshonra provocada por ese dios, dio a luz al niño en una montaña, dejándolo ahí, donde fue criado y defendido por una cabra y cuidado por un perro. Desde niño hacía **curas milagrosas** y por ello los campesinos del lugar lo adoraban, llegó ya adulto a curar en forma tan magistral que incluso las "sombras" que vivían en el Hades fueron sanadas por este primer médico griego. Zeus enojado por haber Asclepio sanado sin su permiso a las sombras decidió destruirlo con un rayo. Desde entonces, a **Esculapio se le representa sentado sosteniendo una vara a cuyo alrededor está enrollada una serpiente.** Entre los hijos de Esculapio estaban Hygieia y Panacea, que se dice asistían a los ritos del templo donde sanaban a los enfermos y alimentaban a las **serpientes sagradas**. Para los griegos, este animal ayudaba a curar a los enfermos, a diferencia de la tradición judía y cristiana, que por influencia del relato bíblico la consideraban representante del demonio.

El culto de **Hygieia como diosa de la salud** fue introducido en Roma por un grupo conocido como Epidauros (médicos griegos provenientes de esa ciudad) que llegaron a Roma en el año 239 a.C. Es representada como una joven bella y fuerte, sosteniendo en sus manos una copa (símbolo de la vida) y una serpiente enrollada en su brazo izquierdo que se dirige hacia la copa. La palabra **"hygiene"** se deriva del nombre de esta diosa y se refiere al cuidado de la salud tanto física como mental por parte de los médicos. **Panacea** es considerada la diosa griega de los **medicamentos** para devolver la salud y simboliza el ideal de una medicación inocua y efectiva. Desde entonces, salud y medicina están estrechamente relacionadas.

Al principio de la civilización, 4.000 años a.C. la **medicina mesopotámica** estaba basada en la **magia contra los espíritus**

malignos de los que el hombre tenía que ser protegido mediante conjuros para exorcizar al demonio y sacarlo fuera del cuerpo. Por esos tiempos se consideraba el mundo lleno de malos espíritus que atacaban a los mortales. Las **enfermedades eran por tanto debidas a un demonio** que había penetrado en el cuerpo del paciente y la forma más fácil de curarla era obligar al demonio a marcharse. Para eso eran los conjuros de los magos y en los papiros hay descripciones muy detalladas de estos. Incluso hoy, 6 mil años después, grupos religiosos practican aún estos supersticiosos conjuros.

En el **código de Hammurabi** ya se mencionaba a los médicos:

- Si un médico ha tratado a un hombre libre con cuchillo metálico por una herida grave, y lo ha curado, o por un tumor, y ha curado su ojo, recibirá diez siclos de plata.

- Si ha tratado al hijo de un plebeyo, recibirá cinco siclos de plata.

- Si un médico ha tratado un hombre con un cuchillo metálico por una herida grave, y la ha causado la muerte, o ha abierto un tumor en un hombre con un cuchillo metálico y le ha destruido el ojo, se le amputarán las manos.

Los médicos mesopotámicos eran unos personajes importantes y estaban versados en ciencia, religión, literatura, adivinación y astrología. Podían pertenecer a tres categorías: baru (se ocupaban del diagnóstico, de las causas de la enfermedad y del pronóstico), ashipu (exorcista que arroja los demonios causantes de la enfermedad) y asu (encargado de suministrar los medicamentos).

Por esa misma época la **medicina egipcia** era ante todo **mágica religiosa** y los que trataban a los enfermos eran sacerdotes entre los que estaban adivinos, que interpretaban los augurios y predecían el curso de las enfermedades. Clasificaban las enfermedades en tres categorías: las que eran imputadas a espíritus malignos, las provocadas por traumatismos y las de causas desconocidas, atribuidas a los dioses. El **cuerpo humano** estaba constituido por una serie de canales o conductos a través de los cuales circulaba aire, sangre, alimentos y esperma.

Posteriormente los egipcios superaron la magia y aparecieron los **médicos sacerdotes**, quienes comenzaron a dar **medicamentos** como el yodo para tratar los bocios, laxantes, eméticos y a hacer operaciones. Las **primeras trepanaciones** de cráneo con evidencias de que algunos pacientes sobrevivieron fueron realizadas por ellos. En esta etapa surgen los primeros "hospitales" y la función de enfermero.

Según Manetón, sacerdote e historiador egipcio, Atotis o Aha, faraón de la primera dinastía (2700 a. C.), practicó el **arte de la medicina**, escribiendo tratados sobre la técnica de abrir los cuerpos. Otros médicos notorios del Imperio Antiguo (del 2500 al 2100 a. C.) fueron Sachmet (médico del faraón Sahura) o Nesmenau, director de una de las casas de la vida, templos dedicados a la protección espiritual del faraón, pero también **protohospitales** en los que se enseñaba a los alumnos de medicina mientras se prestaba atención a los enfermos.

La mayor parte del conocimiento que se tiene de la **medicina hebrea** durante el I milenio a. C. proviene del Antiguo Testamento de la **Biblia**. En él se citan varias leyes y rituales relacionados con la salud, tales como el aislamiento de personas infectadas (Levítico 13:45-46), lavarse tras manipular cuerpos difuntos (Números 19:11-19) y el entierro de los excrementos lejos de las viviendas (Deuteronomio 23:12-13). El **monoteísmo hebreo** hizo que la medicina fuera teúrgica: **Yahvé era el responsable tanto de la salud como de la enfermedad** y los médicos eran simplemente un instrumento divino. Las sinagogas contaban con áreas para atender a los enfermos.

En **la india**, hacia el año 2000 a. C. en la ciudad de Mohenjo-Daro (en la actual Pakistán), todas las casas disponían de **cuarto de baño** y muchas de ellas también poseían letrinas. Esta ciudad es considerada la más avanzada de la Antigüedad en lo que a higiene se refiere. En el período brahmánico (siglo VI a. C. a X d. C.) se formularon las bases de un sistema médico. Las enfermedades eran entendidas por los hinduistas como **karma**, un castigo de los dioses por las actividades de la persona. Pero, a pesar de su componente mágico-religioso, la medicina hinduista aiurveda realizó algunos aportes a la medicina en general, como, por ejemplo, el descubrimiento de que la orina de los pacientes diabéticos es más dulce que la de los pacientes que no padecen esta patología. La salud dependía del equilibrio entre Prana (aire), Kapha (flema) y Pitta (bilis). Tuvieron **desarrollo en cirugía**, realizaron rinoplastias.

La **medicina tradicional china** surge como una forma fundamentalmente taoísta de entender la medicina y el cuerpo humano. El tao es el origen del universo, que se sostiene en un equilibrio inestable fruto de dos fuerzas primordiales: el **yin** (la tierra, el frío, lo femenino) y el **yang** (el cielo, el calor, lo masculino), capaces de modificar a los cinco elementos de que está hecho el universo: agua, tierra, fuego, madera y metal. Esta concepción cosmológica determina un modelo de enfermedad basado en la ruptura del **equilibrio**, y del tratamiento de la misma en una recuperación de ese equilibrio fundamental.

Uno de los primeros vestigios de esta medicina lo constituye el Nei jing, que es un compendio de escritos médicos datados alrededor del año 2600 a. C. y que representará uno de los pilares de la medicina tradicional china en los cuatro milenios siguientes.

Los médicos chinos concebían 5 vísceras principales: corazón, pulmón, riñones, hígado y bazo. Y 5 vísceras subordinadas: estomago, intestino delgado, intestino grueso, uréter, y vejiga. El **cuerpo era sagrado** y por lo tanto se prohibían las autopsias. Algunos tratamientos eran la dieta, los fármacos, la acupuntura y la moxibustión. Realizaban **cirugía de castración** para obtener eunucos para la corte.

El vasto territorio del **continente americano** acogió durante todo el período histórico previo a su descubrimiento por Europa a todo tipo de sociedades, culturas y civilizaciones, por lo que pueden encontrarse ejemplos de la medicina neolítica más primitiva, de chamanismo, y de una medicina casi técnica alcanzada por los mayas, los incas y los aztecas durante sus épocas de máximo esplendor.

Existen, sin embargo, algunas similitudes, como una concepción mágico-teúrgica de la enfermedad como castigo divino, y la existencia de individuos especialmente vinculados a los dioses, capaces de ejercer las funciones de sanador. Entre los incas se encontraban médicos del Inca (hampi camayoc) y médicos del pueblo (ccamasmas), con ciertas habilidades quirúrgicas fruto del ejercicio de sacrificios rituales, así como con un vasto conocimiento herborístico.

Entre las plantas medicinales más usadas se encontraban la coca (Erytroxilon coca), el yagé (Banisteriopsis caapi), el yopo (Piptadenia peregrina), el pericá (Virola colophila), el tabaco (Nicotiana tabacum), el yoco (Paulinia yoco) o el curare y algunas daturas como agentes anestésicos.

El **médico maya** (ah-men) era propiamente un sacerdote especializado que heredaba el cargo por linaje familiar, aunque también cabe destacar el desarrollo farmacológico, reflejado en las más de cuatrocientas recetas compiladas por R. L. Roys. La civilización **azteca** desarrolló un cuerpo de conocimientos médicos extenso y complejo, del que quedan noticias en dos códices: el Códice Sahagún y el Códice Badiano. Este último, de Juan Badiano, compila buena parte de las técnicas conocidas por el indígena Martín de la Cruz (1552), que incluye un curioso listado de síntomas que presentan los individuos que van a morir.

Cabe destacar el hallazgo de la primera escuela de medicina en Monte Albán, próximo a Oaxaca, datada en torno al año 250 de nuestra era, donde se han encontrado unos grabados anatómicos entre los que parece encontrase una intervención de cesárea, así como la descripción de diferentes intervenciones menores, como la extracción de piezas dentarias, la reducción de fracturas o el drenaje de abscesos.

Entre los aztecas se establecía una diferencia entre el médico empírico (el equivalente del «barbero» tardomedieval europeo) o tepatl y el médico chamán (ticitl), más versado en procedimientos mágicos. Incluso algunos sanadores se podían especializar en áreas concretas encontrándose ejemplos en el códice Magliabecchi de fisioterapeutas, comadronas o cirujanos. El traumatólogo o "componedor de huesos" era conocido como teomiquetzan, experto sobre todo en heridas y traumatismos producidos en combate. La tlamatlquiticitl o comadrona hacía seguimientos del embarazo, pero podía realizar embriotomías en caso de aborto. Es de destacar el uso de oxitócicos (estimulantes de la contracción uterina) presentes en una planta, el cihuapatl.

El inicio de la **medicina científica** se centra en la aparición en Grecia de una figura histórica excepcional símbolo del médico ideal, **Hipócrates**. Él creo un método de aprendizaje en medicina consistente en apoyarse en la experiencia, observando cuidadosamente al paciente, interrogándolo, conociendo sus costumbres y la forma como éstas habían repercutido en su salud y explorándolo cuidadosamente. Fue el primero en **analizar los errores** como la mejor forma de aprender y adquirir experiencia en el diagnóstico de las enfermedades. Mostró que algunas enfermedades se asocian a condiciones climáticas y de ambiente, como eran las fiebres maláricas. Describió además las epidemias de gripe o influenza, el cuadro clínico de la tisis (tuberculosis), la disentería, la septicemia, la epilepsia y algunos cánceres como el de útero, estómago e hígado. La importancia de la aparición de este médico radica en que **separó la práctica de la medicina de la magia** e incluso de las especulaciones de la filosofía. Por eso ha sido considerado el padre de la medicina.

En el año 300 a.C. en la escuela médica de Alejandría, surgió el fundador de la **anatomía**, el griego **Herófilo**. Este médico fue el primero en hacer disecciones de cadáveres en público. Reconoció el cerebro como sede de la inteligencia al igual que lo había señalado Hipócrates y en contra del criterio de Aristóteles que lo ponía en el corazón. Asoció a los nervios la sensibilidad y los movimientos y diferenció las arterias de las venas. En esa misma escuela y por el mismo tiempo **Erasistrato** se convirtió en el primer **anatomista fisiólogo**. Señalaba que el aire entraba por los pulmones y de ahí pasaba al corazón, en el cual se transformaba en un"pneuma" espíritu vital y de ahí era conducido por las arterias a todo el cuerpo incluyendo el cerebro. Relató que las circunvoluciones cerebrales eran más complejas en el hombre que en los animales y asoció esto a la mayor inteligencia humana. Describió los ventrículos y las meninges y el cerebelo.

A partir del año 150 d.C. surgió la figura del griego **Galeno** de la ciudad de Pergamo, quién seguía la escuela hipocrática y sus enseñanzas predominaron por siglos. Al parecer había hecho algunas pocas disecciones de cadáveres y conocía bien los huesos y los músculos y era el mejor fisiólogo de su época. Posteriormente, el desarrollo del conocimiento médico entró en decadencia desde el año 300 d.C. al 1300 debido a que la iglesia eliminó la lectura pagana de los textos griegos y la enseñanza de la medicina solamente se llegó a realizar en los monasterios. La medicina monástica pensaba únicamente en la curación del paciente con ayuda de Dios y por eso decayeron los saberes teóricos y se detuvo el conocimiento de la anatomía y fisiología. La disección de cadáveres fue prohibida por siglos.

Los Romanos contribuyeron a la medicina con la construcción de grandes hospitales, al principio militares y luego municipales. Inventaron un sistema de cloacas subterráneas para eliminar las materias fecales y distribuyeron el agua potable mediante los acueductos que abastecían a Roma con millones de galones diarios. Crearon el puesto de médico de pueblo para atender a los pobres con salarios pagados por la municipalidad. Los ricos tenían ya para esa época un médico familiar.

Los **árabes** comenzaron a estudiar las fuentes médicas griegas y fue así como el persa "Avicena" por el año 1000 d.C. escribió una enciclopedia del saber médico llamada "El canon", que se utilizó por siglos como libro de texto. El famoso médico y cirujano "Albucasis" de la ciudad de Córdoba realizó con éxito la primera extirpación de un bocio. Creó una serie de toscos **instrumentos quirúrgicos** y un manual de cirugía donde se señalaba el empleo del cauterio para tratar las heridas. Para el año 1530, el médico italiano Girolamo Fracastoro mostró que la sífilis (morbos gallicus) era una enfermedad trasmitida por contacto sexual. Dando así lugar a la primera teoría correcta del **contagio** de una enfermedad de este tipo.

En ese mismo siglo, **"Andres Vesalio"** profesor de anatomía de la Universidad de Padua, Italia, disecaba cadáveres en público rodeado de estudiantes de medicina y enseñaba nuevamente como estaba formado el cuerpo humano. Escribió un libro monumental de anatomía "La fábrica del cuerpo humano", con bellos y exactos dibujos anatómicos. Esta obra se convirtió en la fuente de enseñanza de la anatomía no solo para los estudiantes y médicos sino también para los cirujanos.

Surgió en Francia "Ambrosio Paré" (1510 -1590) cirujano militar que llegó a ser el mejor de su época. No tuvo formación académica, sino que surgió de entre las filas de los barberos. Por estos tiempos, quienes se dedicaban al arte de curar estaban separados en Francia en tres estratos: Los médicos (miembros de la Facultad de Medicina), los cirujanos (pertenecientes a la Cofradía de Saint Côme) y los barberos-cirujanos (que eran los últimos en categoría). Por "serendipia" eliminó el cauterio y los aceites hirviendo, debido a que una batalla le impidió contar con cauterio y aceites para tratar las heridas, se dio cuenta entonces que éstas evolucionaban mejor sin emplear lo anterior y se infectaban menos. En razón de eso practicó a efectuar ligadura de los vasos sangrantes con seda, creo técnicas para las fracturas y con la ayuda de fabricantes de armaduras, diseñó y construyó **prótesis** artificiales de hierro para sustituir a los miembros amputados.

En el año de 1775, el doctor sir Percival Pott señaló la asociación que existía entre el cáncer del escroto y la presencia del polvo del carbón en la ropa y la piel de esa región en los deshollinadores de Londres. Él llegó a la conclusión de que el tumor era provocado por la permanencia del polvo de carbón entre los pliegues de ese escroto. Fue así como por primera vez se reconoció nada menos que la asociación causa efecto de una sustancia química para producir un cáncer.

En 1775, las epidemias de **viruela** afectaban periódicamente a Europa causando gran mortalidad. Un médico rural "Eduardo Jenner" se dio cuenta de que quiénes ordeñaban a las vacas cuyas ubres tenían lesiones de viruela no llegaban a sufrir dicha enfermedad si presentaban cicatrices de pústulas en sus manos. Con esta observación, Jenner inició la **investigación médica clínica**. Inoculó linfa extraída de una lesión de una ordeñadora a un joven debajo de su piel y éste desarrollo una típica pústula de viruela, luego volvió a inyectarle linfa en otro lugar y no apareció lesión ninguna. El joven se había vuelto inmune y Jenner creó así el conocimiento de la inmunidad y las **vacunas**.

En el campo de la salud pública y la medicina preventiva destaca "Johan Peter Frank", médico alemán, quién en 1779 publicó nueve volúmenes que tituló: Sistema Completo de Policía Médica. En ellos señalaba que las enfermedades eran causadas no sólo por factores físicos, sino que existían igual o mayor influencia nociva proveniente del **medio social** tales como la pobreza, la insalubridad y la mala alimentación. En el I tomo, trataba de embarazo, el parto y las enfermedades hereditarias. En el II, estudia la higiene del niño, y las enfermedades venéreas. En el III, el papel de la alimentación, el vestido y la casa en la salud. El IV y V, versaban sobre accidentes y el VI es sobre educación médica.

Posteriormente, en Inglaterra en el año 1843 brilló sir Edwin Chadwick, un periodista y abogado que no tenía título de médico. Éste se interesó por los problemas sanitarios y consideraba que la suciedad producía enfermedades (algo que hoy nos parece lógico, pero que en su época era un concepto revolucionario) y sugería: recoger la basura que llenaba las calles y lotes vacíos, evacuar las aguas negras mediante desagües que condujeran a un alcantarillado adecuado y dotar de agua potable a ciudades y casas. Gracias a Chadwick la **higiene** británica superó a otros países y por él se creó la primera ley de sanidad con inspectores que velaban por la limpieza de Londres. Con las anteriores medidas, las infecciones disminuyeron en forma importante.

Cuando apareció la epidemia de **cólera** en Inglaterra en 1848 y que ocasionó la muerte a 54 mil personas, fue el "Dr. John Snow", el primer especialista en anestesia de ese país, quién conociendo las experiencias previas dedujo que la causa era el agua contaminada que se usaba para beber de ciertos pozos y habiéndose localizado estos se pudo eliminar la epidemia. Fue así como se logró demostrar que una epidemia infecciosa podía controlarse si se encontraba la causa que la generaba o por lo menos como en este caso la fuente de donde procedía.

El mejor ejemplo de una fuente de contagio creada por los médicos como una mala práctica de su profesión la señaló el médico ginecólogo "Phillipp Semmelwis", el cual trabajaba en el año 1840 en Viena en el Hospital General. Ahí, las embarazadas que daban a luz morían en una proporción que fluctuaba entre el 10 al 30 por ciento debido a la llamada "fiebre puerperal". Él se dio cuenta que estas mujeres eran **contaminadas por los estudiantes de medicina** y los médicos ya que las exploraban sin haberse limpiado las manos incluso viniendo de autopsias. Como no le creyeron, se dedicó junto con las parteras de otro salón de partos a explorarlas y atender los partos previa limpieza de las manos. Con ello descendió la mortalidad al uno por ciento. Sin embargo, los médicos del hospital **no le creyeron, se burlaron de él** y por años no le hicieron caso. Desilusionado Semmelwis se retiró y enloqueció. Cuando el cirujano inglés "Joseph Lister" creó la **asepsia en cirugía** para disminuir las infecciones lavándose las manos en forma adecuada inicialmente con sustancias químicas y esterilizando los instrumentos con ácido fénico y posteriormente, también por casualidad, empleando agua hervida y jabón(debido a que algunos cirujanos alérgicos al fenol lo hacían con agua hervida), obteniendo los mismos resultados, el mundo médico vio como había despreciado por años las experiencias de Semmelwis con grandes pérdidas de vidas. Poco apoco en las escuelas de medicina se volvió a la tesis de que las enfermedades estaban originadas por diferentes **causas naturales y no por castigo de Dios**. Apareció así el **determinismo científico** en medicina (la causalidad) y se comenzaron a estudiar con mayor intensidad los orígenes de las enfermedades y el modo como evitarlas.

En 1837, el médico italiano Agostino Bassi, describió que un hongo producía la enfermedad del gusano de seda, conocida como "calcinacio o muscardine " y aunque la enfermedad era en un animal, se demostraba que en éstos existían microorganismos que las provocaban y que debía ser igual en las personas. Pocos años después, Pasteur lo confirmó en forma magistral mediante experimentos; sin embargo, como era habitual en él no le dio crédito a Bassi. Éste publicó además un artículo en 1844 señalando que el sarampión, la peste bubónica, la sífilis y el cólera eran causadas por un parásito vivo animal o vegetal que pasaba de un individuo a otros contaminándolos. Por esa época no se conocían las bacterias y por ello esta comunicación **atrajo poca atención**.

El siguiente paso fue la aparición en el año de 1870 de la llamada "teoría de los **gérmenes como causa de las enfermedades**" del químico francés Louis Pasteur. Él llegó a la conclusión de que la fermentación que deterioraba los vinos y la cerveza se debía a "gérmenes vivos que llamó fermentos y que, calentando el vino se evitaba eso. A este método se le llamó posteriormente "pasteurización" y fue aplicada a la leche para evitar su contaminación y salvó muchas vidas entre los niños pequeños. Sus estudios lo llevaron a afirmar en contra de la teoría de la generación espontánea de gérmenes, prevalente hasta esa época, que estos eran los que provocaban las diferentes enfermedades y que los mismos nacen de otros preexistente y no se ven en medios estériles. Descubrió el estafilococo de los abscesos de la piel e insistió que los microbios pululan en el aire y contaminan a las personas. Esto fue confirmado por ese mismo tiempo por el médico alemán Robert Koch, al afirmar que la tuberculosis pulmonar era provocada por una bacteria que él logró cultivar de los pulmones de los enfermos con este mal. Entre ambos diagnosticaron el bacilo del carbunco, enfermedad que afecta al ganado vacuno. Y para 1882 Pasteur decía que "la rabia" era una enfermedad transmitida por la mordedura de los perros enfermos a las personas y otros animales, por un organismo tan pequeño que no se podía ver al microscopio (y que posteriormente se comprobó era un virus filtrable). El trabajo científico de Pasteur de enorme valor científico y social, sirvió para establecer posteriormente un método general de preparación de vacunas por medio de gérmenes de virulencia experimentalmente atenuada.

Otros **avances** de la medicina en el siglo XIX fueron:

- 1800   Sir Humphry Davy anuncia las propiedades **anestésicas** del óxido nitroso, aunque los dentistas no comienzan a usar el gas como anestésico hasta casi 45 años después.

- 1816   René Laennec inventa el **estetoscopio.**

- 1818   El obstetra británico James Blundell realiza con éxito la primera transfusión de sangre humana.

- 1842   El cirujano estadounidense Crawford W. Largo utiliza éter como anestésico general durante la cirugía, pero no publica sus resultados. El crédito va a dentista William Morton.

- 1844   Dr. Horace Wells, dentista estadounidense, utiliza óxido nitroso como anestésico.

- 1846   El dentista Dr. William Morton demuestra las propiedades anestésicas del éter durante una extracción dental.

- 1849   Elizabeth Blackwell es la primera mujer en recibir un título de médico (de Ginebra Medical College en Ginebra, Nueva York).

- 1879   Primera vacuna para el cólera.

- 1881   Primera vacuna para el ántrax.

- 1882   Primera vacuna para la rabia.

- 1890   Emil von Behring descubre antitoxinas y las utiliza para desarrollar las vacunas del tétanos y la difteria.

- 1895   El físico alemán Wilhelm Conrad Roentgen descubre los rayos X.

- 1896   Primera vacuna para la fiebre tifoidea.

- 1897   Ronald Ross, un oficial británico en el Servicio Médico de la India, demuestra que los parásitos de la malaria se transmiten a través de los mosquitos.

- 1897   Primera vacuna para la peste.

- 1899   Felix Hoffman desarrolla la aspirina (ácido acetil salicílico), lo que hoy es la medicina más utilizada en el mundo. El jugo de la corteza del árbol de sauce había sido utilizado ya en el año 400 a.C. para aliviar el dolor.

Principales **Teorías** desarrolladas en el siglo XIX:

A partir de la segunda mitad del siglo XIX la **medicina científica** se establece en forma definitiva como la corriente principal del conocimiento y la práctica médica.

Naturalmente, muchas otras medicinas continuaron ejerciéndose, aunque cada vez más marginadas conforme la cultura occidental avanzaba y se extendía. El surgimiento de Alemania como una nación unificada bajo la férrea dirección de Bismarck se acompañó de un gran desarrollo de la medicina, que la llevó a transformarse en uno de los principales centros médicos de Europa y que no declinó sino hasta la primera Guerra Mundial.

Así como en el siglo XVIII y en la primera mitad del XIX los estudiantes iban a París, después de 1848 empezaron a viajar cada vez más a las universidades alemanas y en especial a Berlín. Varias de las más grandes figuras de la medicina de la segunda mitad del siglo XIX trabajaban y enseñaban en Alemania, como Virchow, Koch, Helmholz, Liebig, Von Behring, Röntgen, Ehrlich y muchos más. Varias de las teorías más fecundas y de los descubrimientos más importantes para el progreso de la medicina científica se formularon y se hicieron en esa época, muchos de ellos en Alemania. Sin embargo, después de la primera Guerra Mundial, pero especialmente después de la segunda Guerra Mundial, Europa quedó tan devastada que el centro de la medicina científica se mudó a los países aliados, y en especial a los Estados Unidos.

A continuación, se han seleccionado algunos de los avances que, a partir de la segunda mitad del siglo XIX, han completado la transformación de la medicina en una profesión científica:

1. La teoría de la patología celular

Esta teoría general de la enfermedad fue formulada por Rudolf Virchow (1821-1902) en 1858 y constituye una de las generalizaciones más importantes y fecundas de la historia de la medicina. Virchow tomó el concepto recién introducido por Schleiden y Schwan de que todos los organismos biológicos están formados por una o más células, para plantear una nueva teoría sobre la enfermedad. Si la patología sólo es la fisiología con obstáculos y la vida enferma no es otra cosa que la vida sana interferida por toda clase de influencias externas e internas, entonces la patología también debe referirse finalmente a la célula.

Las bases teóricas de la patología celular son muy sencillas: las células constituyen las unidades más pequeñas del organismo con todas las propiedades características de la vida, que son: i) elevado nivel de complejidad, ii) estado termodinámicamente improbable mantenido constante gracias a la inversión de la energía necesaria, iii) recambio metabólico capaz de generar esa energía y iv) capacidad de autorregulación, regeneración y replicación. En consecuencia, las células son las unidades más pequeñas del organismo capaces de sobrevivir aisladas cuando las condiciones del medio ambiente son favorables; los organelos subcelulares, membranas, mitocondrias o núcleo, muestran sólo parte de las propiedades vitales y no tienen capacidad de vida independiente.

2. La teoría microbiana de la enfermedad

La primera prueba experimental de un agente biológico como causa de una enfermedad epidémica la proporcionó Agostino Bassi (1773-1856), al estudiar la enfermedad de los gusanos de seda calcinaccio o mal del segno, que consiste en que el gusano de seda se cubre de manchas calcáreas de color blanquecino y consistencia dura y finamente granular, especialmente después de que muere; la enfermedad había producido daños graves en la industria de seda de Lombardía. Bassi invirtió 25 años en el estudio sistemático del mal del segno, los primeros ocho intentando reproducir experimentalmente la enfermedad por medio de administración externa e interna de ácido fosfórico a los gusanos, sin éxito alguno, y los restantes explorando la hipótesis de que la causa fuera un **"germen externo que entra desde fuera y crece"**, lo que resultó correcto. Bassi identificó al agente causal como una planta criptógama u hongo parásito e intentó cultivarla sin éxito in vitro. Poco después G. Balsamo Crivelli la identificó como Botrytis paradoxa y la rebautizó como B. bassiana. Bassi publicó sus observaciones en el libro Del mal del segno, calcinaccio o moscardino, malattia che afflige i bachi di seta (1835), donde se consigna la naturaleza infecciosa de la enfermedad y se dan las instrucciones completas para curar a los cultivos de gusanos afectados con sustancias químicas que él también descubrió.

Bassi señaló en otras obras que ciertas enfermedades humanas: sarampión, peste bubónica, sífilis, cólera, rabia y gonorrea, también son producidas por parásitos vegetales o animales, pero sólo razonando por analogía y sin aportar pruebas objetivas de sus aseveraciones.

La teoría infecciosa de la enfermedad se basa en las contribuciones fundamentales de Louis Pasteur (1822-1895) y Robert Koch (1843-1910), junto con las de sus colaboradores y alumnos, que fueron muchos y muy distinguidos. Pasteur no era médico sino químico, y llegó al campo de las enfermedades infecciosas después de hacer contribuciones científicas fundamentales a la fermentación láctica, a la anaerobiosis, a dos enfermedades de los gusanos de seda, a la acidez de la cerveza y de los vinos franceses (para la que recomendó el proceso de calentamiento a 50-60°C por unos minutos, hoy conocido como pasteurización), entre 1867 y 1881. En este último año Pasteur y sus colaboradores anunciaron en la Academia de Ciencias que habían logrado "atenuar" la virulencia del bacilo del ántrax cultivándolo a 42-43°C durante ocho días y que su inoculación previa en ovejas las hacía resistentes a gérmenes virulentos, lo que procedieron a demostrar en el famoso e importante experimento de Pouilly-le-Fort, realizado en mayo de 1881, que representa el nacimiento oficial de las vacunas. Pasteur y sus colaboradores desarrollaron otras vacunas en contra del cólera de las gallinas, del mal rojo de los cerdos, y de la rabia humana, esta última la más famosa de todas. No sólo se estableció un método general para preparar vacunas (que todavía se usa) por medio de la "atenuación" de la virulencia del agente biológico, sino que se documentó de manera incontrovertible la teoría infecciosa de la enfermedad y se inició el estudio científico de la inmunología.

A Koch se le conoce principalmente como el descubridor del agente causal de la tuberculosis, el Mycobacterium tuberculosis, pero con toda su importancia, ésa no fue su contribución principal a la teoría infecciosa de la enfermedad, sino sus trabajos previos acerca del ántrax y las enfermedades infecciosas traumáticas, que realizó cuando era médico de pueblo en Wollstein.

El conocimiento de la etiología infecciosa de una enfermedad establece de inmediato el objetivo central de su tratamiento, que es la eliminación del parásito. Esto fue lo que persiguieron Pasteur con sus vacunas, Koch con su tuberculina, Ehrlich con sus "balas mágicas", Domagk con sus sulfonamidas, Fleming con su penicilina, y es lo que se persigue en la actualidad con los nuevos antibióticos.

3. Los antibióticos

El descubrimiento de los antibióticos se inició con la observación de Pasteur y otros microbiólogos de que algunas bacterias eran capaces de inhibir el crecimiento de otras, y con la de Babés en 1885, quien demostró que la inhibición se debía a una sustancia fabricada por un microorganismo que se libera al medio líquido o semisólido en que está creciendo otro germen; la sustancia es un antibiótico, aunque el término no empezó a usarse sino hasta 1940.

Fue en ese ambiente en el que se produjo el descubrimiento de Alexander Fleming (1881-1955), escocés que estudió medicina en el hospital St. Mary's de Londres, se graduó en 1908 y se quedó a trabajar ahí toda su vida, dedicado a la bacteriología, interesado en las vacunas, en microbiología de las heridas de guerra y su tratamiento. Después de muchas frustraciones con el uso de antisépticos en las infecciones generalizadas, Fleming descubrió en 1922 la lisozima, una sustancia presente en las lágrimas y otros líquidos del cuerpo que lisa ciertas bacterias; pero al cabo de varios trabajos realizados por él y otros investigadores no se encontró la manera de usarla en el tratamiento de las infecciones. Entonces, en 1928, Fleming identificó al hongo como Penicillium notatum y bautizó a la sustancia antibiótica como penicilina. Luego vino una larga historia de desarrollo de diferentes antibióticos, la combinación de dos o más antibióticos tenía un efecto sinérgico, con ciertas combinaciones el resultado podía ser el opuesto. También se descubrió que los microrganismos iban desarrollando resistencia a los antibióticos y por lo tanto su uso debía ser cuidadoso y especifico.

4. La inmunología

El origen de la inmunología se identifica con el de las vacunas, debidas a Jenner, y con el del primer método general para producirlas, desarrollado por Pasteur. Ninguno de estos dos científicos llegó a tener una idea de lo que ocurría en el organismo cuando se hacía resistente a una enfermedad infecciosa. El primer descubrimiento importante en ese campo fue el de la fagocitosis, por Elie Metchnikoff (1845-1916) biólogo interesado en la embriología comparativa de los invertebrados. Carl Fränkel (1861-1915), colaborador de Koch, observó que, si se inyectaba animales con cultivos de bacilo diftérico muertos por calor, al poco tiempo se les podía inyectar con bacilos diftéricos vivos sin que se enfermaran.

Al mismo tiempo, Emil von Behring (1854-1917) y Shibasaburo Kitasato (1852-1931) demostraron que la inyección de dosis crecientes, pero no letales de toxina tetánica en conejos y ratones los hacía resistentes a dosis 300 veces mayores que las letales, y que, además, el suero de estos animales, en ausencia de células, era capaz de neutralizar la toxina tetánica en vista de que mezclas de ese suero con toxina se podían inyectar en animales susceptibles sin que sufrieran daño alguno. Behring y Kitasato bautizaron a esta propiedad del suero como antitóxica. Paul Ehrlich (1854-1915) hizo contribuciones teóricas fundamentales al conocimiento de la inmunidad, entre las que destaca su teoría de las cadenas laterales para explicar la reacción antígeno-anticuerpo.

También a principios de este siglo se estableció que los mecanismos de la inmunidad, o sea las células sensibilizadas y anticuerpos específicos, no sólo funcionan como protectores del organismo en contra de agentes biológicos de enfermedad o de sus toxinas, sino que también pueden actuar en contra del propio sujeto y producirle ciertos padecimientos, que hoy se conoce como hipersensibilidad celular, mecanismo inmunopatológico responsable de enfermedades como la tiroiditis de Hashimoto y la polimiositis, de parte de las lesiones de la misma tuberculosis, de la hepatitis viral y de otras afecciones infecciosas.

En 1902 Charles Richet (1850-1935), profesor de fisiología en París, y sus colegas, describieron otro mecanismo inmunopatológico que llamaron anafilaxia, lo que literalmente significa ausencia de protección (recuérdese que profilaxis quiere decir protección). Este mecanismo explica algunas enfermedades humanas, como la fiebre del heno y la urticaria.

La naturaleza química y la estructura molecular de los anticuerpos se establecieron en la segunda mitad del siglo XIX, junto con los mecanismos genéticos que controlan su especificidad. Uno de los avances más importantes en la inmunología fue el descubrimiento de la participación de los linfocitos, realizado por James L. Gowans (1924-) y sus colaboradores, aunque antes ya se había identificado a la célula plasmática como la responsable de la síntesis de los anticuerpos. Los estudios de Peter B. Medawar (1915-1987) y sus colegas establecieron que el rechazo de los aloinjertos es a través de la respuesta inmune, y además descubrieron el fenómeno de la tolerancia inmunológica.

5. La anestesia

Desde sus orígenes, la cirugía estuvo limitada en su desarrollo por tres grandes obstáculos: la hemorragia, la infección y el dolor. Ya hemos visto cómo en el siglo XVI Ambroise Paré invento la técnica de la ligadura de los vasos, en sustitución del cauterio tradicional, para cohibir la hemorragia en las heridas de guerra y en las amputaciones. También ya se ha mencionado que, con el desarrollo de la teoría microbiana y la introducción de las vacunas, las antitoxinas, la quimioterapia y los antibióticos, la lucha contra las infecciones en cirugía ha tenido grandes éxitos en este siglo. La búsqueda de métodos para disminuir el dolor en las operaciones quirúrgicas es muy antigua: los médicos árabes usaban opio y hiosciamina, y la mandrágora es todavía más antigua, junto con el alcohol, pero ninguno de estos agentes impedía el dolor en ciertas operaciones, como las amputaciones.

En 1799 un químico inglés, Humphry Davy (1778-1829) respiró óxido nitroso y sugirió que podría usarse en cirugía; sin embargo, como ese es el "gas de la risa más bien se usó como diversión en fiestas de gente joven, hasta que fue sustituido por el éter sulfúrico, que produce un efecto similar, y como es líquido se puede llevar en un frasquito. En 1842 un estudiante de química de EUA, William E. Clarke, que había asistido a varias "fiestas de éter", pensó que podía tener otro uso y se lo administró a una joven mientras un dentista le extraía un diente, con lo que ella no sintió dolor; sin embargo, Clarke no volvió a usar éter de esa manera. En ese mismo año Crawford Williamson Long (1815-1878), médico joven de Jefferson, que también había experimentado en "fiestas de éter", lo usó como anestésico general en una operación quirúrgica, y volvió a usarlo de la misma manera varias veces más en los siguientes cuatro años; sin embargo, no hizo pública su experiencia sino hasta 1849. James Young Simpson (1811-1870) empezó a usarlo en obstetricia, pero como el éter no era tolerado por algunas pacientes cambió a cloroformo.

Nuevas técnicas se desarrollaron para administrar mezclas de los gases anestésicos con aire y para controlar con precisión sus concentraciones relativas. La vía intravenosa para lograr anestesia general fue usada en varios pacientes por Pierre Cyprien Oré en 1874, por medio de hidrato de cloral, que a partir de 1903 se cambió por los derivados del ácido barbitúrico. La anestesia por depósito de la sustancia química en el canal raquídeo fue realizada por primera vez en 1898 por August Bier (1861-1949) de Alemania, logrando insensibilidad en la mitad inferior del cuerpo y conservando la conciencia del paciente, lo que se usó sobre todo en obstetricia. Para la anestesia local, Carl Koller (1857-1944) de Viena empezó a utilizar cocaína en la cirugía oftálmica primero, y después en la otorrinolaringología; al principio se usaba en forma local, pero pronto empezó a inyectarse por debajo de la piel para operaciones locales. La técnica de la inyección de cocaína en los troncos nerviosos correspondientes a la región sometida a cirugía fue introducida en 1884 por William Halstead de Baltimore; posteriormente se prepararon derivados de la cocaína (novocaína, lidocaína, xilocaína) que la sustituyeron.

6. Los rayos x y la endoscopía

El descubrimiento de los rayos X el 8 de noviembre de 1895 por Wilhelm Conrard Röntgen, profesor de física en Würzburg, fue el primero de una serie de avances en un campo de la biotecnología médica que hoy se conoce como exploración no invasora y que caracteriza mejor que muchos otros a la medicina de fines del siglo XX.

Röntgen ya sabía que sus rayos atravesaban fácilmente el papel y la madera, mientras que eran detenidos por ciertos metales; una de sus primeras radiografías es de una caja de madera cerrada que contiene diferentes piezas de metal que servían como pesas en las balanzas granatarias, y se ven las piezas como si la caja estuviera abierta; otra es de la mano de su esposa, que muestra muy bien su anillo de bodas y los huesos de los dedos. La aplicación médica de los rayos X fue inmediata, primero para localizar cuerpos extraños en los tejidos y para diagnosticar fracturas óseas, pero muy pronto tuvieron otras aplicaciones.

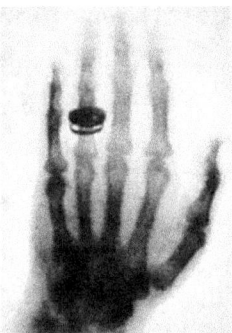
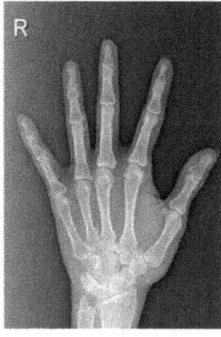

El uso de los rayos X cambió de manera radical la práctica de la medicina, que ahora podía "ver" directamente **dentro del organismo**, en lugar de tener que inferir, a través de los datos de la exploración física, el estado de los distintos órganos internos. Nuevas técnicas radiológicas, como el doble contraste, la tomografía, la, angiografía y la angiocardiografía, enriquecieron todavía más el valor de esta técnica, que ha alcanzado una resolución extraordinaria y una precisión diagnóstica admirable en la tomografía axial computarizada. De hecho, la proliferación de técnicas de exploración **no invasora** ha creado una nueva especialidad diagnóstica, la imagenología, que ha ocupado el lugar de la antigua radiología en virtud de que incluye procedimientos que no solo utilizan a los rayos X sino también otras fuentes de energía, como la ecosonografía (el sonido), la resonancia magnética nuclear (los electrones) y la tomografía por positrones.

Otro gran adelanto en las técnicas de exploración no invasora ha ocurrido en la endoscopía. Desde tiempo inmemorial los médicos han tratado de asomarse al interior del cuerpo humano a través de sus distintos orificios, y han diseñado diversos instrumentos para hacerlo con mayor eficiencia, como el otoscopio, para examinar el canal auditivo y la membrana del tímpano, el colposcopio, para acercarse al cuello uterino, o el laringoscopio, para observar la parte superior de las vías respiratorias. Hace 50 años se empezaron a usar otros instrumentos para explorar otros órganos, como el broncoscopio, para la tráquea y los grandes bronquios, el esofagoscopio y el gastroscopio, para las partes correspondientes del tubo digestivo alto, y el rectoscopio y colonoscopio, para las porciones terminales del intestino grueso. Los primeros instrumentos de este tipo eran tubos cilíndricos gruesos y rígidos, terriblemente incómodos para los enfermos, y con limitada resolución y escasa versatilidad, lo que resultaba muy frustrante para los médicos, por lo que su uso fue muy limitado. Pero en años recientes han aparecido instrumentos muy distintos, delgados y flexibles, que son bien tolerados por los pacientes y que poseen avances mecánicos y electrónicos que permiten gran movilidad y observación casi perfecta, y que además realizan distintos tipos de registros directos y, cuando es necesario, toma de biopsias múltiples. Gracias a estos adelantos, la endoscopía ya se ha ganado un sitio privilegiado entre las técnicas modernas de exploración no invasora.

Uno de los instrumentos de exploración no invasora desarrollados a principios de este siglo que más beneficios ha traído a los médicos y a los pacientes es el electrocardiógrafo, un galvanómetro de cuerda diseñado en 1903 por Willem Einthoven (1860-1927). Desde mediados del siglo XIX se sabía que, al contraerse, el corazón aislado de la rana producía una corriente eléctrica, y en 1887 Augustus Waller (1856-1922) demostró que el corazón humano generaba una corriente semejante y que podía medirse colocando electrodos en la superficie del cuerpo. La utilidad del método pronto se extendió al estudio de muchos otros aspectos de la cardiología, de modo que hoy es parte indispensable del examen de muchos pacientes.

7. La endocrinología

Una de las primeras sugestiones de la existencia de las hormonas se debe a De Bordeau, el famoso médico vitalista de Montpellier, quien en 1775 postuló que cada órgano producía una sustancia específica que pasaba a la sangre y contribuía a mantener el equilibrio del organismo; sin embargo, ésta fue sólo una teoría y De Bordeau no realizó ningún experimento para documentarla. En cambio, en 1855 Claude Bernard (1813-1878) introdujo el término secreción interna para describir sus observaciones sobre la función gluconeogénica del hígado y posteriormente incluyó al tiroides y a las glándulas suprarrenales entre los órganos con secreción interna.

Edward Brown-Séquard (1817-1894) dedicó toda su vida profesional al estudio de las secreciones internas del tiroides, de las suprarrenales, de los testículos y de la hipófisis, con tal persistencia que se ganó el título de "Padre de la endocrinología". Entre sus experimentos se encuentra el famoso intento de **autorrejuvenecimiento** por medio de la inyección de extractos testiculares, por lo que Harvey Cushing lo bautizó como el "Ponce de León de la endocrinología". Desde un punto de vista general, William Bayliss y Ernest Henry Starling fueron los primeros en proporcionar una demostración clara del mecanismo de acción de las secreciones internas, con su estudio publicado en 1902 sobre la secretina, una sustancia que estimula la secreción del jugo pancreático cuando el contenido ácido del estómago llega al píloro y éste se abre. La secretina fue la primera sustancia que recibió el nombre de hormona (del griego hormao, que significa yo excito), pero con el tiempo el término se ha usado para designar en forma genérica a todas las sustancias producidas por las diferentes glándulas endocrinas.

Uno de los grandes triunfos de la medicina moderna fue el aislamiento de la insulina. La enfermedad caracterizada por polifagia o aumento en el apetito, polidipsia o aumento en la ingestión de líquidos, y poliuria o aumento en la eliminación de orina, se conoce desde la antigüedad y Arecio de Capadocia (81-138 d.C.) la bautizó con la palabra griega que significa sifón, "diabetes". La glándula endocrina pancreática fue descrita en 1869 por Paul Langerhans en su tesis para graduarse de médico, en forma de islotes de tejido repartidos en forma irregular en el páncreas y con una histología diferente de la de la glándula exocrina. El experimento crucial que relacionó al páncreas con la diabetes fue realizado por Joseph von Mering y Oskar Minkowski en 1889, cuando trabajaban en Estrasburgo; estos autores hicieron pancreatectomía total en perros y demostraron que desarrollaban diabetes letal rápidamente. En 1926, Johan Jacob Abel, profesor de farmacología en Johns Hopkins, Baltimore, sintetizó la insulina en forma cristalina.

8. Las vitaminas

La existencia de enfermedades debidas a la falta de ciertos elementos en la dieta se demostró desde 1793, cuando apareció el libro A Treatise of the Scurvy (Un tratado sobre el **escorbuto**) de James Lind, médico escocés que dirigió el Hospital Haslar, nosocomio naval en Portsmouth. Lind demostró que el escorbuto podía prevenirse agregando fruta fresca a la dieta, y si esto no era posible, jugo de limón. A pesar de que Lind siempre tenía a su cuidado en el Hospital Haslar entre 300 y 400 casos de escorbuto, que se curaban con su tratamiento, éste no fue adoptado por la marina inglesa sino hasta dos años después de su muerte, luego de que en 1794 una flotilla inglesa llegó a Madras después de un viaje de 23 semanas sin que se presentara un solo caso de escorbuto, gracias a que llevaban suficientes limones.

En la actualidad se conocen más de 14 vitaminas, todas descritas, aisladas, purificadas y sintetizadas en la primera mitad del siglo XX, que desde luego no son los únicos nutrientes esenciales, o sea aquellos necesarios para el crecimiento y la reproducción normal que no se sintetizan (o se sintetizan en cantidades insuficientes) en el organismo. Las vitaminas son de dos tipos, las solubles en agua o hidrosolubles, y las solubles en grasas o liposolubles. Las vitaminas hidrosolubles son el ácido ascórbico o vitamina C, y los componentes del complejo B, tiamina, riboflavina, niacina, piridoxina, ácido pantoténico, ácido lipoico, ácido fólico y vitamina B12. Las vitaminas liposolubles son A, D, E y K. Otros nutrientes esenciales son elementos inorgánicos que participan en distintos procesos metabólicos, de ellos los más importantes son el yodo, el calcio, el fierro y el cobre.

9. La epidemiología

Como su nombre lo indica, la epidemiología es la rama de la medicina que estudia las **epidemias**, pero en este siglo se ha transformado en mucho más que eso. Desde los tiempos de Hipócrates la ocurrencia de enfermedades en ciertos climas y épocas del año llamó la atención a los observadores. Galeno creó un nuevo sistema para explicar todas las enfermedades en el que participan los temperamentos, la dieta, la ocupación, el ejercicio y otros factores, que resultan en un desequilibrio de los humores, que se aceptó ciegamente durante 14 siglos.

No fue sino hasta que Sydenham recuperó el concepto de "constitución" de Hipócrates que se volvieron a examinar las epidemias; por ejemplo, Sydenham dividió en dos las fiebres que eran frecuentes en Londres, las estacionarias y las intercurrentes, y señaló que su aparición dependía de la "constitución" de cada año. Dos siglos después Henle publicó su libro Von den Miasmen und Kontagien, en el que separa a las enfermedades epidémicas en tres, grupos: 1) debidas a miasmas, con el paludismo como su único miembro; 2) debidas en un principio a miasmas, pero en su evolución se forma un parásito en el organismo que se multiplica y disemina el padecimiento, que incluye a la mayor parte de las enfermedades infecciosas, y 3) las contagiosas que incluyen la sarna y la sífilis.

En 1848 un médico londinense, John Snow, señaló que las deyecciones de pacientes de cólera podían contaminar accidentalmente el agua potable y que la enfermedad se diseminaba de esa manera. En 1853-1854 hubo otra epidemia de cólera en Londres, en la que en una zona central pequeña de la ciudad hubo más de 500 muertos en 10 días. Snow realizó una encuesta casa por casa y demostró que sólo aquellos que obtenían el agua potable de una bomba instalada en la Broad Street enfermaban de cólera, por lo que recomendó se cancelara, con lo que desaparecieron los brotes del padecimiento en esa zona.

Con toda la importancia que tiene conocer la historia de las epidemias, su estudio tiene otros objetivos adicionales, entre los que se encuentra establecer correlaciones entre la presencia y el desarrollo de la enfermedad y algunos factores que pudieran ser causales. Un ejemplo de este tipo de estudio fue el realizado primero por Franz Herman Müller, de Colonia, quien en 1939 estudió en forma retrospectiva los hábitos de 172 sujetos adultos fumadores, la mitad con cáncer del pulmón y el resto sano, y encontró que entre los fumadores había 65% con ese cáncer, mientras que entre los no fumadores sólo 3.5% lo habían padecido.

Otra forma de epidemiología experimental es la teórica, que por medio de modelos matemáticos y con la ayuda de la computación realiza simulaciones de epidemias estableciendo una serie de patrones constantes y examinando su comportamiento cuando se introducen uno o más factores que tienden a modificarlos.

10. El laboratorio clínico

Una de las características sobresalientes de la medicina moderna es el uso del laboratorio en el estudio de los enfermos. En el siglo XIX empezó a introducirse una serie de técnicas para ampliar la variedad, la capacidad analítica y la resolución de los distintos datos que el médico obtiene por medio de la exploración física. Con el uso del estetoscopio, del termómetro, el microscopio y de otros instrumentos como el baumanómetro, y el oftalmoscopio el examen clínico del paciente se enriqueció en forma considerable. Pero al mismo tiempo se desarrolló otra dimensión en el estudio del enfermo, que fue el uso de toda esa nueva **biotecnología** en varias de sus secreciones como sangre y orina, jugo gástrico, el aire inspirado y expirado, en líquidos obtenidos de sus cavidades (pleura y peritoneo), y hasta en sus heces fecales. El estudio del paciente se amplió más allá de la toma de la historia clínica y el examen físico no instrumental, para incluir el uso de nuevos instrumentos y una serie de determinaciones realizadas en un espacio que se llamó laboratorio clínico y de pruebas funcionales.

Es probable que hoy existan más de 1000 exámenes y pruebas de laboratorio útiles para el diagnóstico y el tratamiento de la mayoría de los enfermos, con las que ni Hipócrates, ni Boerhaave, ni Laennec, soñaron en sus respectivos tiempos para auxiliar a sus pacientes.

11. La genética y la biología molecular

Quizá uno de los avances que mejor caracterizan a la medicina es el que ocurrió en la genética y en la biología. La genética inició su desarrollo actual a mediados del siglo XIX en el jardín de un monasterio agustino en la ciudad de Brno, Hungría, en manos del sacerdote Gregor Mendel (1822-1884) quien había estudiado biología en Viena y estaba interesado en la herencia de distintos caracteres en las plantas como el color del albumen y del epistemo, la superficie lisa o rugosa de las semillas, la longitud de los tallos y la localización axial o terminal de las flores, todo en el chícharo Pisum sativum. Mendel hizo distintas cruces de las plantas y calculó las variaciones de las siete características mencionadas en las nuevas generaciones, lo que reveló la persistencia de ciertos factores no identificados (y entonces ni siquiera imaginados) con ellas.

Garrod reunió padecimientos congénitos en los que los **patrones de herencia** se explicaban de la misma manera, como la cistinuria y el albinismo, y en 1909 publicó su famosa monografía Inborn Errors of Metabolism (Errores congénitos del metabolismo), con lo que creó una nueva disciplina dentro de la genética humana: la genética bioquímica.

Los **cromosomas** fueron identificados por Walther Flemming en 1882, pero el nombre se debe a W. Waldeyer, quien los bautizó en 1888 además, se reconocieron los dos tipos de división celular: mitosis y meiosis. Pronto llamó la atención el paralelismo que existe entre la ley mendeliana de la segregación de los factores responsables de los caracteres hereditarios y los cromosomas como posibles portadores de esos factores, lo que dio origen a la citogenética.

Wilhelm Roux (1850-1924) propuso un modo teórico para explicar por qué las células hijas heredan el complemento genético completo de la célula original, en lugar de heredar la mitad, en el que el núcleo posee hileras de estructuras individuales que se duplican; Theodor Boveri (1862-1915) y William Sutton (1876-1916) siguieron este modelo y propusieron que los genes están localizados en los cromosomas. El siguiente gran avance en este campo lo dio Thomas Hunt Morgan con sus estudios en la mosca de la fruta del género Drosophila, que aparecieron en 1915 en un libro titulado The Mechanism of Mendelian Heredity, que tuvo gran influencia en el desarrollo de la genética. Morgan continuó trabajando en el campo y en 1928 publicó otro libro, The Theory of the Gene, en el que propone que las características del individuo se deben a pares de elementos o genes presentes en el material genético, que estos genes muestran enlace (linkage) que corresponde a los cromosomas, que los pares se separan cuando las células germinales maduran y que los gametos contienen una sola serie de genes; además, los genes ligados se combinan como grupo, aunque también existe cierto intercambio ordenado entre ellos.

En 1953 James Watson y Francis Crick publicaron un modelo de la estructura terciaria del **ácido desoxirribonucleico (ADN)** que incluía un mecanismo para su replicación y las bases de su funcionamiento como portador de la información genética. Este modelo es el bien conocido de una doble hélice anticomplementaria en la que la parte central está ocupada por las bases púricas y pirimídicas y la parte externa por los residuos de los carbohidratos (desoxirribosa) unidos a ácido fosfórico. Este descubrimiento introdujo la revolución biológica más importante en el siglo XX, y ha ejercido gran repercusión en la medicina, pues representa la base de la biología molecular, que es el estudio de las moléculas de los ácidos nucleicos que participan en la codificación, expresión y síntesis de la información genética, que como regla se refiere a la estructura primaria de proteínas.

Ya desde 1940 se había iniciado la investigación epidemiológica de las enfermedades hereditarias en cuanto a prevalencia, mecanismos de transmisión, heterogeneidad y tasa de mutación; en 1949 Linus Pauling y sus colaboradores demostraron que la anemia de células falciformes era una **enfermedad molecular**, producida por el cambio en un solo residuo de aminoácido en las cadenas b de la hemoglobina, y pronto se agregaron otros padecimientos que afectan otras moléculas, como las inmunoglobulinas y la colágena. También se estableció que muchos de 195 errores congénitos del metabolismo resultan del cambio en la estructura primaria de alguna enzima, casi siempre debido a una mutación. Se demostró el polimorfismo genético de enzimas y proteínas y se generó la hipótesis de que ésa fuera la causa de que existieran diferencias en la susceptibilidad o resistencia algunas enfermedades desencadenadas por factores ambientales. Otro factor complicado en el mismo fenómeno sería el sistema de histocompatibilidad, que además se asocia a la susceptibilidad a enfermedades de autoinmunidad.

La **biología molecular** permite hoy la identificación, el aislamiento y la clonación de genes específicos y en muchos casos su transferencia y expresión en bacterias, que entonces producen moléculas llamadas recombinantes. Esto permite vislumbrar la posibilidad de la terapéutica génica, que se aplicaría no sólo a los errores congénitos del metabolismo sino a muchos otros padecimientos no hereditarios, porque la gran mayoría de las células somáticas del organismo se dividen continuamente durante toda la vida y pueden sufrir alteraciones en su material genético, como en el cáncer. En la actualidad se efectúa un programa internacional de investigación cuya meta es conocer la totalidad de la estructura primaria del ácido desoxirribonucleico humano, lo que seguramente proporcionará información muy útil para la prevención, el diagnóstico, el pronóstico y el tratamiento de muchas enfermedades.

Algunos **avances** de la medicina en el siglo XX fueron:

- 1901 Karl Landsteiner describe el sistema ABO de determinación del grupo sanguíneo. Este sistema clasifica la sangre de los seres humanos en los grupos A, B, AB y O. Landsteiner recibe el Premio Nobel de Fisiología o Medicina 1930 por su descubrimiento.

- 1906   Sir Frederick Gowland Hopkins sugiere la existencia de las vitaminas y concluye que son esenciales para la salud. Recibe el Premio Nobel 1929 de Fisiología o Medicina.

- 1907   Primer éxito humano en la transfusión de sangre usando la técnica AB0 del grupo sanguíneo de Landsteiner.

- 1913   El Dr. Paul Dudley White se convierte en uno de los primeros cardiólogos de Estados Unidos y un pionero en el uso del electrocardiógrafo, explorando su potencial como herramienta de diagnóstico.

- 1921   Edward Mellanby descubre la vitamina D y muestra que su ausencia provoca raquitismo.

- 1922   La insulina se usa por primera vez para tratar la diabetes.

- 1923   Primera vacuna para la difteria.

- 1926   Primera vacuna para la tos ferina (tos convulsiva).

- 1927   Primera vacuna para la tuberculosis.

- 1927   Primera vacuna para el tétanos.

- 1928   El bacteriólogo escocés Alexander Fleming descubre la penicilina. Gana el Premio Nobel de Fisiología o Medicina en 1945.

- 1935   Primera vacuna para la fiebre amarilla.

- 1935   El Dr. John H. Gibbon, Jr., utiliza con éxito un sistema de circulación extracorpórea en un gato. El Dr. Gibbon utiliza este método con éxito en un ser humano en 1953. En la actualidad se utiliza comúnmente en la cirugía a corazón abierto.

- 1937   Primera vacuna para el tifus.

- 1937   Bernard Fantus comienza el primer banco de sangre en el Hospital del Condado de Cook en Chicago, usando una solución al 2% de citrato de sodio para conservar la sangre., que aguanta refrigerada hasta diez días.

- 1943   El microbiólogo Selman A. Waksman descubre el antibiótico estreptomicina, más tarde usado en el tratamiento de la tuberculosis y otras enfermedades.
- 1945   Primera vacuna para la influenza (gripe).
- 1952   Paul Zoll desarrolla el primer marcapasos para controlar los latidos irregulares del corazón.
- 1953   James Watson y Francis Crick describen la estructura del ADN. Watson, Crick y Wilkins (que también estaba estudiando la estructura del ADN) comparten el Premio Nobel de Fisiología o Medicina en 1962.
- 1954   Dr. Joseph E. Murray realiza el primer trasplante de riñón entre gemelos idénticos.
- 1957   El Dr. Willem Kolff y el Dr. Tetsuzo Akutzu implantan el primer corazón artificial en un perro. El animal sobrevive 90 minutos.
- 1962   Primera vacuna antipoliomielítica oral (como alternativa a la vacuna inyectada).
- 1964   Primera vacuna para el sarampión.
- 1967   Primera vacuna para las paperas.
- 1967   El cardiocirujano Dr. Christiaan Barnard realiza el primer trasplante de corazón humano.
- 1970   Primera vacuna para la rubéola.
- 1974   Primera vacuna para la varicela.
- 1977   Primera vacuna para la neumonía.
- 1978   Nace en el Reino Unido el primer bebé probeta.
- 1978   Primera vacuna para la meningitis.
- 1980   La OMS (Organización Mundial de la Salud) anuncia la viruela está erradicada.

- 1981　　Primera vacuna para la hepatitis B.

- 1982　　El Dr. William DeVries implanta el Jarvik-7 (un corazón artificial) a un paciente llamado Barney Clark. Clark vive 112 días.

- 1983　　Se identifica El VIH, el virus que causa el SIDA.

- 1992　　Primera vacuna para la hepatitis A.

- 1996　　La oveja Dolly se convierte en el primer mamífero clonado a partir de una célula adulta (muere en 2003).

- 1998　　Primera vacuna para la enfermedad de Lime.

- 2000　　Se anuncia el primer borrador del humano genoma; la versión final es liberada tres años después.

- 2006　　Médicos de la Universidad de Newcastle, Reino Unido generan un «mini-hígado» -del tamaño de una moneda pequeña- a partir de células madre de la sangre del cordón umbilical.

- 2007　　Científicos descubren cómo utilizar células de piel humana para crear células madre embrionarias.

- 2014　　La FDA aprueba los primeros ensayos clínicos en humanos de un riñón artificial portátil diseñado por Blood Purificatio Technologies Inc. de Beverly Hills, California.

III. TRANSHUMANISMO

Escribía Unamuno en su obra Del sentimiento trágico de la vida que *"el ansia de no morir, el hambre de inmortalidad personal, el conato con el que tendemos a persistir indefinidamente en nuestro ser propio (...), es la base efectiva de todo conocer y el íntimo punto de partida personal de toda filosofía humana"*. Y ciertamente ese deseo de trascender los límites de nuestra condición o experimentar la inmortalidad es algo que ha estado presente a lo largo de la historia de muy variadas maneras. Pero, ¿Podremos realmente llegar a ser inmortales y autotrascendernos?

En el anterior capitulo, hice una introducción a las herramientas del transhumanismo y como estas fueron surgiendo de forma dispersa y progresiva, para luego ir convergiendo en novedosas tecnologías (NBIC) y nuevas y futuras posibilidades de uso. Es curioso, como muchos de los avances o hechos científicos se han dado por serendipia o de una manera tan lenta y progresiva, que cada generación apenas percibe los cambios, de tal manera que los humanos de cada época sienten como propios y naturales las nuevas tecnologías, los progresos y su forma particular de vivir. La generación del **celular** considera que el móvil hace parte de su vida y surge la necesidad de tenerlo, como efecto de **la realidad intersubjetiva**, compartida por su núcleo social. En el siglo XXI es impensable, no estar interconectados o con acceso a las redes y la información mediante internet. Nos habituamos a las condiciones y estilos de vida de cada tiempo. Se habla del **ciborg psicológicos**; porque nos referimos al móvil o celular, en primera persona, como, por ejemplo: me estoy quedando sin batería o estoy desconectado, etc. Aunque esta tecnología no está integrada físicamente al humano, ya la sentimos como parte de nosotros.

En otras ocasiones las transiciones son traumáticas y se suelen identificar como **revoluciones**, crisis o puntos de quiebra; que luego de un periodo de transición, se regularizan y "**normalizan**" las nuevas realidades. De una manera u otra (progresiva o por saltos) se mantiene una tendencia evolutiva, a pesar que no siempre se logren satisfacer las expectativas individuales y colectivas.

De igual manera, ya sea de forma empírica o mediante procesos científicos, se van obteniendo avances e innovaciones en salud y otras ciencias afines, de los cuales alguien resulta beneficiándose y siempre existirá un primer usuario del medicamento, trasplante, implante, regeneración, rehabilitación, etc. para quien le resulta útil. A pesar de las precauciones, no siempre han resultado exitosos los intentos de curar o prevenir alguna enfermedad. Peor aún; en algunas situaciones han resultado nefastas como ocurrió con la talidomida y algunas lobotomías cerebrales. La talidomida es un fármaco desarrollado por la compañía farmacéutica alemana Grünenthal y comercializado de 1957 a 1963 como sedante y como **calmante de las náuseas** durante los tres primeros meses de embarazo (hiperémesis gravídica), causando como efecto secundario miles de casos de **malformaciones congénitas**. El fármaco provocó la denominada "catástrofe de la talidomida", ya que miles de bebés nacieron en todo el mundo con severas malformaciones irreversibles. Muchos de estos individuos tuvieron (y tienen) dificultades en integrarse en la sociedad a causa de su limitación física. De hecho, nunca se hubiera sabido su teratogenicidad si la malformación que hubiese provocado fuera más común, como por ejemplo problemas cardíacos, ya que las dismelias que provoca son bastante raras.

El neurólogo portugués Egas Moniz desarrolló **la lobotomía**, o leucotomía, como él la llamó, en 1935. Su procedimiento consistió en perforar un par de agujeros en el cráneo y empujar un instrumento afilado en el tejido cerebral. Luego lo barría de un lado a otro para cortar las conexiones entre los lóbulos frontales y el resto del cerebro. Esta era una terapia contra **enfermedades mentales** como la esquizofrenia. Solo en Reino Unido se realizaron más de 20.000 lobotomías entre principios de la década de 1940 y finales de la de 1970. Los lobotomistas eran a menudo **reformadores progresistas**, impulsados por el deseo de mejorar la vida de sus pacientes. Pero la profesión médica tardó años en darse cuenta de que los efectos negativos superaban los beneficios y ver que los medicamentos desarrollados en la década de 1950 eran más eficaces y mucho más seguros.

En el año de 1999, el Instituto de Medicina de Estados Unidos (IOM, por sus siglas en inglés) publicó un reporte titulado "Errar es humano:

construyendo un sistema de salud más seguro", en éste, se estimó que ocurren de 44,000 a 98,000 muertes anuales atribuidas directamente a **errores médicos prevenibles**. ¿Por qué el error?

Existe un genuino deseo de resolver los problemas que afectan a la humanidad, despertando una poderosa necesidad de encontrar respuestas, que nos conduce a encontrar mecanismos para ofrecer explicaciones y soluciones. Algunas resultan viables y útiles y otras no tanto. Cada época dispone de cierta y limitada información, que, sumada a los deseos y las exigencias propias de cada científico, puede distorsionar o interpretar equivocadamente la realidad objetiva; proponiendo soluciones que pueden resultar **desacertadas, pero aceptadas** por el común necesitado de respuestas. También ha existido un reducido número de personas que han defraudado intencionalmente a sus pacientes y no por error.

La ciencia siempre ha tenido muchos obstáculos a lo largo de la historia: instituciones religiosas, censura, supersticiones, intereses comerciales, etc. que han limitado el desarrollo y la aplicación de terapias curativas o preventivas. Por suerte todos aquellos impedimentos basados en la más pura ignorancia han sido apartados tras muchos siglos de progreso y del abandono de viejas supersticiones. Sin embargo, los ejemplos de errores y fraudes históricos en la medicina, deberían recordarnos, el cuidado de tomar cualquier teoría científica como un dogma incuestionable, que pueda resultar tan peligroso como cualquier otro fundamentalismo. El transhumanismo; hoy ya es una tendencia científica, pero como en otras épocas, podemos estar sujetos al error o daños irreversibles de sus usuarios.

Como homo sapiens; hemos venido replicando uno de los mecanismos más utilizados por la evolución natural para avanzar: el **ensayo y el error**. Gracias a la gran diversidad, la evolución ha podido "jugar" al ensayo y el error para escoger a los "ganadores" de la evolución. También resultan los perdedores; que en ocasiones han terminado en la aniquilación o debilitamiento de una especie o de algunos de sus individuos. Dentro de una misma especie, algunos individuos pueden resultar favorecidos por algunas mutaciones o cambios fenotípicos que los hacen particularmente especiales y así, estas nuevas características se pueden trasferir a nuevas generaciones.

Por nuestra corta vida, tenemos afán, porque las cosas o circunstancias que deseamos sucedan rápidamente; pero la evolución natural no tiene ninguna prisa. Muchos de los cambios se han dado en miles o millones de años. Pensemos que hace **3.500 millones** de años éramos tan **solo arqueas** y **bacterias**; que se fusionaron para crear células eucariotas y luego organismos multicelulares simples, que se fueron complejizando para lograr vivir en un mundo acuático y posteriormente en ambientes terrestres; como anfibios, reptiles, aves y mamíferos. De pequeñas musarañas pasamos a simios y luego a homos, con varias especies hermanas; que hace **12.000 años** ya habían desaparecido y solo quedamos los homo sapiens.

Por una sorprendente y aun no bien entendida circunstancia, los homo sapiens fuimos desarrollando el cerebro global; conformado por 3 súpercerebros (neurológico, endocrino e inmunológico), que nos pusieron en una condición privilegiada, frente a otras especies. Con solo una de las características superiores; que denominamos inteligencia, logramos entender mejor el entorno y a nosotros mismos; pudimos optimizar el nivel de anticipación al futuro, aprender la cooperación en grandes grupos y con individuos poco conocidos; desarrollar un lenguaje, emociones, sentimientos e intuiciones, elaborar herramientas y teorías del conocimiento; que como una bola de nieve, que al rodar crece y se alimenta de nuevo conocimiento; estamos creando una **espiral de ciencia y tecnología**, situándonos en una situación novedosa, en la cual ya no dependemos solo de la ancestral evolución natural; sino que luego de aprender a hackear y modificar el ambiente, de forma adecuada o incorrecta, ahora nos sentimos curiosos y con capacidad para modificarnos física, funcional, mental y moralmente (**homo hacking**).

Aunque la humanidad siempre ha soñado con la inmortalidad, con mayor inteligencia, una mejor calidad de vida y mayor felicidad; pero estos aspectos habían quedado relegados a la **metafísica**; mediante alguna religión, ritual mágico, superstición, filosofía, seudociencia, etc. que han servido para explicar la vida, la felicidad y la inmortalidad, dándole esperanza del cumplimiento de los sueños de sus feligreses o creyentes. Casi toda expresión metafísica y cultural-religiosa ha ofrecido una vida en el más allá, en donde el alma y la de los seres queridos tienen la oportunidad de una **vida eterna**. También existe la posibilidad de una vida **eterna feliz**, si se realizan los méritos suficientes en la Tierra o un infierno doloroso si no se siguen los designios de un dios; por nadie conocido, pero anhelado y esperado por muchos. Por su lado, **la ciencia** ha continuado su camino de empoderamiento, intentando situarse al mismo nivel de la metafísica en los misterios fundamentales y profundos del ser humano.

De una manera genuina y honesta, muchos investigadores y científicos de cada época, han hecho lo mejor posible por **aliviar el dolor y curar las enfermedades** propias de su generación. Hasta ahora, casi todos los avances en medicina han surgido con el propósito de curar y aliviar el sufrimiento. Nunca una tecnología ha comenzado en su máximo desarrollo, ha comenzado muy incipiente, luego de un descubrimiento o una invención se van impulsando mejoras de todo tipo, hasta llevarlas a su máximo potencial, y las iniciales van quedando en obsolescencia o van siendo remplazadas por mejores o nuevas iniciativas. Pocas veces quedamos satisfechos y por lo tanto continuamos explorando nuevas y mejores opciones de diagnóstico, prevención, tratamiento y rehabilitación.

Esta búsqueda por prevenir y curar se ha ido ampliando a una nueva dimensión, en la cual ya no es suficiente prevenir, curar o rehabilitar; sino que partiendo de un estado de normalidad o estando sano se pretende **mejorar la condición: física, funcional, mental, moral y existencial**. Un ejemplo de mejoramiento es la **Cirugía Estética**, que surgió de la Cirugía Reconstructiva. La cirugía estética busca modificar las características corporales o faciales externas, con la finalidad de aproximarlas a los parámetros de belleza socioculturales. Durante el último siglo las intervenciones de cirugía estética han aumentado de manera casi exponencial. Claramente, el **aspecto nos importa** más de lo que nos gustaría admitir. El **culto a la belleza** no es algo nuevo. La diferencia estriba en que hoy existe un amplio abanico de técnicas que aplicar a innumerables partes del cuerpo humano.

A pesar de que el término de cirugía estética se populariza en el siglo XIX, las bases de la Cirugía Plástica ya se encuentran en la Historia Antigua. Así, podemos encontrar técnicas plásticas en documentos tan milenarios como los papiros egipcios (3000 a. C.) o textos sánscritos de la India (2600 a. C.). Ya en el Egipto faraónico los cirujanos se preocupaban por los resultados estéticos de sus intervenciones. El papiro quirúrgico de Edwin Smith (1600 a. C.) detalla cómo se suturaban heridas faciales con tendones de animales o se recolocaba una nariz fracturada con ayuda de "dos tapones de lino saturados con grasa", que se insertaban en los orificios nasales. Otro papiro, el de Ebers (1550 a. C.), describe una dermoabrasión, alisado de arrugas y cicatrices, con piedra pómez. La Cirugía Plástica Reconstructiva, se inicia en el segundo milenio antes de Cristo. Nació como una necesidad de **solucionar amputaciones consecutivas a castigos** impuestos en las antiguas civilizaciones. Entre los castigos favoritos de la época védica y de los primeros reinos de la India, estaba la amputación de la nariz y las orejas. Posiblemente esta costumbre estimulo los esfuerzos para reemplazar por medio del arte quirúrgico las facciones perdidas. Las suturas y agujas descriptas en los textos de Susruta, son similares a las actuales, aunque de distinto material. Usaban agujas rectas y curvas, hechas de hueso y bronce. El hilo quirúrgico se hacía de cáñamo; fibras de cortezas; cabellos y tendones de animales (este último era empleado para la ligadura de vasos sanguíneos).

En la Roma del siglo I, Plinio el Viejo hablaba de una rudimentaria **liposucción** como "cura heroica de la obesidad" del hijo del cónsul Lucio Apronio. Se conoce que en Roma el cirujano mejor pagado fue el que se dedicaba a la estética, porque sabía con mucha destreza borrar las infames cicatrices "F" y "K", que con hierro candente eran grabadas sobre la frente, el pecho o el muslo de los esclavos. A los fugitivos se los marcaba con la letra (F) y a los calumniadores con la letra (K). El desarrollo continuo hasta la Edad Media, cuando la cirugía estética se convierte en una práctica castigada incluso con la muerte. la Iglesia católica **consideraba que la belleza arrastraba a los hombres a los brazos del demonio.**

El considerado como "Padre de la Cirugía Plástica Moderna" fue Gaspar Tagliacozzi (1546-1599), profesor de anatomía y cirugía en Bolonia, fue el primero en practicar la Rinoplastia con criterios apoyados por sólidos conocimientos anatómicos y logro además efectuar con éxito la plástica de las orejas y de los labios. En EEUU se considera un pionero de la Cirugía Plástica a Charles Conrad Miller (1880-1950). Fue un osado experimentador que, en 1926, publico sus éxitos realizando **implantes en los tejidos** de la cara con lo que fue considerado como "materiales extraños" por sus contemporáneos, tales como porciones de **seda** tejida o de seda floja; partículas de **celuloide; gutapercha; marfil vegetal y otros materiales insolubles**, que según él le resultaban muy útiles. En 1927 publicó el libro Cirugía Cosmética, que fue muy exitoso.

La aparición de la anestesia, en 1844, y de la antisepsia, en 1867, supuso un punto de inflexión en la historia de la cirugía estética, al favorecer las **operaciones por deseo**, más que por necesidad. Así ocurrió con los mutilados de la Primera Guerra Mundial. Hasta entonces, los cirujanos se habían dedicado únicamente a reconstruir partes del cuerpo acribilladas y deformadas. Ahora también tenían en cuenta los **criterios estéticos** para minimizar las graves **secuelas psicológicas** de los soldados. Las **estrellas de Hollywood** fueron las primeras en beneficiarse de los conocimientos obtenidos durante la Gran Guerra. El primerísimo plano, popularizado en los años veinte del siglo pasado, revelaba sin piedad cualquier imperfección en la cara de actores y actrices. De ahí que Greta Garbo se enderezara los dientes, Marlene Dietrich se operase la nariz y Rita Hayworth se alzara un par de centímetros la línea de nacimiento del cabello.

La cirugía estética también abrió horizontes a quienes deseaban **cambiar de sexo**. En 1920, los médicos berlineses Ludwig Levy-Lenz y Felix Abraham transformaron por completo unos genitales masculinos en unos de aspecto femenino.

La Segunda Guerra Mundial desencadenó otra revolución. Los cirujanos del frente aprendieron a coser las heridas sin dejar apenas cicatrices. Al término de la guerra cambió el perfil de los pacientes de cirugía. La mujer era ahora su principal "**consumidora**", y los deseos que más veces se formularon fueron el aumento de los pechos y una reducción de la grasa corporal. Para satisfacer el primero, en los cincuenta empezaron a realizarse **implantes de silicona** mediante inyecciones subcutáneas. En cuanto al segundo, tuvieron que pasar dos décadas para la puesta en marcha de procedimientos que permitieran recuperar el contorno juvenil sin dejar huellas visibles en el cuerpo. Entre ellos, la **liposucción**, una operación que consiste en succionar los depósitos de grasa, localizada en zonas como los glúteos y el abdomen, con ayuda de una cánula o jeringa.

Otro ejemplo, es la cirugía de **aumento de estatura**, que consiste en realizar una osteotomía (corte en el hueso), que divide al hueso en dos segmentos, y en la **inserción de un clavo de elongación**. Es un método mínimamente invasivo. Las cicatrices son tan pequeñas que son casi imperceptibles. La mayoría no son más grandes que una picadura de mosquito. En general un alargamiento prudente es realizar 4 cm de alargamiento en la pierna (tibia) y 6 cm en el muslo (fémur). Con eso se logran **10 cm totales**.

La sociedad se ha ido acostumbrando a que **personas sanas busquen mejorar su apariencia**, convirtiendo a esta búsqueda en una **industria** multimillonaria. Cada vez más surgen nuevos interés y deseos de personas sanas por estar cada día mejor. La ciencia siempre ha dependido de la **aceptación** social, política, ética, religiosa, económica en muchas de sus investigaciones e innovaciones. En medicina, lo que siempre ha resultado ventajoso es buscar la aceptación colectiva, mediante **propuestas curativas o que prevengan enfermedades**. Encontrar tratamientos o diagnósticos novedosos es un buen "**pretexto**" para desarrollar tecnologías, que luego o "desde antes", ya se tiene la intención científica o económica de **aplicaciones diferentes a la mera curación**. Si un investigador, una comunidad científica o un grupo económico quieren tener éxito en sus intenciones transhumanistas, deben **convencer o "engañar"** a los más conservadores; para que crean que sus intenciones y propósitos son únicamente curar, salvar vidas o aliviar el sufrimiento humano; especialmente de niños o personas desvalidas. Mientras muchos precaucionistas se centran en discusiones filosóficas **contra-transhumanistas**; los proaccionistas continúan desarrollando tecnologías; con apariencia humanista, que luego se hará evidente, que en realidad eran herramientas o prototipos antropo técnicos de la **nueva ciencia**.

No creo que el transhumanismo haya surgido como una conspiración científica, filosófica, política o económica; para engañar al mundo, haciéndoles creer que los nuevos tratamientos y tecnologías eran para curar y aliviar el dolor; cuando en realidad se pretendía ofrecer alternativas a los sanos, para aumentar la longevidad, proporcionar mejoras y transformaciones físicas y psíquicas a quienes sueñan con la inmortalidad terrenal, con cualidades super humanas y la eterna juventud y felicidad. En realidad, el transhumanismo es el resultado natural de un proceso evolutivo de la filosofía y la ciencia; en donde los ideales de siempre, se han ido materializando y convirtiendo los sueños en realidades materiales. Con cada paso de la ciencia, lo que antes parecía lejano o imposible, se va haciendo más tangible.

Como en toda revolución; en la **evolución artificial**, los pioneros son pocos y usualmente criticados, mal comprendidos, rechazados y segregados; con la opción, que sus ideas se conviertan en nuevas y futuras realidades o se bloqueen por sus detractores y queden en el olvido. Esta ha sido una revolución silenciosa, que ira siendo más evidente con el pasar de los años y posiblemente, luego se produzcan los malestares propios de una revolución. Cada vez más, la ciencia y la tecnología se van empoderando, para **asumir el reto** de modificar al ser humano, como ya lo estamos haciendo con el ecosistema. Es imposible predecir el curso de la historia, porque no basta el interés filosófico y científico, la intención económica de muchas corporaciones visionarias; que ven en la inmortalidad, la eterna juventud, y la transformación artificial del homo sapiens un nicho de mercado multibillonario, sino que otras fuerzas de poder como la religión y algunos frentes filosóficos, culturales y políticos que de manera honesta y respetable no comparten los intereses del transhumanismo y por lo tanto se opondrán a ello. De este **pulso de fuerzas históricas**, depende el futuro de la evolución artificial. Si se impone la ciencia, la tecnología, la economía y los deseos ancestrales por la inmortalidad, la longevidad, la felicidad y la curiosidad por los cambios que puede ofrecer la ciencia en el camino al mejoramiento de la especie o el surgimiento de una especie superior, las futuras generación serán participes de enormes cambios en la raza humana.

¿CÓMO COMENZÓ EL TRANSHUMANISMO?

Sin que no lo propusiéramos, desde diferentes frentes de la cultura, la filosofía, la medicina y la ingeniería comenzamos a modificar la estructura corporal, psíquica y moral, a incorporar objetos ajenos a nuestra biología, trasplantar órganos y tejidos, retirar y remplazar tejidos dañados, introducir sustancias como vacunas y medicamentos y remodelar lo imperfecto; junto a un sinnúmero de procedimientos diagnósticos, preventivos, curativos y rehabilitadores. Una gran cantidad de **hechos aleatorios se han ido juntando**, hasta ponernos a puertas de grandes transformaciones futuras.

En el desarrollo de la **cultura**, el deseo por la vida eterna, la juventud, los super poderes, la belleza y la felicidad siempre han estado presentes. Estos se han satisfecho, en parte por la ciencia y en parte por la metafísica. Es muy simple; el ser humano siempre ha necesitado **respuestas para salir de la incertidumbre y encontrar solución a sus necesidades y deseos,** y ha optado por la ciencia y la metafísica para sentirse seguro. También es cierto, que **las verdades mutan** constantemente y lo que fue una gran verdad ayer, hoy solo puede ser un mal recuerdo. Cada generación trae sus propias inquietudes e intereses y sus propias maneras de resolverlos. Generalmente las generaciones anteriores son consideradas anticuadas y hasta obsoletas; la evolución promueve esa **ruptura generacional**; ya que los logros y tradiciones tienden a anquilosarse, sino se renuevan periódicamente. A veces se rescatan ideales y expectativas pasadas, para impulsar algunas nuevas.

El transhumanismo no surgió de una búsqueda intencionada, ni con el propósito de alcanzar la inmortalidad o la "enhancement" (potenciarnos física, cognitiva y moralmente) o con el objetivo de algunos intelectuales o científicos, por modificar al homo sapiens; ya que durante mucho tiempo estas posibilidades eran impensables en el plano material y solo posibles en lo sobrenatural o en la ciencia ficción.

El gran logro de los filósofos y científicos relacionados con el transhumanismo fue atar cabos e identificar que, de forma connatural y dispersa, en la cultura y la ciencia se estaban gestando las **semillas** de nuevas herramientas y posibilidades para resolver de una manera material, lo que ancestralmente se había delegado a la metafísica y que ahora cobraba sentido abordarlos desde la ciencia y la tecnología. En ultimas, lo que el ser humano necesita, son respuestas; vengan de donde vengan, para abstraerse de la incertidumbre y si la ciencia resulta ofreciendo respuestas creíbles; que igualen o superen a la metafísica, irán siendo aceptadas por el colectivo. Por lo tanto, **nadie invento el transhumanismo**; solo algunos visionarios le han asignado un nombre y han descrito algunas características de un reciente movimiento intelectual, que ve viable el transhumanismo con la ayuda de la evolución artificial.

Las **religiones** como organizaciones socio-culturales y morales durante buena parte de la historia han **legitimado** las respuestas metafísicas; acudiendo a leyes, valores, doctrinas y rituales que un ser superior ha definido para que los humanos las cumplan. Por extrañas condiciones, este plan superior se revela a unos pocos elegidos, que adquieren la potestad de hablar en nombre del dios, y entender y aplicar los designios sobrenaturales a las condiciones terrenales. Estas verdades superiores se suelen consignar en **libros sagrados**, los cuales solo tenemos que obedecer y creer sin duda alguna; ya que para dios todo tiene un sentido y propósito de carácter superior y trascendente. Gracias a la religión, muchas personas y en toda época, han **aliviado sus inquietudes** y le han encontrado **sentido a la vida**. En la **concepción sobrenatural**, nos acostumbramos a creer que las cosas son como deben ser, por decisión de un ser superior, que sabe lo que hace, que nos quiere y que por lo tanto es incuestionable. Por mucho tiempo, no quedo espacio para reflexionar de manera diferente sobre la muerte, el envejecimiento, el sufrimiento, las limitadas capacidades humanas, el propósito terrenal, etc. para **evitar contrariar a los seres superiores**.

En el **aspecto científico** tampoco se pretendió desarrollar la tecnología y el conocimiento para intentar modificar substancialmente al ser humano y porque no; dar un salto evolutivo hacia una nueva especie, de carácter superior. Si bien la ciencia ha tenido cierto poder anticipatorio, nunca ha logrado predeterminar eventos muy futuros; como lo que pueda suceder en cientos o miles de años. En el pasado las regiones estaban tan aisladas y con poca comunicación, que cualquier logro científico era difícil de compartir o difundir a nivel global.

Los hechos científicos; que, sin proponérselo, han servido para construir los cimientos del transhumanismo son abundantes y muy variables; por lo tanto, solo me voy a referir a algunos de ellos. De forma general se podría pensar que los logros de la medicina han contribuido al propósito transhumanista y posiblemente resulte cierto; pero me parece pertinente acudir a lo más relevante y especifico. Son importantes porque implican avances que son necesarios para el transhumanismo como los implantes, trasplantes, modificaciones, prolongaciones de la vida, tecnología novedosa, etc. Han conducido a las tecnologías convergentes NBIC (nanotecnología, biotecnología, informática y las ciencias cognitivas).

Otro logro, que nos empoderó fue la capacidad de hackear (nature hacking) y modificar el entorno a voluntad como mecanismo de adaptación. En lugar de adaptarnos biológicamente, como lo habían hecho el resto de especies, hicimos que el ambiente se adaptara a las necesidades y deseos humanos, dando inicio a la **evolución artificial o antropo-dirigida**.

Algunos logros médicos que condujeron al transhumanismo

El transhumanismo es una ideología cultural y científica, de reciente aparición; que se originó del deseo genuino de la humanidad, por ir más allá de su propia naturaleza. Este deseo y curiosidad ha sido el resultado de la misma evolución natural; que nos dotó de las capacidades para emprender nuevos caminos evolutivos a los que habían existido previamente. Recientemente, el conocimiento, la ciencia y la tecnología lograron el suficiente desarrollo para satisfacer esos deseos.

Algunos de los logros médicos más importantes que cimentaron el transhumanismo son:

1. Implantes

Un implante es un dispositivo médico u odontológico, **no biológico**, creado para reemplazar, ayudar o mejorar alguna estructura biológica faltante. La superficie de los implantes que llegan a tener algún tipo de contacto con el cuerpo pueden estar hechos de biomateriales, como: titanio, silicona, o apatito dependiendo de qué sea más funcional. En algunos casos los implantes poseen **materiales electrónicos**, como por ejemplo un marcapasos y un implante coclear. Unos implantes son **bioactivos**, tales como los dispositivos de administración de fármacos subcutáneos en forma de pastillas implantables o un Estent. Idealmente, el implante no debería causar ninguna reacción no deseada de los tejidos vecinos o distantes.

En **odontología**, históricamente se ha dado gran valor a tener un conjunto completo de dientes, por razones funcionales y estéticas. Esto ha impulsado a gente por todo el mundo en diversas eras del tiempo para **reemplazar los dientes faltantes**, llevando a la invención y al uso de **implantes dentales**. Ya en 2000 a.C., las versiones tempranas de implantes dentales fueron utilizadas en la civilización de China antigua. Las espigas de bambú talladas fueron utilizadas originalmente para reemplazar los dientes faltantes en este tiempo. El primer registró de un diente hecho de metal, aparentemente provino de una carrocería, para un rey egipcio que vivió aproximadamente 1000 a.C.

Era relativamente común en la historia antigua, que los dientes faltantes fueran reemplazados por los dientes de animales o de otras personas. Hoy, un implante originario de otro ser humano sería clasificado como **implante homoplástico**, mientras que un implante originario de un animal sería clasificado como implante **heteroplástico**. Este riesgo de infección y de rechazo del implante es más alto para los implantes dentales que vienen de otra persona o animal. También se usaban otros materiales como gemas raras tales como jade.

En el siglo XVIII, algunos investigadores comenzaron a experimentar con el oro y las aleaciones para hacer los implantes dentales. Sin embargo, éstos no demostraron ser muy acertados. En 1886, un doctor montó una corona de porcelana en un disco de platino, que también no rindió resultados positivos a largo plazo. Para que el implante sea acertado, el diente de repuesto y el hueso necesitan fundirse, con un proceso conocido como **osteo integración**. En 1952, un cirujano ortopédico tropezó a través de las propiedades determinadas necesarias para la fusión acertada. Luego de fusionar un cilindro de titanio con el hueso fémur de un conejo, él presumió que esta fusión se podría utilizar en otros campos tales como el de implantes dentales. El primer implante dental de titanium fue colocado en un voluntario humano en 1965 por el cirujano ortopédico Branemark. El éxito del primer implante dental llevó rápidamente a la mejoría importante en las técnicas usadas para el repuesto del diente. En este momento, los implantes dentales se consideran ser la solución más avanzada para los dientes faltantes con un índice de éxito a largo plazo del hasta 97% en algunas prácticas dentales.

En **medicina**, desde la antigüedad hasta la época actual, las **ortesis y prótesis** han sido instrumentos que han contribuido y beneficiado a gran parte de la población, que por alguna razón se ha visto en la necesidad de **suplir alguno de sus miembros**, o que simplemente ha necesitado la ayuda de alguna herramienta para corregir, estabilizar o proteger alguna parte de su cuerpo. Una prótesis es una **extensión artificial** que reemplaza o provee una parte del cuerpo que falta por diversas razones. Un hecho relevante, que generó la necesidad protésica, fueron las amputaciones.

Ha habido muchos perfeccionamientos desde las primeras **patas de palo** y los primeros ganchos de mano, y el resultado ha sido la fijación y el moldeado altamente personalizados que se encuentran en los dispositivos actuales. No obstante, para poder apreciar todo el camino que se ha recorrido en el campo de la protésica, primero debemos remontarnos a los antiguos egipcios.

Existen algunas evidencias que muestran que ya desde unos 40 o 45,000 años a. C., es decir desde el neolítico, se efectuaban **amputaciones**. Durante mucho tiempo el término amputación fue sinónimo de la pérdida de cualquier segmento corporal, pero en la actualidad sólo se relaciona con la eliminación de una extremidad, ya sea en forma segmentaria o completa. A las orillas de los ríos Tigris y Éufrates surgieron algunos elementos que muestran que en esos sitios se efectuaban amputaciones hace unos 5,000 años, algunas de ellas de tipo punitivo. En la cultura egipcia, los prisioneros de guerra eran amputados delante del faraón, aunque las amputaciones no eran sólo de manos, sino podían ser de nariz y órganos genitales. En la India la amputación de la nariz era el castigo para los maridos infieles y esta situación dio lugar al desarrollo de técnicas de cirugía reconstructiva y **prótesis estéticas de nariz**. Se han encontrado evidencias de amputación de una extremidad y colocación de la prótesis correspondiente en algunas momias, pero ello pudiera ser parte del arte del embalsamador.

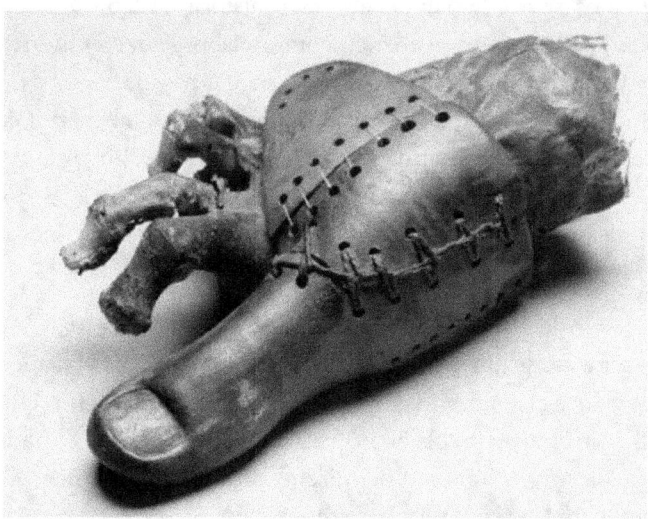

Los **egipcios** fueron los primeros pioneros de la **tecnología protésica**. Elaboraban sus extremidades protésicas rudimentarias con fibras, y se cree que las utilizaban por la sensación de "**completitud**" antes que por la función en sí. Sin embargo, recientemente, los científicos descubrieron en una momia egipcia lo que se cree que fue el primer dedo del pie protésico, que parece haber sido funcional.

En 1858, se desenterró en Capua, Italia, una pierna artificial que data de aproximadamente 300 a. C. Estaba elaborada con hierro y bronce, y tenía un núcleo de madera; aparentemente, pertenecía a un amputado por debajo de la rodilla. En 424 a. C., Heródoto escribió sobre un vidente persa condenado a muerte que escapó luego de amputarse su propio pie y reemplazarlo con una plantilla protésica de madera para caminar 30 millas (48.28 km) hasta el próximo pueblo.

El erudito romano Plinio el Viejo (23-79 d. C.) escribió sobre un general romano de la Segunda Guerra Púnica (218-210 a. C.) a quien le amputaron el brazo derecho. Se le colocó una mano de hierro para que sostuviera el escudo y pudo volver al campo de batalla.

En la Alta Edad Media hubo pocos avances en el campo de la protésica. El Renacimiento fue el surgimiento de nuevas perspectivas para el arte, la filosofía, la ciencia y la medicina. Retomando los descubrimientos médicos relacionados con la protésica de los griegos y los romanos, se produjo un renacer en la historia de la protésica. Durante este período, las prótesis generalmente se elaboraban con **hierro, acero, cobre y madera**. En 1508, se elaboró un par de manos de hierro tecnológicamente avanzadas para el mercenario alemán Gotz von Berlichingen después de que perdió su brazo derecho en la batalla de Landshut. Era posible manejar las manos fijándolas con la mano natural y moverlas soltando una serie de mecanismos de liberación y resortes, mientras se suspendían con correas de cuero.

Alrededor de 1512, un cirujano italiano que viajaba por Asia registró observaciones de un amputado bilateral de extremidad superior que podía quitarse el sombrero, abrir su cartera y firmar. Muchos consideran al barbero y cirujano del Ejército Francés Ambroise Paré el **padre de la cirugía de amputación** y del diseño protésico modernos. Introdujo modernos procedimientos de amputación (1529) en la comunidad médica y elaboró prótesis (1536) para amputados de extremidades superior e inferior. Además, inventó un dispositivo por encima de la rodilla, que consistía en una pata de palo que podía flexionarse en la rodilla y una prótesis de pie con una posición fija, un arnés ajustable, control de bloqueo de rodilla y otras **características de ingeniería** que se utilizan en los dispositivos actuales. Su trabajo demostraba, por primera vez, que se había comprendido verdaderamente cómo debería funcionar una prótesis. Un colega de Paré, el cerrajero francés Lorrain, hizo una de las contribuciones más importantes en este campo cuando utilizó **cuero, papel y pegamento** en lugar de hierro pesado para elaborar una prótesis.

En 1696, Pieter Verduyn desarrolló la primera prótesis por debajo de la rodilla sin mecanismo de bloqueo, lo que más tarde sentaría las bases de los actuales dispositivos de articulación y corsé. En 1800, el londinense James Potts diseñó una prótesis elaborada con una pierna de madera con encaje, una articulación de rodilla de acero y un pie articulado controlado por tendones de cuerda de tripa de gato desde la rodilla hasta el tobillo. Se hizo famosa como la "Pierna de Anglesey" por el marqués de Anglesey, que perdió su pierna en la batalla de Waterloo y fue quien utilizó esta pierna. Más tarde, en 1839, William Selpho trajo la pierna a los EEUU, donde se la conoció como la "Pierna Selpho".

En 1843, Sir James Syme descubrió un nuevo método de amputación de tobillo que no implicaba una amputación a la altura del muslo. Esto fue bien recibido dentro de la comunidad de amputados porque representaba una posibilidad de volver a caminar con una prótesis de pie en lugar de con una prótesis de pierna.

En 1846, Benjamin Palmer no encontró razón para que los amputados de pierna tuvieran espacios desagradables entre los diversos componentes y mejoró la pierna Selpho al agregarle un resorte anterior, un aspecto suave y tendones escondidos para simular un movimiento natural. Douglas Bly inventó y patentó la pierna anatómica Doctor Bly en 1858, a la que se refería como "el invento más completo y exitoso desarrollado alguna vez en el área de las extremidades artificiales". En 1863, Dubois Parmlee inventó una prótesis avanzada con un encaje de succión, una rodilla policéntrica y un pie multiarticulado. Más tarde, en

1868, Gustav Hermann sugirió el uso de **aluminio** en lugar de acero para que las extremidades artificiales fueran más livianas y funcionales. Sin embargo, el dispositivo más liviano tendría que esperar hasta 1912, cuando Marcel Desoutter, un famoso aviador inglés, perdió su pierna en un accidente de avión y elaboró la primera prótesis de aluminio con la ayuda de su hermano Charles, que era ingeniero.

A medida que se desarrollaba la Guerra Civil Estadounidense, la cantidad de amputados incrementaba en forma astronómica, lo que obligó a los estadounidenses a ingresar en el campo de la protésica. James Hanger, uno de los primeros amputados de la Guerra Civil, desarrolló lo que más tarde patentó como la "Extremidad Hanger", elaborada con duelas de barril cortadas. Personas como Hanger, Selpho, Palmer y A.A. Marks ayudaron a transformar y hacer progresar el campo de la protésica con los perfeccionamientos que impusieron en los mecanismos y materiales de los dispositivos de la época.

A diferencia de la Guerra Civil, la Primera Guerra Mundial no fomentó mucho el avance en este campo. A pesar de la falta de avances tecnológicos, el Cirujano General del Ejército en ese momento comprendió la importancia del debate sobre tecnología y desarrollo de prótesis; con el tiempo, esto dio lugar a la creación de la Asociación Estadounidense de Orto prótesis (AOPA, por sus siglas en inglés). Después de la Segunda Guerra Mundial, los veteranos estaban insatisfechos por la falta de tecnología en sus dispositivos y exigían mejoras. El gobierno de los EE UU cerró un trato con compañías militares para que mejoraran la función protésica en lugar de la de las armas. Este acuerdo allanó el camino para el desarrollo y la producción de las prótesis modernas. Los dispositivos actuales son mucho más livianos, se elaboran con plástico, aluminio y materiales compuestos para proporcionar a los amputados dispositivos más funcionales.

Además de ser dispositivos más livianos y estar hechos a la medida del paciente, el advenimiento de los **microprocesadores, los chips informáticos y la robótica** en los dispositivos actuales permitieron que los amputados recuperen el estilo de vida al que estaban acostumbrados, en lugar de simplemente proporcionarles una funcionalidad básica o un aspecto más agradable. Las prótesis son más reales con fundas de silicona y pueden imitar la función de una extremidad natural hoy más que nunca.

Un ejemplo de la tecnología protésica reciente es la pierna biónica con sensores que envía señales al sistema nervioso para que el paciente la 'sienta' como propia. El objetivo fundamental de la neuroingeniería es conseguir fusionar cuerpo y máquina y que el organismo llegue a interpretar que la prótesis implantada forma parte realmente de él. Investigadores del Instituto Suizo de Tecnología ETH, dirigidos por Stanisa Raspopovic, profesora del Departamento de Ciencias de la Salud y Tecnología, han desarrollado un sistema de sensores que se conectan con el sistema nervioso. La nueva pierna biónica está equipada con siete sensores a lo largo de la planta del pie y un codificador en la rodilla que detecta el ángulo de flexión. Estos sensores generan información sobre el tacto y el movimiento de la prótesis que, gracias a un algoritmo inteligente, se transforman en señales biológicas que se envían al cerebro a través de electrodos intraneuronales implantados quirúrgicamente.

"Para conseguir 'engañar' o hackear al cerebro de una persona que haya sufrido una amputación, restauramos artificialmente la retroalimentación sensorial perdida", explica la profesora de ETH Stanisa Raspopovic. Todos los estudios han demostrado que la retroalimentación alivia la carga mental de llevar una prótesis, reduce el dolor y la llamada "fatiga el miembro fantasma". El paciente puede así adaptarse mejor a su nueva extremidad e incluso, aseguran desde el ETH, caminar hacia atrás a mayor velocidad y con más seguridad. Como es tipo de prótesis se están desarrollando números modelos con múltiples funcionalidades.

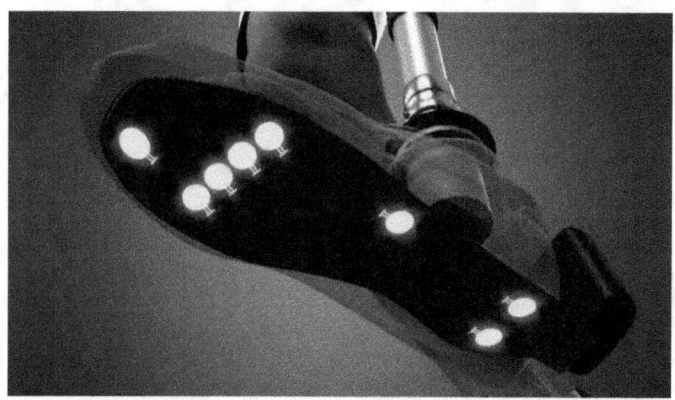

La **osteosíntesis** es otro tipo de implante, usado en el tratamiento quirúrgico de fracturas, en el que éstas son reducidas y fijadas en forma estable. Para ello se utiliza la implantación de diferentes dispositivos tales como **placas, clavos, tornillos, alambre, agujas y pines, entre otros**. Inicialmente estos implantes estaban fabricados de acero de grado médico, pero al ir evolucionando se han sumado otros materiales más **biocompatibles** como aleaciones de titanio y polímeros bioabsorbibles como el PLLA (polímero de ácido poliláctico).

La osteosíntesis de hoy considera además de la reducción y fijación estable de la fractura, las variables biomecánicas y la importancia fisiológica de los tejidos blandos (aquellos no óseos que se relacionan con el esqueleto). Para ello se han desarrollado técnicas de osteosíntesis mínimamente invasivas, permitiendo una recuperación precoz de los pacientes. Estos procedimientos son realizados por ortopedistas, cirujanos plásticos y maxilofaciales y neurocirujanos.

La osteosíntesis comenzó a ser utilizada por Albin Lambotte, en Bélgica, a finales del siglo XIX. Este pionero de la ortopedia fue el primero en acuñar el término "osteosíntesis" en su libro L´intervention operatoire dans les fractures recentes et anciennes, donde, además de describir con detalle sus intervenciones quirúrgicas, aseveró que la osteosíntesis era vital para estabilizar con precisión la fractura y tener una mejor evolución en su tratamiento.

El implante coclear es un **implante activo**, de alta tecnología y precisión, encaminado a restablecer la audición de aquellas personas que padezcan una sordera. El implante coclear es un transductor que transforma las señales acústicas en señales eléctricas que estimulan el nervio auditivo. El dispositivo se compone de dos partes: una interna, que se coloca dentro del cráneo del paciente, y una externa, ubicada fuera de él.

- **Externas:** un micrófono que recoge los sonidos, que pasan al procesador, el cual selecciona y codifica los sonidos más útiles para la comprensión del Lenguaje. El transmisor envía los sonidos codificados al Receptor.

- **Internas:** un receptor-estimulador se implanta en el hueso mastoides, detrás del pabellón auricular y envía las señales eléctricas a los electrodos; que se introducen en el interior de la cóclea (oído interno) y estimulan las células nerviosas que aún funcionan. Estos estímulos pasan a través del nervio auditivo al cerebro, que los reconoce como sonidos y se tiene -entonces- la sensación de "oír".

Los **órganos artificiales** son trasplantes de tejidos, son una manera de restaurar la función de un órgano mediante la sustitución del órgano dañado por uno nuevo, al igual que estos son organismos vivos con un objetivo final de la **biología sintética**, la cual son fabricados para los humanos mediante impresoras 3D y el área que dirige todo este tipo de objetivos se llama **ingeniería de tejidos**.

La creación de órganos artificiales es otra técnica cultivada durante años, no obstante, no se ha llegado a una total eficacia, ya que estos órganos no son totalmente implantables y permanentes. Los Órganos Artificiales más comunes son: corazón, intestino, pulmón, hueso, oreja, córnea, etc.

El primer **corazón artificial** fue implantado a un perro en 1937. En 1940 se inició la ingeniería biomecánica para humanos, que permitiría crear un corazón mecánico que pudiera remplazar las funciones de un corazón natural. El primer corazón humano se implanto en 1967 en un paciente surafricano. En 1982 se implantó el corazón artificial Jarvik 7 en un dentista llamado Barney Clark. Sobrevivió durante 112 días con él, pero sufrió efectos secundarios graves y murió a causa de complicaciones. El corazón artificial Jarvik7 diseñado por el Dr. Roberto Jarvik, tiene una **base de aluminio, con cuatro válvulas mecánicas, dos ventrículos flexibles de poliuretano** y dos pequeños tubos desde el fondo del ventrículo hasta la pared del pecho del paciente. En el 2013, se implanto un prototipo que utiliza **sensores electrónicos** integrados y se hizo a partir de tejidos animales químicamente tratados, llamados "biomateriales", o una "**seudo-piel**" de biosíntesis, materiales microporosos.

El diseño del **corazón artificial suave** comenzó en el Zurich Heart Project, se llevó a cabo en una impresora 3-D, elaborado en silicón y pesa 390 gramos. Aunque carece de aurículas, las cámaras superiores del órgano humano, el corazón tiene un ventrículo derecho y un ventrículo izquierdo, que están separados por una cámara adicional en lugar de un septo que se encuentra en un corazón humano. El aire presurizado infla y desinfla esta cámara central, reemplazando la contracción muscular del corazón humano, y así es como el corazón artificial es capaz de bombear fluido con viscosidad comparable a la sangre humana.

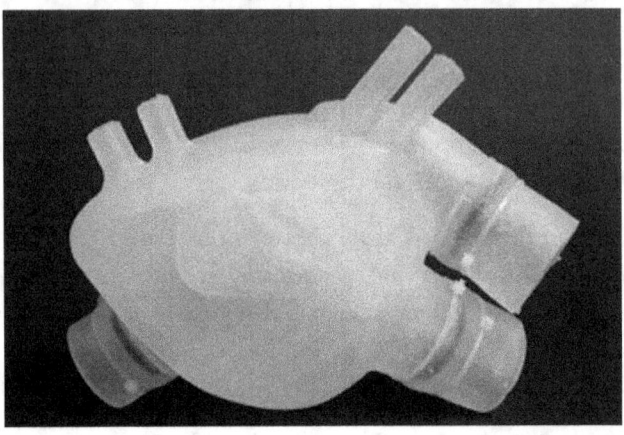

En noviembre de 1952, Paul M. Zoll anunció que había revivido a un sujeto víctima de paro cardíaco, por medio de un **marcapaso externo**. En su descripción Zoll señaló que, por medio del marcapaso, se pudo controlar en forma continua el latido cardíaco durante 52 horas. El primer marcapaso totalmente implantable, con baterías incluidas se realizó en 1960.

En 2011, por ejemplo, se publicó en la revista Lancet el avance conseguido por investigadores del Instituto Karolinska de Suecia. En su artículo, confirmaban la fabricación de una **tráquea artificial** que había sido implantada en un hombre que padecía un cáncer incurable. En su caso, el tumor estaba aislado, de forma que la retirada de la zona de la tráquea afectada y su sustitución por uno de estos órganos artificiales para trasplantes, supuso el mejor tratamiento posible para este individuo. A partir de la médula ósea del paciente, **se cultivaron y diferenciaron con factores de crecimiento** y se reconstruyó con ellas la parte extirpada al paciente, que era la zona de la tráquea donde se presentaba el tumor.

Un tipo de prótesis, surgió en 1962, para convertirse en una de las cirugías estéticas más populares del mundo fue la mamoplastia de aumento. Han pasado 60 años desde la primera cirugía de aumento de busto utilizando **implantes de silicona**. La primera mujer con cirugía de aumento de senos fue Timmie Jean Lindsey, una madre de seis niños. Ella se encontraba en el hospital para remover un tatuaje de uno de sus pechos, cuando los doctores le preguntaron si quería ser voluntaria para la primera operación de esta naturaleza y ella acepto. Los hematomas fueron uno de los primeros inconvenientes. También se produjeron infecciones y "contracciones fibrosas capsulares", cuando se forma una cicatriz y el implante se endurece. No solo es utilizado por mujeres que quieren verse con más busto sino también por pacientes que han pasado por una mastectomía debido a un cáncer de mama.

Estos dispositivos son materiales destinados a estar en contacto con el organismo sin generar ninguna respuesta adversa, con el fin de reemplazar, sustituir, y mejorar alguna parte o función del cuerpo humano. El mundo de los **biomateriales** es amplio. Existen diferentes y cada uno tiene una función en particular. Podemos encontrar biomateriales **cerámicos, poliméricos y metálicos**. Dentro de la gran diversidad de biomateriales, todos deben tener una característica en común: la **biocompatibilidad**. Esta característica asegura que no producirá reacciones adversas en el organismo ni provocará efectos secundarios luego de la implantación, o al contacto con el cuerpo.

Dentro de la gran variedad de biomateriales, los implantes metálicos representan una gran parte de este extenso mundo. Podemos encontrar diferentes tipos destinados a actuar como reemplazo o como dispositivos de sujeción para diferentes partes del cuerpo: implantes como prótesis de cadera, tornillos para hueso, placas de osteosíntesis, implantes de codo, implantes de rodilla, entre otros.

Con el objetivo de mejorar las propiedades de compatibilidad de las superficies de los implantes metálicos, se han desarrollado varios tratamientos. Dentro de ellos, encontramos modificaciones superficiales que permiten obtener mejor respuesta por parte del tejido y un mejor desempeño por parte del implante. Algunos de estos tratamientos se conocen como **acid etching**, anodizado y blastinado. Si bien hoy en día existen varios tratamientos para mejorar las propiedades de compatibilidad de los implantes con el tejido, la búsqueda por **obtener una superficie óptima** sigue en evolución.

La creación de **nuevos organismos vivos** es el objetivo final de la **biología sintética**, que apareció a principios del siglo. Durante estos años, hemos visto a científicos hackear genéticamente bacterias para que degraden polímeros de plástico o incluso fabricar riñones humanos mediante las impresoras 3D. Los avances de cada una de estas disciplinas, biología sintética e ingeniería de tejidos, han sido notorios. Entre ellos destaca la creación de los llamados organs-on-a-chip, dispositivos que recrean a microescala las funciones de un órgano real y permiten su estudio. También despunta la creación de **organoides en cultivos 3D**, que llevan a cabo procesos de desarrollo generando una estructura similar a los órganos naturales, teniendo la autoorganización un papel crítico.

2. Trasplantes

Un trasplante consiste en trasladar un órgano, tejido o un conjunto de células de una persona (donante) a otra (receptor), o bien de una parte del cuerpo a otra en un mismo paciente. Existen muchas razones por las cuales un paciente deba someterse a un trasplante; sin embargo, una de las razones más comunes es tratar de **reemplazar** algún órgano o tejido enfermo o lesionado y sustituirlo por uno sano. La lista de órganos y tejidos trasplantables incluye: pulmón, corazón, riñón, hígado, páncreas, intestino, estómago, piel, córnea, médula ósea, sangre, hueso, entre otros, siendo el riñón el órgano más comúnmente trasplantado a nivel mundial.

Joseph F. Murray (1919-2012) ganó el premio Nobel de medicina en 1990 y conceptuó que la cirugía tenía 4 propósitos: **Remover** los órganos o tejidos dañados o alterados, **reparar** la morfología o funcionalidad del cuerpo; por ejemplo, con implantes valvulares del corazón, protesis auditivas o implantes cocleares. **Reemplazar** órganos y tejidos como sucede con los trasplantes de órganos y ahora el trasplante de genes (terapia génica) y por ultimo **regenerar**; que dio origen a la medicina regenerativa, en donde por ejemplo a partir de "células madre" embrionarias se regenera tejidos dañados.

Como en el caso de los implantes antes de realizar cualquier procedimiento se debe tener en cuenta la "compatibilidad" que exista entre el donante y el receptor. De no ser así, el sistema inmunológico del receptor reaccionará de manera negativa al trasplante y lo rechazará poniendo en riesgo el procedimiento y la vida del paciente.

El deseo del ser humano de mejorar su salud o su aspecto físico y mental parece consustancial a su naturaleza. Civilizaciones tan antiguas como la persa, la griega, la egipcia muestran en su arte diferentes manifestaciones de una visión idealizada del cuerpo humano, **utilizando partes de animales**, lo que les otorgaría propiedades al alcance solo de los dioses. Por tanto, el "**xenotrasplante**" se encuentra en el imaginario del hombre desde hace muchos siglos.

Un primitivo concepto de trasplante aparece en muchas culturas antiguas a través de formas quiméricas de héroes, reyes y dioses ideadas con el fin de resaltar las virtudes de estos seres. Probablemente el más antiguo y famoso ejemplo lo constituya Ganesha, dios hindú de la sabiduría y vencedor de todos los obstáculos: un dios surgido de un niño Kumar, a quien el rey Shiva trasplantó una **cabeza de elefante**. Esta cabeza de elefante trasplantada explicaba su sabiduría y fortaleza.

Con el paso de los siglos, el pensamiento cristiano recoge estos mitos y los transforma, a través de los milagros. De los ejemplos posibles, hay que destacar el "milagro de San Cosme y San Damián" profusamente recogido en el arte sacro y que muestra el momento en que estos dos médicos de la época romana sustituyen la pierna enferma de Justiniano, por la pierna sana de un esclavo. Sin duda, se trata del primer **aloinjerto** de la Historia, ocurrido sólo en el imaginario de las personas.

Durante la Edad Media poco más se puede decir del desarrollo científico de los trasplantes. En el área de la cirugía se producen avances y en 1597 Gaspar de Tagliacocci publica un tratado quirúrgico, que recoge la técnica del autotrasplante nasal que aún se realiza en la actualidad.

El primer paso importante para el desarrollo científico de los trasplantes tiene lugar en los inicios del Siglo XX y se relaciona con el descubrimiento de la sutura vascular por parte de un investigador francés, Alexis Carrel. Por tanto, el origen de los trasplantes de órganos está muy ligado al desarrollo de la cirugía vascular. Con este avance, entre los años 1900 y 1915 se realizan los primeros trasplantes en animales. El animal elegido fue el perro y el órgano, el riñón.

En 1906, Mathieu Jaboulay publica el primer trasplante realizado en un ser humano. Se trata de un injerto renal de un cerdo, implantado en el codo izquierdo de una mujer de 50 años, en situación de insuficiencia renal terminal. El fracaso del intento, en relación con la incompatibilidad entre especies, no desanimó a los investigadores y, de esta manera, en 1910 Unger, profesor de cirugía en Berlín, comunicó haber realizado más de 100 trasplantes de riñón de perros foxterrier a perros bóxer. Al mismo tiempo, Carrell realizó trasplantes experimentales de riñones, tiroides, paratiroides, corazón y ovario, siendo reconocido su trabajo con el premio Nobel de Medicina y Fisiología en 1912.

En las décadas siguientes, distintos investigadores rusos, franceses y estadounidenses realizan diferentes experimentos con animales y en 1933 se tiene noticia del primer trasplante de un riñón humano al hombre practicado en Ucrania por parte de Voronoy, realizado con el riñón de un donante grupo sanguíneo 0 en una receptora del grupo sanguíneo B. Tal **incompatibilidad** determinó el fracaso del intento y el fallecimiento de la receptora a las 48 horas.

Hume et al. (Boston, EEUU) publicaron en 1953 los resultados de sus primeros 9 casos de riñones trasplantados en el muslo. La escasa experiencia y la pobreza de resultados obligaban a buscar una técnica simple de implantación del injerto y trasplantectomía. A pesar de que no se administraron **fármacos inmunosupresores** (aparte de algunas dosis de ACTH y esteroides), varios de estos injertos fueron funcionantes algunas semanas. René Kuss puso a punto en 1951 la técnica del trasplante renal habitualmente empleada desde entonces: riñón situado en la fosa ilíaca por vía retroperitoneal con anastomosis a los vasos ilíacos y reconstrucción urinaria por anastomosis ureterovesical.

En el Hospital Necker de París tuvo lugar el 24 de diciembre de 1952 el primer trasplante de riñón entre emparentados: un joven carpintero de 16 años cayó desde un andamio y sufrió una rotura de su riñón derecho, que tuvo que ser extraído. Después de la intervención quedó anúrico y se descubrió que el riñón extraído era único. Seis días después se le trasplantó el riñón izquierdo de su madre. El riñón funcionó inmediatamente y la situación clínica y biológica del receptor mejoró rápidamente. Pero, a los 22 días del trasplante, la función del injerto fracasó por un episodio de rechazo y pocos días después el receptor falleció: no había posibilidades de diálisis y no se conocían tratamientos para solucionar el rechazo.

El primer trasplante renal con supervivencia a largo plazo tiene lugar en el Hospital Brigham de Boston en 1954 de la mano de Murray, Merril y Harrison. el donante y el receptor son dos gemelos homocigóticos, lo que garantizaba la ausencia de rechazo inmunológico. El trasplante se realizó mediante la técnica de Kuss.

En los años siguientes se realizan en Boston hasta siete trasplantes con similar relación entre donante y receptor, al tiempo que prosiguen las investigaciones en la utilización de fármacos que permitieran la utilización de órganos sin tanta semejanza inmunológica. En 1959 Calne demostró que la mercaptopurina prolongaba la supervivencia de los riñones trasplantados a perros y en este mismo año la empleó por vez primera en un trasplante renal humano. A partir del año 1960 se utilizó este fármaco en Boston, París y Londres. Los resultados del trasplante renal, aunque todavía pobres, empezaron a mejorar, especialmente cuando se combinó la **mercaptopurina y la irradiación corporal**: 2 injertos funcionaron más de un año. Los trabajos de Calne prosiguieron, demostrando que el imidazol derivado de la mercaptopurina, la azatioprina, era más activa.

Desde principios de los años cincuenta se sabía que los glucocorticoides disminuían la reacción de rechazo de la piel trasplantada en diversos modelos experimentales, pero fue Goodwin (del Departamento de Cirugía de la Universidad de California) quien en 1960 solucionó por vez primera un episodio de rechazo de riñón administrando altas dosis de **glucocorticoides**. Starzl et al, en 1963, recomiendan el empleo sistemático de azatioprina y glucocorticoides desde el momento del trasplante.

La experiencia obtenida en el trasplante renal ha posibilitado la expansión y el progreso en el trasplante de otros órganos. En 1963 Starzl realizó en Denver un primer intento de trasplante hepático en el hombre, pero no es hasta 1967 cuando tiene lugar el primer trasplante con supervivencia prolongada realizado en la Universidad de Colorado a una niña de un año y medio de edad. Los trabajos realizados por Starzl a partir de este momento, así como los de Calne y Williams permitieron que la mejoría de resultados fuera tal que lo que se consideraba un **tratamiento experimental, pasara a ser una alternativa terapéutica**.

En 1967 tiene lugar también el primer **trasplante cardíaco**; se realiza en Ciudad del Cabo (Suráfrica) por parte de Barnard en un receptor de 58 años, enfermo de una insuficiencia cardíaca terminal. El éxito del trasplante tiene una gran repercusión científica y mediática y, aunque la supervivencia del paciente fue de 18 días, este trasplante supuso el despegue definitivo de los programas de trasplante.

El primer intento de trasplante pulmonar en el hombre lo llevó a cabo Hardy de la Universidad de Misissipi en 1963; el paciente sobrevivió 18 días. Desde entonces hasta 1980 se realizaron unos 40 trasplantes pulmonares con una mortalidad del 100 % al año. A principios de 1980 Cooper, de la Universidad de Toronto, gracias a los avances técnicos alcanzados y a la posterior introducción de la ciclosporina inició un programa de trasplantes pulmonares, tanto uni como bipulmonares con mejores resultados.

Las primeras décadas de los trasplantes mostraron resultados desalentadores. A finales de los años sesenta el trasplante renal seguía siendo una intervención experimental de elevado riesgo: entre un 30 y un 40 % de los trasplantados con riñón de cadáver fallecían en el primer año, y la sepsis era la primera causa de muerte. El porcentaje de riñones funcionantes al año del trasplante era muy bajo. Similar situación se daba con el trasplante cardíaco y hepático. El descubrimiento de la ciclosporina como base de la inmunosupresión en 1980, la utilización de terapéuticas inmunosupresoras combinadas y el progreso en las técnicas quirúrgicas, fueron produciendo una mejora progresiva de los resultados y de la supervivencia de los pacientes trasplantados hasta la situación actual.

El **xenotrasplante o trasplante heterólogo**, es el trasplante de células, tejidos u órganos vivos de una especie a otra. Estas células, tejidos u órganos se denominan xenoinjertos o xenotrasplantes. Se contrasta con el alotrasplante (de otro individuo de la misma especie), singénicotrasplante o isotrasplante (injertos trasplantados entre dos individuos genéticamente idénticos de la misma especie) y autotrasplante (de una parte, del cuerpo a otra en la misma persona). Hasta la fecha, ningún ensayo de xenotrasplantes ha sido completamente exitoso debido a los muchos obstáculos que surgen de la respuesta del sistema inmunológico del receptor. Las "xenozoonosis" son una de las mayores amenazas de rechazo, ya que son infecciones xenogenéticas. La introducción de estos microorganismos es un gran problema que conduce a infecciones fatales y luego al rechazo de los órganos.

La ventaja que tendrían los xenotrasplantes es la de proveer una fuente animal fácilmente disponible (cerdo) y conseguir un suministro ilimitado de órganos «donantes». Éticamente, los cerdos representan una opción aceptable como fuente de órganos alternativa. No obstante, inmunológicamente es menos deseable que los primates no humanos (PNH), esto debido a la distancia genética entre los cerdos y los humanos. Para que los xenotrasplantes se conviertan en una realidad en la práctica clínica, se deben resolver las barreras inmunológicas, fisiológicas y el riesgo de xenozoonosis que estos poseen. Desde el punto de vista inmunológico, en los últimos 30 años se han realizado grandes avances en la producción de **cerdos transgénicos**, con lo que se ha logrado evitar el rechazo hiperagudo. Acerca de la xenozoonosis, la mayor atención ha sido dirigida al riesgo de transmisión de retrovirus endógenos porcinos; sin embargo, en la actualidad, se considera que el riesgo es muy bajo y que la transmisión inevitable no debería impedir el xenotrasplante clínico. En cuanto a las barreras fisiológicas, se han obtenido resultados alentadores y se espera que las barreras que aún faltan por corregir se solucionen por medio de las modificaciones genéticas.

3. Modificaciones

En este aparte incluyo una gran variedad de avances científicos y culturales, que han conducido a realizar cambios o modificaciones microscópicas, macroscópicas y hasta psíquicas; que como en el caso de la ingeniería molecular y la genética, se posicionan como herramientas fundamentales del transhumanismo.

Desde los primeros homo sapiens sobre la tierra fue costumbre la modificación de la presencia natural corporal. Muy probablemente la **pintura corporal** y el uso de **adornos**, fueron los primeros medios que el hombre puso en práctica con el fin de modificar o **cambiar su apariencia**. Posteriormente, fueron comunes las **alteraciones tegumentarias**: escarificaciones y tatuaje; la deformación de la cabeza y el limado e incrustación dentaria. Las causas de estas alteraciones históricamente han sido muy varias; religiosas, estéticas, rituales, sociales, simbólicas, etc. Además del tatuaje y los pírsines existen otros procedimientos que son asociados con la modificación del cuerpo, tales como escarificaciones, amputaciones, limado dental, implantes subdérmicos, transdérmicos, microdermales y extraoculares, castración, emasculación, infibulación, bifurcación de lengua, vendado de pies, estiramiento de cuello, deformación craneal artificial, corseting, entre muchos otros.

El **cuerpo** se puede concebir como un lienzo en blanco; que puede convertirse en una herramienta para comunicarse y expresarse; en donde todas las marcas y transformaciones que él mismo tiene, llevan consigo la identidad de cada individuo, dan cuenta de cada ser, de los hábitos y experiencias que hacen parte del mismo. Dado que, el cuerpo se encuentra también como una construcción social, puesto que, en este se reproducen aquellos valores culturales de determinados grupos sociales, este es dinámico y heterogéneo como lo es la cultura misma; la sociedad va creando **estereotipos** donde se clasifica a las personas dependiendo de su aspecto físico. Algunas personas modifican su cuerpo siguiendo estándares culturales y otras, se quieren diferenciar teniendo modificaciones en su cuerpo, para generar un sentimiento de desagrado e irritación o incluso de rechazo. Cada sociedad concibe unos cánones de belleza que nada tienen que ver con las de otras zonas del planeta, y que de contemplarlas pueden resultar chocantes o incluso desagradables.

Algunas modificaciones que aún persisten son:

1. Los dientes afilados. Muchos pueblos de África continúan afilando sus dientes, la costumbre más conocida y estudiada es la de Bali,

Indonesia, donde se cree que los dientes representan sentimientos como la ira, los celos y otras tantas emociones de connotaciones negativas. Antiguamente en Islas Mentawai, en Indonesia, los de la tribu tenían por costumbre mellar a las mujeres jóvenes para hacerlas más atractivas y satisfacer a los espíritus.

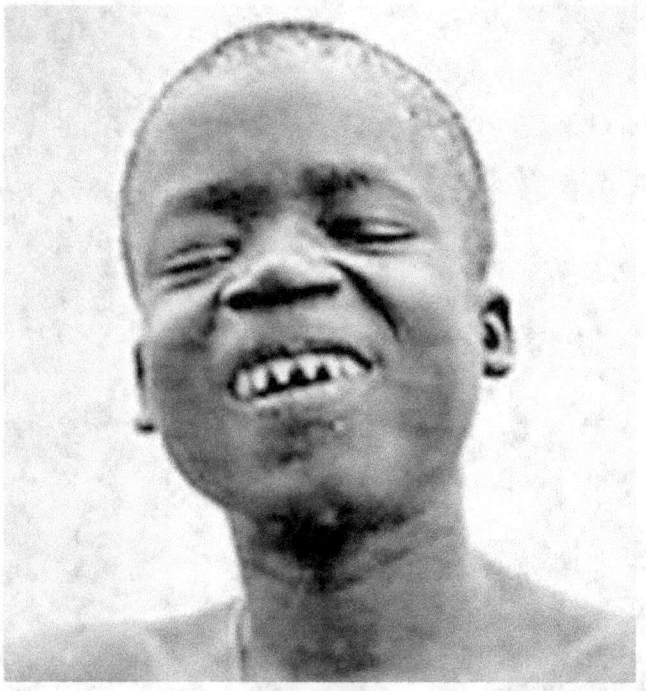

2. Dilatación de los lóbulos de las orejas en los Masai. A diferencia de otras culturas, para los Masai su práctica tiene un significado más profundo, no siendo exclusivamente estético como ocurre en occidente. La dilatación del lóbulo es una costumbre practicada durante ceremonias religiosas, y que además determina la edad, el sexo y la belleza de los miembros de la comunidad. Al igual que los Masai, la tribu Huorani del Amazonas realiza esta misma modificación corporal por razones religiosas y de belleza.

3. Perforaciones extremas en los rituales de Phuket. Aunque tradicionalmente eran usados cuchillos y agujas de gran tamaño, en los últimos años se han comenzado a utilizar todo tipo de objetos de metal, de madera y de plástico que para perforar u adornar la boca, orejas, nariz y muchas otras partes del cuerpo de los participantes. La idea es demostrar que no temen al dolor y por ello no sólo se perforan y atraviesan, sino que también se caminan sobre brasas ardientes o suben escaleras con peldaños repletos de hojas afiladas que provocan numerosos cortes. La celebración está fuertemente relacionada con las creencias religiosas de estos pueblos orientales, mientras que en occidente causa impacto y sensación a partes iguales.

4. Los tapones de la nariz de las Apatani. Las mujeres apatani, en la India, se insertaban grandes tapones en la nariz para parecer poco atractivas a los enemigos. En las islas Carolinas, las madres hacían masajes durante meses a los niños para que la nariz obtuviera una forma aquilina. También los persas, indios y antiguos hunos y kirguises deformarían lo huesos de la nariz para aplanarla o deformarla según sus tradiciones.

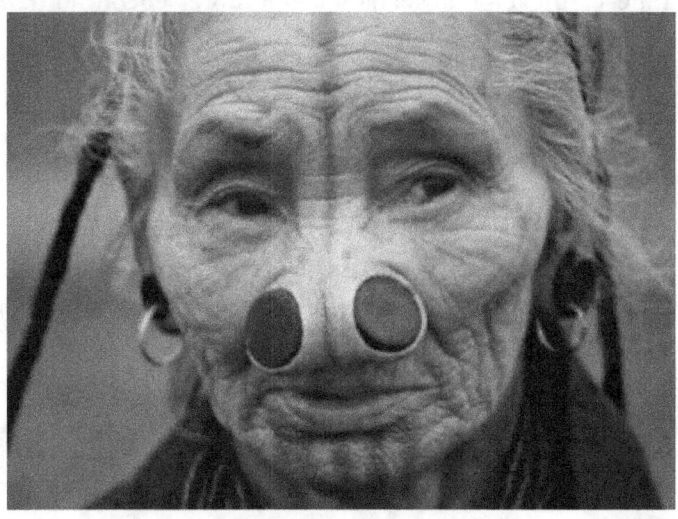

5. Las mujeres jirafa. Aunque no se sabe cómo ni el porqué de esta extraña tradición, hace siglos que los miembros de la tribu de los Padaung o Kayan comenzaron a colocar anillos alrededor del cuello de las niñas nacidas los miércoles de luna llena.

6. La escarificación africana y los hombres cocodrilo de Sepik. Es una técnica de modificación corporal que consiste en realizar cortes superficiales o profundos en la dermis, con la intención de que el proceso de cicatrización realice un dibujo o patrón concreto. Diversos son los grupos culturales de África, como los Gonjas, Nanumbas, Dagombas, Frafras y Mamprusis en los que las escarificaciones tienen un gran significado simbólico y religioso, tanto para los hombres como para las mujeres. Por ejemplo, la tribu Dinka tiene como costumbre marcar a sus integrantes para marcar su transición a la juventud. Aunque las marcas son diferentes para cada grupo, nadie puede mostrar dolor durante el procedimiento. Las marcas son percibidas como hermosas en las mujeres.

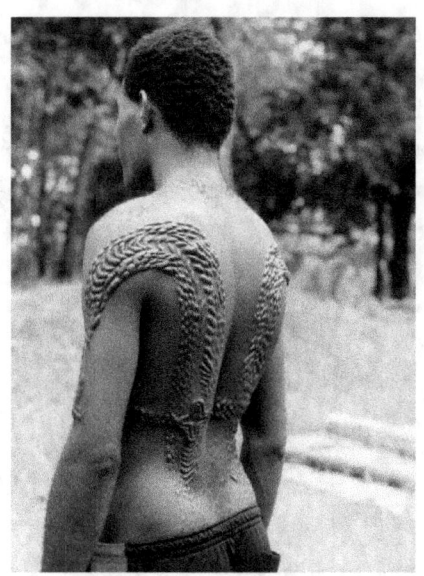

7. La elongación craneal. Esta práctica es bien antigua y extendida por los cinco continentes, en regiones como China, Líbano, Tahití, India, Egipto, Rusia, Japón, entre otros. La técnica aprovecha la elasticidad de los huesos de la cabeza hasta los dos años de edad, para mediante presión con vendajes, las fajas, masajes, o incluso el uso de objetos duros como moldes de madera, deformar el cráneo alargándolo en forma de cono.

8. La perforación labial. Para los Mursi, una tribu muy antigua de Etiopía, los platos en los labios son signo de elegancia y representan el orgullo de su tribu, no obstante, no son las únicas que han utilizado este tipo de modificación corporal muy extendida en el continente africano.

9. Modificaciones en la cultura occidental. No solo en las culturas ancestrales existe el interese por las modificaciones corporales, en occidente también son frecuentes y espectaculares. Eric Yeiner Hincapié Ramírez es el joven conocido en el mundo de las modificaciones corporales como 'Kalaca Skull'. El colombiano se ha hecho varias modificaciones corporales, pero las que más resaltan son sin duda la nariz mutilada, las orejas y los tatuajes en los ojos.

Dennis Avner, 'El hombre gato', fue un exmilitar estadounidense quien se tatuó casi todo su cuerpo incluyendo la cara para asemejarle lo máximo posible a un tigre. Avner se sometió a cirugías para cambiar la anotomía de su cara, modificó la línea de crecimiento del pelo y se afiló y aumentó el tamaño de los colmillos. María José Cristerna, la 'Mujer vampiro', obtuvo un Récord Guinness por ser la mujer con más modificaciones en el mundo. La mexicana tiene tatuajes en el 96 por ciento de su cuerpo, implantes y modificaciones en sus dientes.

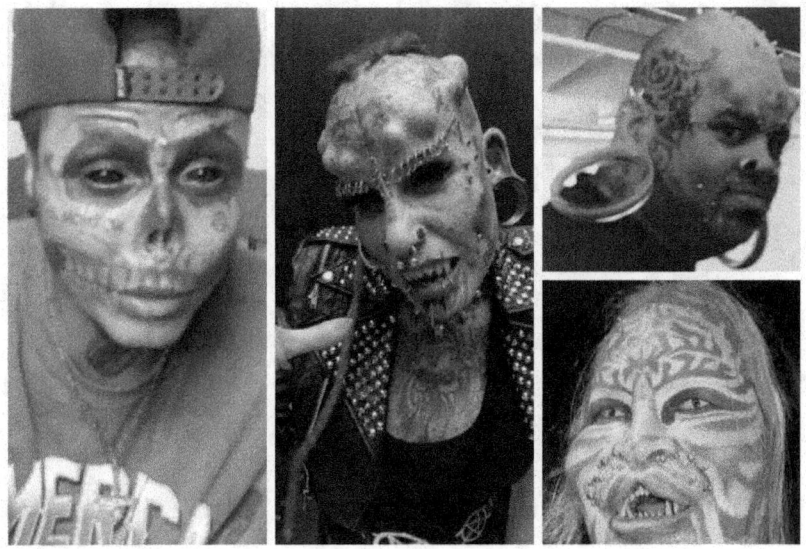

El 'Ken humano', Rodrigo Alves, se sometió a su cirugía número 60 el 5 de diciembre de 2017, con el objetivo de adelgazar la zona de su cintura para parecerse más al personaje. Para lograrlo, el brasileño se quitó costillas.

Las modificaciones a nivel **microscópico**, cada vez resultan más relevantes; que las notorias transformaciones corporales de las diferentes culturas. Tanto en las células vegetales como en los animales existen en el ADN los mismos componentes llamados bases (adenina, timina, guanina y citosina) que dan el llamado "código genético". La única diferencia es que esas bases no se encuentran en la misma proporción ni orden ya que varían en cada especie y en el tipo de gen que forman y a su vez en las proteínas que estos producen. La rata tiene 42 cromosomas, la mosca 8, el maíz 20, el hombre 46 y la papa 48. Como se ve, tener muchos o pocos cromosomas no significa nada lo que importa es el tipo de gen que tienen.

La **proteónica** o estudio de las moléculas de proteínas, señala que existen entre 250 mil a un millón de proteínas humanas formadas a partir de los genes con ayuda de diferentes aminoácidos, algunos producidos en las células y otros llegan con los alimentos. Las proteínas están formadas por "átomos de: nitrógeno, hidrógeno, carbono y oxígeno. Esto muestra en la escala más inferior la similitud de todos los seres vivos formados por simples átomos que se organizan en moléculas y forman posteriormente células, tejidos, órganos y seres.

Las "**mutaciones**" en los genes de los diferentes seres primitivos fueron la causa para que se lograran **especies superiores**, y entre ellas el ser humano, pero a la vez la causa de sus **enfermedades** ya que diferentes sustancias o cancerígenos cuando afectan genes sanos trastornan su función y pueden dar lugar a anomalías, enfermedades y cáncer. Hay entre 30 a 40 mil genes en los 46 cromosomas que poseemos, estos tienen genes para: la respiración, el crecimiento y la división, la digestión y la reparación celular y de los propios genes. Por otro lado, otros genes y sus proteínas reprimen o frenan la división o el crecimiento e incluso parece haber "genes maestros" encargados de formar el embrión posterior a la fecundación. Ahora sabemos que los genes trabajan coordinadamente y muchas veces en conjunto para producir un tejido o una función como la cerebral.

Una célula sana se reproduce un máximo de 50 veces y luego fallece. Eso nos muestra que en los seres hay un mecanismo de muerte celular llamado "**apoptosis**" similar a la eutanasia. Pero que, si sus genes son hackeados para que esos efectos no se produzcan, la célula puede

reproducirse indefinidamente y hacerse inmortal u ocasionar un cáncer.

Un simple cambio de un átomo en un gen por radicales libres del ambiente puede dar lugar a patología si la lesión no es reparada lo cual sucede miles de veces al día. En las enfermedades hereditarias se nace con lesión en un gen que si es un gen dominante se expresara en una enfermedad y si es recesivo requerirá del ambiente y de sustancias que lesión en el otro gen similar o alelo de su cromosoma antes de poderse expresar dando patología. Por supuesto las lesiones causadas por traumas y muertes violentas están fuera de la concepción genética ambiental de las enfermedades, ya que aquí priva sólo el ambiente y el azar.

Desde hace años conocemos los beneficios que en el campo legal nos proporciona la llamada "prueba del ADN", que consiste en obtener una gota de sangre o semen y analizar ahí la disposición del ADN comparándolo con otra muestra en el que se quiere confirmar, por ejemplo, la **paternidad de un hijo** o la participación en un homicidio o una violación.

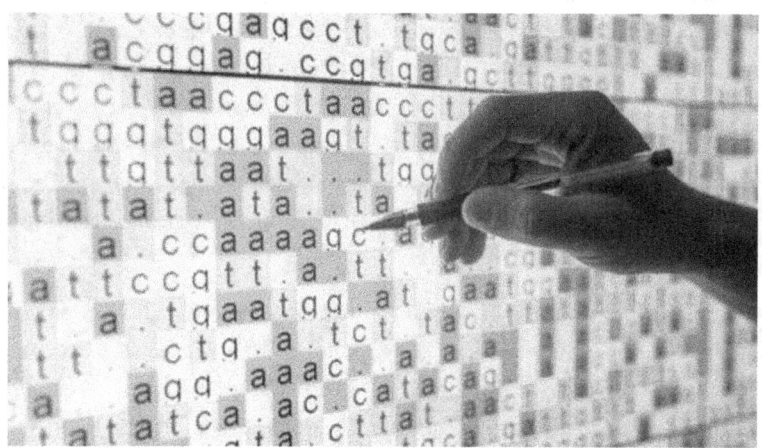

El proyecto del **"genoma humano"** iniciado hace varios años ha logrado identificar casi la totalidad de los 3.100 millones de bases o escalones del ADN. Ya se han logrado identificar varios miles de genes y tendrá que completarse esto para entonces identificar a su vez la o las proteínas que cada uno produce o contribuye a producir y cuál es su función.

Lo anterior tendrá implicaciones no solo para las ciencias médicas, sino incluso para las ciencias sociales, como la ética, el campo legal e incluso la economía y la religión. El siguiente avance es poder entender las interacciones que existen entre el genoma humano y el ambiente en cuanto a la conducta de las personas y la violencia irracional de algunos individuos. Les recuerdo que los caracteres de las personas son heredados de padres a hijos a través de sus cromosomas.

Los avances en biología sintética e ingeniería de tejidos, han sido notorios. Sin embargo, estos ejemplos se basan en imitar órganos o funciones que ya existen en la naturaleza. "No hay ninguna razón para limitarnos a fabricar órganos y tejidos tal y como existen en la naturaleza. Podríamos pensar en la **creación de nuevos órganos que mejoren las funciones de los órganos ya existentes**", proponen los autores de un estudio publicado en la revista Integrative Biology.

Esta **fisiología mejorada** podría incluir funciones completamente nuevas o incluso la capacidad de diagnosticar y curar enfermedades. Un ejemplo ya existente es la generación de **oídos biónicos** con una antena de bobina integrada ("órganos cyborg"). Pero existen ciertas restricciones que dificultan el progreso. Para los científicos, esto no significa que haya que limitar el diseño de estructuras celulares complejas, sino que es necesario establecer cuáles son los límites asociados a la organización de las estructuras biológicas y la **bioética** correspondiente.

Muchas de las nuevas estructuras y funciones biológicas se encuentran lejos del camino marcado por la evolución. "*Si nos liberásemos de los límites vinculados a los procesos embrionarios, entrarían en juego nuevas reglas quizás asequibles para* **la ingeniería biológica**", apuntan los investigadores, que han categorizado las estructuras conocidas en función de un conjunto de variables. Estas variables definen el morfoespacio en el que las estructuras se ordenan, mostrando aquellas regiones olvidadas por la evolución.

El equipo liderado por Ricard Solé ha definido este morfoespacio de órganos y organoides con el que contemplar el universo de todas las estructuras biológicas posibles. Los tres ejes que lo conforman son: la **complejidad de desarrollo**, la **complejidad cognitiva** y el **estado físico**.

Los grados de complejidad de desarrollo abarcan desde las **mezclas de células** que no se relacionan entre sí, hasta los órganos totalmente desarrollados, con células que interactúan entre ellas y llevan a cabo una misma función, como sería, por ejemplo, el hígado. Sistemas poco desarrollados serían los llamados quimiostatos, cultivos bacterianos utilizados comúnmente en la industria para la elaboración de sustancias determinadas, como algunos antibióticos.

En cuanto al grado de complejidad cognitiva, se define como la capacidad de los órganos para recibir información y procesarla. Así, el cerebro, con sus innumerables conexiones neuronales y su plasticidad, o el sistema inmune, con la capacidad de detectar tanto amenazas nuevas como las ya conocidas y responder ante todas ellas, suponen dos ejemplos del más alto grado de complejidad cognitiva.

El tercer eje del morfoespacio, el estado físico, toma como referencia las fases de la materia inorgánica y pretende describir la movilidad de los componentes de los órganos y organoides. Así se encuentra la gran mayoría de las estructuras biológicas en estado "sólido", con algunos notables contraejemplos como la sangre o el microbioma, caracterizados por una mayor movilidad de sus elementos.

Tomando estos tres ejes, el equipo de investigación ha realizado una instantánea del panorama actual de las estructuras biológicas posibles. Una de las características más interesantes del morfoespacio es la presencia de un espacio vacío que puede tener dos significados. El primero es que no sea posible la combinación propuesta en esa región. El segundo, mucho más alentador, es que se trata de diseños **inaccesibles para la evolución en condiciones naturales pero que sí podrían ser alcanzables mediante estrategias de ingeniería biológica**. En cualquier caso, el morfoespacio supone una herramienta muy útil para plantear las posibilidades de éxito que tendrían nuevos diseños biológicos.

Dentro de las modificaciones corporales, la **desfiguración**, mutilación y autolesión son prácticas aún más controvertidas. Ocasionalmente son consideradas como alteraciones extremas y de alto riesgo que van en contra de la dignidad humana. De ella se derivan otros procedimientos tales como la castración, amputación, perforación, ablación de clítoris, circuncisión y cirugías de reasignación de sexo por parte de personas transexuales con el fin de realizar un cambio de sexo. Otros utilizan la modificación del cuerpo y la automutilación indistintamente, como 'Kalaca Skull'. En muchos sentidos, la automutilación es muy diferente a la transformación. La infibulación, método que se utiliza para extirpar los genitales femeninos, es uno de los casos más polémicos y conocidos en el mundo. Este procedimiento está culturalmente arraigado en varios países de África y Asia, y es realizado por curanderos o personas mayores por medio de una cuchilla u otro instrumento de corte.

La **iglesia** de la Modificación Corporal, una secta que promueve la práctica de las modificaciones del cuerpo también ha suscitado controversias. Fundada a finales de la década de 1990 por el artista estadounidense Steve Haworth, pionero en la práctica de los implantes subdérmicos y transdérmicos, la iglesia afirma que estos procedimientos son necesarios para «fortalecer el vínculo entre la mente, el cuerpo y el alma» y como cualquier otra religión, los fieles y seguidores muestran su fe por medio de ayunos y oraciones, aunque practican varios rituales y procedimientos como caminatas sobre fuego, corsetería, las cirugías plásticas, las escarificaciones, tatuajes, pírsines, entre muchos otros.

Algunos logros de ingeniería que condujeron al transhumanismo

El transhumanismo no solo está surgiendo desde las ciencias médicas, también lo hace desde **las ingenierías** y ciencias similares. Sin proponérselo estas disciplinas científicas; medicina e ingenierías, se están acercando cada vez más y pronto llegaran a fusionarse en el contexto **homo hacking**, para alterar definitivamente el curso de la evolución natural del homo sapiens y conducirlo por caminos inaccesibles para la evolución en condiciones naturales, pero que sí alcanzables mediante la evolución artificial dirigida por algunos hackeadores de la evolución natural.

Desde las ingenierías podríamos destacar tres áreas fundamentales para el transhumanismo: La cibernética, la inteligencia artificial y la nanotecnología.

1. La cibernética

Es la ciencia que se ocupa de los sistemas de control y de comunicación en las personas y en las máquinas, estudiando y aprovechando todos sus aspectos y mecanismos comunes. El nacimiento de la cibernética se estableció en el año 1942. La unión de diferentes ciencias como la mecánica, electrónica, medicina, física, química y computación, han dado el surgimiento de una nueva doctrina llamada **biónica**, La cual busca imitar y curar enfermedades y deficiencias físicas. A todo esto, se une la **robótica**, la cual se encarga de crear mecanismos de control los cuales funcionen en forma automática. Todo esto ha conducido al surgimiento de los **cyborg**, organismos **biomecánicos** que buscan imitar la naturaleza humana.

Según el Profesor Dr. Stafford Beer, la cibernética estudia los flujos de información que rodean un sistema, y la forma en que esta información es usada por el sistema como un valor que le permite **controlarse a sí mismo**: ocurre tanto para sistemas animados como inanimados indiferentemente. La cibernética es una ciencia interdisciplinaria, estando tan ligada a la física como al estudio del cerebro como al estudio de los computadores, y teniendo también mucho que ver con los lenguajes formales de la ciencia.

Dentro del campo de la cibernética se incluyen las grandes máquinas calculadoras y toda clase de mecanismos o procesos de autocontrol semejantes y **las máquinas que imitan la vida**. Las perspectivas abiertas por la cibernética y la síntesis realizada en la comparación de algunos resultados por la biología y la electrónica, han dado vida a una nueva disciplina, la biónica. La **biónica** es la ciencia que estudia los: principios de la organización de los seres vivos para su aplicación a las necesidades técnicas. Una realización especialmente interesante de la biónica es la construcción de modelos de materia viva, particularmente de las moléculas proteicas y de los ácidos nucleicos.

La **robótica** es la técnica que aplica la informática al diseño y empleo de aparatos que, en substitución de personas, realizan operaciones o trabajos, por lo general en instalaciones industriales. Se emplea en tareas peligrosas o para tareas que requieren una manipulación rápida y exacta. En los últimos años, con los avances de la Inteligencia Artificial, se han desarrollado sistemas que desarrollan tareas que requieren decisiones y autoprogramación y se han incorporado sensores de visión y tacto artificial.

La vida en las regiones de otros planetas trastorna completamente la fisiología y, el cambio brusco que sobreviene durante el paso de la tierra a otro planeta, no permite al hombre sufrir el mecanismo de adaptación. Es, por tanto, indispensable crear un individuo parecido al homo sapiens, pero cuyo destino será aún más imprevisible, puesto que nacido en la tierra morirá en otro lugar. Nacido de la unión de la cibernética con la fisiología, se llamará "cyborg". Su constitución contendrá **glándulas electrónicas** y químicas, estimulados bio eléctricos, el todo incluido en un organismo cibernetizado... Sus padres, M. Clydes y N. Kline, abordan la ficción de una manera concreta, considerando que el hombre en el espacio, para protegerse de las radiaciones, temperaturas excesivas y aceleraciones importantes, deberán cargar una escafandra enorme, hermética y emplomada, que le obliga a maniobrar delicadas y peligrosas para realizar el menor acto fisiológico; con riesgo, por lo demás, de transformar la escafandra en féretro. También, para evitar los múltiples inconvenientes, se examinará la creación de este nuevo ser.

El individuo, fuera de la escafandra, es extremadamente vulnerable, hay que transformarlo para hacer de él un Cyborg. Colocado en una atmósfera cuya presión sea diez veces menor, el hombre vería su sangre bullir y sus pulmones estallar. Un convertidor químico injertado en el vientre y colocado en el sistema circulatorio, cuyo papel serio rebajar la temperatura, como un simple sistema refrigerador, y eventualmente participar en la oxigenación de la sangre, bastaría.

El sistema endocrino será reemplazado por estimulados electrónicos que controlen la cantidad de adrenalina en el caso de una estimulación suprarrenal o del azúcar sanguíneo (glucemia) en el caso de una estimulación hepática. Otro sistema endocrino artificial, un dispositivo de calentamiento automático, mantendría el cerebro en condiciones satisfactorias de funcionamiento; seria incluso prever un sistema de distribución de alimentos energéticos por medio de un mando electrónico.

Al ser muy larga la duración de los viajes interplanetarios, como también las estancias, y si es cierto que se debe ver un cyborg llegar a la tierra, en el caso más favorable en pueda producirse el acontecimiento, estaríamos frente a un nuevo individuo. Su envejecimiento no será comparable a la dulce madurez de un terrícola en la tierra, pero por su estructura particular, asistiríamos a la transformación profunda de todo su ser: una degeneración prácticamente completa de su sistema digestivo, pero en compensación, un cerebro más desarrollado, que ofrecería un psiquismo muy particular que tal vez no tendría nada de humano, en la visión de M. Clydes.

La cibernética puede ser considerada como una adquisición sumamente aprovechable para la evolución científica. Desde el estudio del comportamiento de la célula nerviosa, la neurona, hasta el del individuo en su conjunto, ofrece un inmenso campo de investigaciones, particularmente en la medicina.

Es probable que la biónica, antes de alcanzar la edad adulta, pasara por diferentes estados donde se imbricaran más o menos la biología y la electrónica. No nos sorprendería ver montajes que contuvieran órganos receptores provenientes del mundo animal, unidos entre sí mediante componentes electrónicos, viviendo los órganos bañados en una solución fisiológica. Así se realizan circuitos, entre diferentes módulos electrónicos y un determinado número de módulos biológicos.

Un ejemplo es la mano biónica colocada al danés Dennis Sørensen, que mediante diferentes sensores colocados en la prótesis envían datos sensoriales a los nervios del amputado. Consiguió reconocer la posición de diferentes objetos y manejarlos

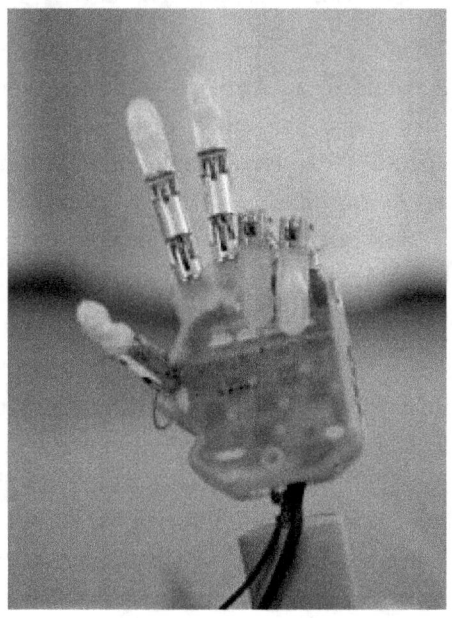

Actualmente se han llevado a cabo varios avances en el campo de la biónica como: musculos biónicos, nervios, nariz biónica, ojo biónico, oído biónico, estimulación biónica, etc. Todos estos avances en la Biónica han ayudado a la medicina a realizar grandes avances en la cura de enfermedades y deficiencias físicas.

Los robots son dispositivos compuestos de sensores que reciben datos de entrada y que pueden estar conectados a la computadora. Esta, al recibir la información de entrada, ordena al robot que efectúe una determinada acción. Puede ser que los propios robots dispongan de microprocesadores que reciben el input de los sensores y que estos microprocesadores ordenen al robot la ejecución de las acciones para las cuales está concebido. En este último caso, el propio robot es a su vez una computadora. Hoy por hoy, una de las finalidades de la construcción de robots es su intervención en los procesos de fabricación. Estos robots, que no tienen forma humana en absoluto, son los encargados de realizar trabajos repetitivos en las cadenas de proceso de fabricación, como, por ejemplo: pintar al spray, moldear a inyección, soldar carrocerías de automóvil, trasladar materiales, etc. En una fábrica sin robots, los trabajos antes mencionados los realizan técnicos especialistas en cadenas de producción. Con los robots, el técnico puede librarse de la rutina y el riesgo que sus labores comportan, con lo que la empresa gana en rapidez, calidad y precisión.

En 1960 se construyó un robot que podía mirar una torre de cubos y copiarla, pero la falta de sentido común lo llevó a hacer la torre desde arriba hacia abajo, soltando los bloques en el aire. Hoy, los intentos por construir máquinas inteligentes continúan... y prometen maravillas.

1961 Un robot Unímate se instaló en la Ford Motor Company para atender una máquina de fundición en troquel.

1974 ASEA introdujo el robot IRb6 de accionamiento completamente eléctrico. y Cincinnati Milacron introdujo el robot T3 con control por computadora.

Los robots con capacidades sensoriales constituyen la última generación de este tipo de máquinas. El uso de estos robots en los ambientes industriales es muy escaso debido a su elevado coste.

Paralelo al avance de los robots industriales fue el avance de las investigaciones de los llamados **androides**, que también se beneficiarán de los nuevos logros en el campo de los aparatos sensoriales. De todas formas, es posible que pasen decenas de años antes de que se vea un androide con mínima apariencia humana en cuanto a movimientos y comportamiento.

La cucaracha metálica se arrastra con gran destreza por la arena, como un verdadero insecto. A pesar de que Atila avanza a 2 km/h, tratando de no tropezar con las cosas, es «gramo por gramo el robot más complejo del mundo», según su creador, Rodney Brooks. En su estructura de 1,6 kg y 6 patas, lleva 24 motores, 10 computadores y 150 sensores, incluida una cámara de video en miniatura.

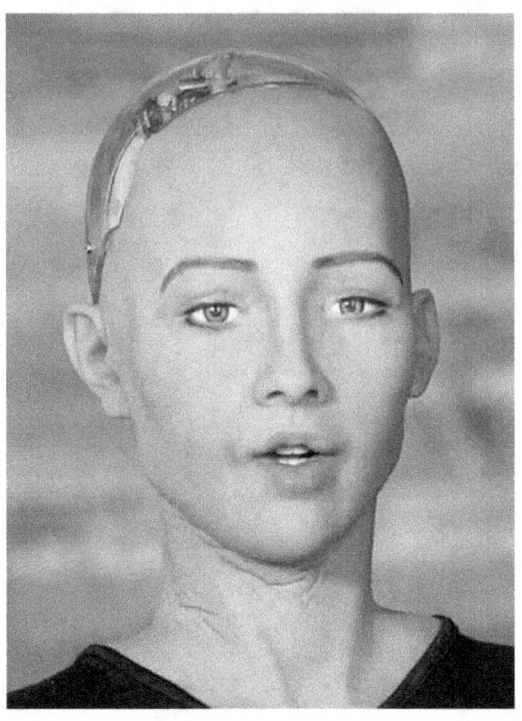

Los descendientes de Atila, que Brooks comienza a diseñar en el Laboratorio de IA del Massachusetts Institute of Technology (MIT), tendrán la forma de «robots mosquitos» mecanismos semiinteligentes de 1 mm de ancho tallados en un único pedazo de silicio -cerebro, motor y todo-, a un costo de centavos por unidad. Provistos de minúsculos escalpelos, podrán arrastrarse por el ojo o las arterias del corazón para realizar cirugía... Vivirán en las alfombras, sacando continuamente el polvo partícula a partícula. Infinidad de ellos cubrirán las casas en vez de capas de pintura, obedeciendo la orden de cambiar cada vez que se nos antoje un nuevo color.

Atila representa un quiebre con la rama tradicional de la IA, que por años buscó un sistema computacional que razone de una manera matemáticamente ordenada, paso a paso, «de arriba hacia abajo». Brooks incorporó la «arquitectura de subsunción» que utiliza un método de programación «de abajo hacia arriba» en el que la inteligencia surge por sí sola a través de la interacción de elementos independientes relativamente simples, tal como sucede en la naturaleza.

La experimentación en operaciones quirúrgicas con robots abre nuevos campos tan positivos como esperanzadores. La cirugía requiere de los médicos una habilidad, precisión y decisión muy cualificadas. La asistencia de ingenios puede complementar algunas de las condiciones que el trabajo exige. En operaciones delicadísimas, como las de cerebro, el robot puede aportar mayor fiabilidad. Últimamente, se ha logrado utilizar estas máquinas para realizar el cálculo de los ángulos de incisión de los instrumentos de corte y reconocimiento en operaciones cerebrales; así mismo, su operatividad se extiende a la dirección y el manejo del trepanador quirúrgico para penetrar el cráneo y de la aguja de biopsia para tomar muestras del cerebro. Estos instrumentos se utilizan para obtener muestras de tejidos de lo que se suponen tumores que presentan un difícil acceso, para lo que resulta esencial la intervención del robot.

Las seis leyes de la robótica propuestas por el parlamento europeo son:

- Los robots deberán contar con un interruptor de emergencia para evitar cualquier situación de peligro.
- No podrán hacer daño a los seres humanos. La robótica está expresamente concebida para ayudar y proteger a las personas.
- No podrán generarse relaciones emocionales.
- Será obligatoria la contratación de un seguro destinado a las máquinas de mayor envergadura. Ante cualquier daño material, serán los dueños quienes asuman los costes.
- Sus derechos y obligaciones serán clasificados legalmente.
- Las máquinas tributarán a la seguridad social. Su entrada en el mercado laboral impactará sobre la mano de obra de muchas empresas. Los robots deberán pagar impuestos para subvencionar las ayudas de los desempleados.

2. La inteligencia artificial (IA)

Es la combinación de algoritmos planteados con el propósito de crear máquinas que presenten las **mismas capacidades que el ser humano**.

Los expertos en ciencias de la computación Stuart Russell y Peter Norvig diferencian varios tipos de inteligencia artificial:

- **Sistemas que piensan como humanos**: Automatizan actividades como la toma de decisiones, la resolución de problemas y el aprendizaje. Un ejemplo son las redes neuronales artificiales.

- **Sistemas que actúan como humanos**: Se trata de computadoras que realizan tareas de forma similar a como lo hacen las personas. Es el caso de los robots.

- **Sistemas que piensan racionalmente**: Intentan emular el pensamiento lógico racional de los humanos, es decir, se investiga cómo lograr que las máquinas puedan percibir, razonar y actuar en consecuencia. Los sistemas expertos se engloban en este grupo.

- **Sistemas que actúan racionalmente**: idealmente, son aquellos que tratan de imitar de manera racional el comportamiento humano, como los agentes inteligentes.

Voces como la del filósofo sueco de la Universidad de Oxford, Nick Bostrom, anticipa que "existe un 90% de posibilidades de que entre 2075 y 2090 haya máquinas tan inteligentes como los humanos", o la de Stephen Hawking, que aventura que las máquinas superarán completamente a los humanos en menos de 100 años. La capacidad de que las máquinas piensen y razonen por su cuenta puede ser el avance más importante de la tecnología en los últimos siglos, pero también representa un peligro real para la humanidad y por lo tanto ha sido satanizada por varios detractores y precausionistas que temen que la inteligencia artificial, supere al tal punto a los humanos, que terminen sometiéndonos o aniquilándonos.

Uno de los padres de la inteligencia artificial, Marvin Lee Minsky, estaba convencido de que la IA salvaría a la humanidad. Pero también profetizó en 1970: "*Cuando los ordenadores tomen el control, quizá ya no lo podamos volver a recuperar. Sobreviviremos mientras ellos nos toleren. Si tenemos suerte, quizá decidan tenernos como sus mascotas"*

Aunque es un concepto que se ha puesto de moda en los últimos años, la inteligencia artificial no es algo nuevo. Hace 2.300 años Aristóteles ya intentaba convertir en reglas la mecánica del pensamiento humano, y desde los tiempos de Leonardo Da Vinci los sabios han intentado construir máquinas que se comporten como humanos.

Tuvimos que esperar hasta 1936 para que se iniciara el proceso de la inteligencia artificial moderna. Básicamente la inventó Alan Turing, el experto matemático que descifró o hackeo los códigos secretos nazis de la mítica máquina Enigma. Adelantó dos años el fin de la Segunda Guerra Mundial, ya que los aliados pudieron leer los mensajes secretos de los alemanes.

El auge de la inteligencia artificial, a un nivel práctico, llegó cuando comenzaron a aparecer ordenadores potentes y baratos, capaces de experimentar con la IA a un nivel global y cotidiano. Primero aparecieron los agentes inteligentes, entidades capaces de dar una respuesta analizando los datos según unas reglas, o los populares **chatbots** que eran capaces de mantener una conversación como un humano. El más famoso de todos fue A.L.I.C.E. el más real en los primeros años del milenio. Su descendiente más actual es Mitsuku, que ha sido galardonado con el premio Loebner al mejor chatbot del mundo en 2013, 2016, 2017 y 2018. Según un estudio publicado por Gartner, para 2021 las organizaciones gastarán más por año en la creación de bots y chatbots, que en el desarrollo de aplicaciones móviles tradicionales.

Pero el momento en el que la IA entró en el imaginario colectivo y la mayoría de la gente descubrió que era algo real y tangible, y no ciencia ficción, tuvo lugar en 1997, cuando el ordenador Deep Blue de IBM venció en una partida de ajedrez al que por aquel entonces era el mejor jugador de ajedrez de la historia, el ruso Gary Kaspárov. Se inició así una tradición en la que sucesivos ordenadores dotados de inteligencia artificial han vencido a los mejores jugadores en todo tipo de juegos. El más popular de la actualidad es Deep Mind de Google, capaz de vencer en juegos mucho más complejos que el ajedrez (para una máquina), desde Starcraft II al milenario GO.

Finalmente, la IA será capaz de trabajar ella sola, sin recibir órdenes. Simplemente entregándole los datos de entrada (fotos) generará un resultado (fotos de gatos) sin que exista una lista de órdenes (programa) que le diga los pasos que tiene que realizar. Este tipo de estructura (aprendizaje, entrenamiento, y resultados) es común para las IAs que tienen que realizar tareas mecánicas y repetitivas, o que trabajan con el lenguaje humano, como un asistente virtual.

Algunas de las aplicaciones actuales de la IA son: Aprendizaje automático (Machine Learning), Amazon Echo Dot (El altavoz inteligente más pequeño y sobre todo más barato de Amazon. Integra Alexa con todas las funciones de sus hermanos mayores, pero en un tamaño mucho más compacto y versátil), Redes neuronales, Aprendizaje profundo (Deep Learning), etc.

Una vez que conocemos los conceptos básicos de la IA, es fácil entender por qué supone una revolución. Puesto que simula e imita el comportamiento humano, sus posibilidades son infinitas. En función de cómo entrenes a la IA podrá realizar todo tipo de tareas, desde atender un servicio de atención al cliente a chatear en una red social, ofrecer ayuda, conducir un coche autónomo, reconocer rostros, interpretar fotos, o predecir el movimiento del precio de las acciones en la Bolsa. Y dentro de poco, quizá decidir si te ofrece un empleo en una entrevista de trabajo, u operarte a corazón abierto.

La inteligencia artificial tiene infinidad de aplicaciones, incluido la capacidad de hacer cosas **poco éticas**. Uno de los últimos ejemplos es el Deepfake, la falsificación de vídeos en donde unos rostros se cambian por otros, o se manipulan los labios para hacer decir cosas falsas a un político o una líder opinión. Y es casi imposible de distinguir a simple vista.

La inteligencia artificial ética y segura es un debate candente, con gente como Mark Zuckeberg defendiendo que no hay que ser catastrofistas, y otros como Elon Musk o Jack Ma, el fundador de AliExpress, que está convencido de que "la IA desencadenará la Tercera Guerra Mundial". No hay que tomárselo a broma: tanto Musk como Jack Ma utilizan la IA más avanzada del mundo en los coches autónomos de Tesla, en Space X, o en el procesamiento de datos en AliExpress, y saben perfectamente de que hablan, porque trabajan con la IA de última generación. El propio Elon Musk, junto a otras personalidades y expertos han fundado OpenAI, una iniciativa que tiene como objetivo crear sistemas de IA que beneficien a la Humanidad, y no puedan revelarse contra ella.

En la oficina del científico Masuo Aizawa, del Intituto de Tecnología de Tokio, nada llama demasiado la atención, excepto una placa de vidrio que flota en un recipiente lleno de un líquido transparente. Se trata de un chip que parece salpicado con barro.

Pero las apariencias engañan. Los grumos alargados del chip de Aizawa no son manchas, sino ¡células neurales vivas!, criadas en el precursor de un **circuito electrónico-biológico**: el primer paso hacia la construcción neurona por neurona, de un cerebro semiartificial. Cree que puede ser más fácil utilizar células vivas para construir máquinas inteligentes que imitar las funciones de éstas con tecnología de semiconductores, como se ha hecho tradicionalmente. Si continúa el uso de células vivas en sistemas eléctricos, en los próximos años casi con toda seguridad ocurrirá el advenimiento de dispositivos computacionales que, aunque rudimentarios, serán **completamente bioquímicos**.

La evolución en la naturaleza fue la clave para mejorar los organismos y desarrollar la inteligencia. Michael Dyer, investigador de IA de la U de California, apostó a las características evolutivas de las redes neurales (redes de neuronas artificiales que imitan el funcionamiento del cerebro) y diseñó Bio-Land. Es una granja virtual donde vive una población de criaturas basadas en redes neuronales. Los biots pueden usar sus sentidos de la vista, el oído e incluso el olfato y tacto para encontrar comida y localizar parejas. Los **biots** cazan en manadas, traen comida a su prole y se apiñan buscando calor. Lo que su creador quiere que hagan es hablar entre ellos; tiene la esperanza de que desarrollen evolutivamente un lenguaje primitivo. A partir de ese lenguaje, con el tiempo podrían surgir niveles más altos de pensamiento.

De modo genérico, la **actividad intelectiva agrupa**, mediante un intrincado dispositivo neurológico, los procesos de la percepción, formación de impresiones, memorización, cotejo de imágenes, elección y gradación de éstas, comprensión y conocimiento; incluye la habilidad de aprender, entender o manejar situaciones inesperadas. No es absurdo pensar que una máquina de extraordinaria perfección alcance a realizar estas tareas. También puede entenderse que el objetivo de una máquina pensante se circunscriba a ámbitos más lógicos que creativos, o emotivos, si parece remota una creación completa por medios artificiales de inteligencia.

No sucede lo mismo con el término '**consciencia**', que es el conocimiento de sí mismo, anota el Diccionario de la Real Academia. No es posible medir el grado de consciencia de otra persona y es el mayor de los misterios en la existencia humana; sabemos que la consciencia ocurre en el cerebro, pero, más allá de sentirla y darnos cuenta de que es real, es poco lo que conocemos a ciencia cierta de su funcionamiento. El estadio de conciencia y la eticidad no son absolutamente imprescindibles para la afirmación de la inteligencia y, posiblemente, puedan conquistarse. Respecto a la conciencia de las máquinas, su carencia no impide su funcionamiento inteligente, ni tampoco es la prueba que no se pueda alcanzar la autoconciencia más adelante.

Lo cierto es que, paulatinamente, las computadoras están aprendiendo a ocuparse de una gran diversidad de tareas y que los sistemas expertos en curso demuestran capacidad de aprender y afinar en su actividad.

3. La nanotecnología:

La nanotecnología es el estudio y la manipulación de materia en tamaños increíblemente pequeños, generalmente entre uno y 100 nanómetros. Para ponerlo en perspectiva, una hoja de papel tiene unos 100.000 nanómetros de grosor. La nanotecnología comprende una muy amplia gama de materiales, procesos de fabricación y tecnologías que se usan para crear y mejorar muchos productos que la gente usa diariamente. En su sentido original, la nanotecnología se refiere a la habilidad proyectada para construir elementos desde lo más pequeño a lo más grande, usando técnicas y herramientas, que actualmente están siendo desarrolladas, para construir productos completos de alto desempeño. Estas aproximaciones utilizan los conceptos de autoensamblaje molecular y/o química supramolecular para disponer en forma automática sus propias estructuras en algún ordenamiento útil a través de una aproximación desde el fondo hacia arriba. El concepto de reconocimiento molecular es especialmente importante: las moléculas pueden ser diseñadas de tal forma que una configuración u ordenamiento específico sea favorecida debido a las fuerzas intermoleculares no covalentes. Así, dos o más componentes pueden ser diseñado para **complementariedad y atracción mutua** de tal forma que construyan un todo más complejo y útil.

El cuidado de la salud se acerca a una revolución gracias a la nanotecnología. Gracias a la nanotecnología se están desarrollando, entre otros, herramientas muy sofisticadas para detectar y tratar el cáncer, vendajes que evitan infecciones, mejoras en la tecnología para la generación de imágenes y mucho más. Casi todos los dispositivos electrónicos fabricados en la última década, incluidos los chips informáticos y dispositivos electrónicos más sofisticados, se fabricaron mediante el uso de la nanotecnología. Algunos productos farmacéuticos fueron reformulados con nanopartículas para mejorar su desempeño.

En 1959 el premio Nobel y físico norteamericano Richard Feynman fue el primero en hablar de las aplicaciones de la nanotecnología en el Instituto Tecnológico de California (Caltech). Con el siglo XXI llegó la consolidación, la comercialización y el apogeo de esta área que engloba otras como la microfabricación, la química orgánica o la biología molecular. Solo en Estados Unidos, por ejemplo, se invirtieron más de 18.000 millones de dólares entre 2001 y 2013 a través del NNI (National Nanotechnology Iniciative) para convertir este sector en motor de crecimiento económico y competitividad.

Los diferentes tipos de nanotecnología se clasifican según su forma de proceder (top-down o bottom-up) y de la naturaleza del medio en el que trabajan (seca o húmeda):

- **Descendente (top-down):** Los mecanismos y las estructuras se miniaturizan a escala nanométrica —con un tamaño de 1 a 100 nanómetros—. Es la más frecuente hasta la fecha, sobre todo en el ámbito de la electrónica.

- **Ascendente (bottom-up):** Se comienza con una estructura nanométrica —una molécula, por ejemplo— y mediante un proceso de montaje o auto ensamblado se crea un mecanismo mayor que el inicial.

- **Nanotecnología seca:** Sirve para fabricar estructuras en carbón, silicio, materiales inorgánicos, metales y semiconductores que no funcionan con la humedad.

- **Nanotecnología húmeda:** Se basa en sistemas biológicos presentes en un entorno acuoso; incluyendo material genético, membranas, enzimas y otros componentes celulares.

Las propiedades de algunos nanomateriales los hacen idóneos para mejorar el diagnóstico precoz y el tratamiento de enfermedades neurodegenerativas o del cáncer. Son capaces de atacar las células cancerígenas de forma selectiva sin dañar al resto de células sanas. Algunas nanopartículas también se han utilizado para la mejora de productos farmacéuticos como las cremas solares.

La **nanotecnología molecular**, algunas veces llamada fabricación molecular, describe nanosistemas manufacturados (máquinas a nanoescala) operando a escala molecular. La nanotecnología molecular está asociada especialmente con el ensamblador molecular, una máquina que puede producir una estructura o dispositivo deseado átomo por átomo usando los principios de la mecanosíntesis.

Aunque la biología claramente demuestra que los sistemas de máquinas moleculares son posibles, las máquinas moleculares no biológicas actualmente están solo en su infancia. Los líderes en la investigación de las máquinas moleculares no biológicas son Alex Zettl y sus colegas que trabajan en el Lawrence Berkeley National Laboratory y en la UC Berkeley. Ellos han construido al menos tres dispositivos moleculares distintos cuyos movimientos son controlados desde el escritorio cambiando el voltaje: un nanomotor de nanotubos, un actuador, y un oscilador de relajación nanoelectromecánico.

La nanomedicina es la aplicación de la nanotecnología en el campo de la medicina, incluyendo de igual modo la futura aplicación de la nanotecnología molecular, y es empleada para mejorar la calidad de vida de los seres humanos, combatiendo las enfermedades de una forma innovadora. En teoría, con la nanotecnología se podrían construir pequeños nano-robots, nanobots que serían un ejército a nivel nanométrico en nuestro cuerpo, programados para realizar casi cualquier actividad.

Algunos desarrollos en la biomedicina a nivel nanoscópico tienen el potencial de crear nuevas generaciones de **implantes médicos** que estén diseñados para interactuar con el cuerpo, que monitoreen la composición química de la sangre y, si es necesario, liberen ciertos medicamentos. Actualmente se están desarrollando huesos, cartílagos y pieles artificiales que además de no ser rechazados por el organismo, buscan ayudar a algunas partes del cuerpo humano a regenerase. Existen además nuevos sistemas para diagnóstico, imagenología y regeneración; de esta manera se pretende que se mitiguen los efectos secundarios de los actuales sistemas y/o procedimientos.

Los **liposomas** son el tipo de nanopartículas con un uso más amplio en aplicaciones médicas. Estas partículas consisten en dos principales componentes: un núcleo acuoso rodeado por una membrana fosfolípidica. El núcleo acuoso provee un comportamiento interno en el que puede ser transportada alguna carga. La membrana fosfolípida provee un recubrimiento que aísla los compuestos en el compartimento interior de los agentes que puedan degradarlos. Este tipo de sistemas ya están en uso en pruebas con humanos. Por ejemplo, liposomas que contienen doxorrubicina han sido aprobados por la FDA para tratamiento de cáncer de ovario y múltiples mielomas. Se ha comprobado también que los liposomas magnéticos catiónicos poliméricos presentan gran estabilidad y circulación prolongada media vida más que los liposomas tradicionales, permitiendo el transporte de fármacos al cerebro.

Las **micelas** tienen similitudes con los liposomas ya que proveen también un ambiente cerrado que permite el secuestro de cargas que de otra manera estarían expuestas a distintos ambientes fisiológicos que llevarían a la degradación. Las micelas tienen una forma esférica con un núcleo hidrofóbico y una cubierta hidrofílica, está cubierta permite que las micelas pasen a través de distintas membranas. La modificación superficial (recubrimientos) facilitan el transporte y facilidad de acceso de las micelas a sitios específicos del cuerpo como puede ser el cerebro.

Los **nanotubos** son moléculas generalmente de un solo elemento formando un cilindro hueco; estas estructuras tienen un amplio rango de propiedades eléctricas, elásticas y térmicas. Los nanotubos de carbono son los más utilizados, descubiertos en 1991 por Sumio Iijima, son estructuras compuestas por hojas de grafeno enrolladas en una forma cilíndrica. Pueden tener unas o varias capas. Tienen un diámetro de uno o varios nanómetros y pueden ser tan largos como un milímetro. Sus características son alta resistencia, elasticidad, baja toxicidad y fotoluminiscencia, además de un comportamiento que va desde la semiconductividad a la superconductividad.

La nanomedicina es una posible solución para el desarrollo de nuevos sistemas de **liberación controlada de fármacos**. La idea consiste en utilizar nanoestructuras que transporten el fármaco hasta la zona dañada y, solamente cuando han reconocido esta zona, lo liberen como respuesta a un cierto estímulo.

Los **nanobiomateriales** se están evaluando con el objetivo de regenerar, reemplazar o reparar tejido dañado. La nanotecnología ha abierto nuevas habilidades para la ciencia de materiales estructuras en la nanoescala controlando la composición y arquitectura, correspondiendo a matrices celulares en los tejidos. La **medicina regenerativa** asistida por nanotecnología promete un camino para el desarrollo de terapias a un costo efectivo para la **regeneración de tejidos in situ**, guía para crecimiento de tejidos, y detención o reversión de procesos cerebrales. La nanotecnología provee de las herramientas para iniciar y controlar los procesos regenerativos con la fabricación de scaffolds, moléculas para la transmisión de señales, y células madre. Las nanoestructuras se utilizan para guiar y estimular el crecimiento celular sirviendo como andamios para el crecimiento de nuevos tejidos nerviosos.

Se ha encontrado que los nanomateriales son buenas plataformas para radicales libres que pueden proteger el cerebro de muerte celular (inmediata o secundaria) causada por superóxidos, óxido nítrico y otros radicales libres asociados con isquemia, infarto cerebral, o daños al cerebro o la médula espinal. Los fullerenos, por ejemplo, han sido funcionalizados para servir como catalizadores efectivos para la destrucción de radicales libres en tejido cerebral dañado. Scaffolds nanoestructurados están diseñados para guiar y regular el crecimiento de tejidos y así permitir el transporte de nutrientes, metabolitos, y moléculas de señalización. El objetivo es imitar el ambiente del cerebro para promover la regeneración de tejido.

Mediante la utilización de nanodispositivos de nanodiagnóstico se puede obtener una identificación temprana de patologías y una rápida capacidad de respuesta y la inmediata aplicación del tratamiento adecuado, ofreciendo así mayores posibilidades de curación. Las principales áreas de trabajo en este campo son los nanosistemas de imagen y los nanobiosensores, dispositivos capaces de detectar en tiempo real y con una alta sensibilidad y selectividad agentes químicos y biológicos sin necesidad de marcadores fluorescentes o radioactivos.

REALIDAD ACTUAL DEL TRANSHUMANISMO

La ciencia y tecnología como instrumento para **mejorar** al ser humano, no solo física, sino funcional, emocional, mental y moralmente; esta es la propuesta del transhumanismo. Esto gracias al desarrollo de las tecnologías médicas y de ingeniería referidas previamente.

Pero ¿Podremos vivir para siempre? ¿Habrá ética en las máquinas que desarrollemos? ¿El ser humano derivará en una nueva especie? ¿Podremos revertir o al menos detener el proceso de degradación medioambiental del planeta? ¿La tecnología avanzada acentuará la brecha entre ricos y pobres? ¿Lograremos la eterna juventud? ¿Potenciaremos nuestras capacidades físicas, mentales, morales y espirituales? ¿Mejorar o transformar al ser humano logrará mejorar la calidad de vida y su bienestar?

¿En qué momento un humano se convierte en transhumano?

El **transhumano** es el ser humano mejorado física, cognitiva, moral o emocionalmente por medio de la ciencia y la tecnología. En un sentido amplio, **ya tenemos** a nuestro alrededor muchos seres transhumanos. Cualquier persona que tome medicamentos que potencien su vigor físico o sexual, su capacidad de atención o su memoria, o que tome antidepresivos, sería un ser humano biomejorado, y en tal sentido, un transhumano. Pero esta forma de entender la cuestión es excesivamente amplia y soslaya alguna de las cuestiones más importantes promovidas por el transhumanismo.

Desde hace algún tiempo han surgido los transhumanos, por la necesidad de resolver algunas enfermedades infecciosas, degenerativas, constitucionales, traumáticas, etc. mediante procedimientos técnico-científicos que involucran mecanismos ajenos a la evolución natural. En la vida natural, un organismo se sana o se recupera gracias a sus cualidades inmunológicas o biológicas propias de su especie y su entorno. Los homo sapiens a diferencia de otras especies comenzamos a utilizar herramientas y procedimientos técnico-científicos únicos y por lo tanto no accesibles a los demás organismos vivos, excepto los animales y vegetales domesticados por nosotros. Como homo hacking buscamos y explotamos las **vulnerabilidades de seguridad en la información que la evolución natural tiene**. El hacking implica la aplicación de tecnología o conocimientos técnico-científicos para superar alguna clase de problema u obstáculo; que la evolución natural no ofrece. El concepto del **hackeo como filosofía** es anterior a la invención de los ordenadores, corresponde al deseo humano por descifrar los secretos del cosmos y la vida, de plegarlos y manipularlos para llevarlo más allá de sus límites previstos y, en algunos casos, demostrar que es posible modificarlos o quebrantarlos. No se trata de **cracking**; porque no pretendemos agrietar o dañar maliciosamente a la evolución natural.

Como efecto natural de los avances tecno-científicos y del conocimiento, han ido surgiendo **nuevas posibilidades evolutivas**; que se apartan o complementan a la evolución natural. Como lo describí en el capítulo del humanismo, hace rato estamos haciendo tránsito hacia algún tipo de evolución, en donde las decisiones e intereses humanos juegan un papel fundamental. Estos cambios, se fueron dando lenta y progresivamente; sin que en realidad se produjeran modificaciones o cambios en la apariencia física o mental, muy substanciales. Sin embargo, la ideología transhumanista esta comenzado a ir más allá; creemos que la evolución natural humana es incompleta o tiene fallas, que son subsanables por la vía técnico-científica.

La evolución natural ha tenido 5 grandes extinciones de seres vivos, en donde han desparecido innumerables especies. Casi todas las especies van desapareciendo, por diferentes circunstancias, sabemos que más de 99% de todas las especies que alguna vez han vivido sobre la Tierra se han extinguido sin dejar descendencia. Los homo sapiens llevamos solo 350.000 años; si toda la historia de la Tierra la comprimiésemos en una hora, a los 20 minutos aparecerían las bacterias, a los 55 los dinosaurios, los antropoides aparecen a 40 segundos antes del final, y los humanos al cumplirse la hora. La historia de la vida biológica es una historia de extinciones y muerte.

La evolución natural es desigual e incierta, ha establecido una serie de reglas evolutivas y cada especie tiene que adaptarse y sobrevivir como pueda. La longevidad de cada especie es muy diferente; los homo sapiens vivimos en promedio 76 a 80 años. Muchas de las criaturas **más longevas** del planeta son acuáticas y la lentitud en el crecimiento. La almeja oceánica, un molusco marino nativo del Atlántico Norte de 8 cm de largo, es el animal más longevo de la historia, con una edad estimada de 507 años. En lo que a mamíferos se refiere, las ballenas boreales son las que tienen más velas en sus tartas de cumpleaños: más de 200 años. Actualmente, el animal terrestre más viejo del mundo es Jonathan, una **tortuga gigante** de Aldabra de 183 años que vive en los terrenos de la mansión del gobernador de la isla de Santa Helena. Otros viven mucho menos que nosotros; el gato más longevo del mundo vivió 38 años y el perro 30 años.

Pero, en cuanto a longevidad entre seres vivos, las **plantas** no tienen rivales. El organismo viviente más antiguo del mundo se encuentra en

Noruega y es un árbol píceo de 9.500 años, que ya se le notan los años, se observa muy envejecido.

Existen seres vivos que se podrían considerar **inmortales**, después de millones de años de evolución, ese celentéreo alcanzó un poder de regeneración fantástico y no muere de causas naturales. La **Turritopsis nutricula** es una de las cerca de 4.000 especies de medusas conocidas en el planeta, tiene la capacidad de para rejuvenecer mediante una transdiferenciación celular, proceso en el que un tipo de célula se transforma en otro, como ocurre con las células madre humanas. Esto significa que las células adultas de esta medusa, ya especializadas en determinada función, son capaces de volver a ser células madre, que a su vez pueden transformarse en cualquier otra.

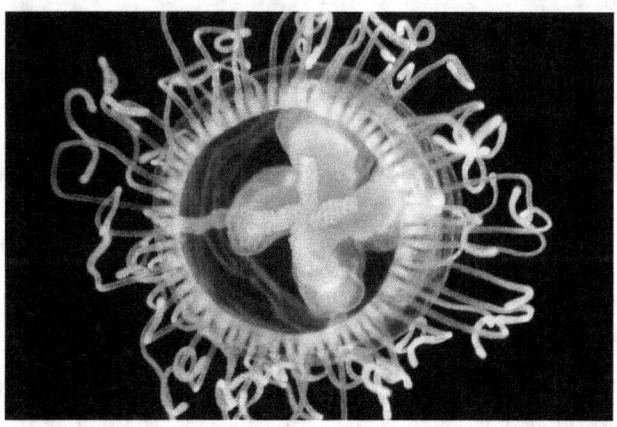

Hay algunos animales que pueden **regenerar complejas partes del cuerpo** con la función y forma completa después de amputación o lesión. invertebrados (animales sin médula espinal) como el gusano plano o planaria pueden regenerar tanto la cabeza desde un trozo de cola o la cola desde un trozo de cabeza. Entre los vertebrados (animales con médula espinal), los peces pueden regenerar partes del cerebro, ojos, riñón, corazón y aletas. Las ranas pueden regenerar el tejido de extremidades, cola, cerebro y ojos como renacuajos, pero no como los adultos. Y las salamandras pueden regenerar extremidades, corazón, cola, tejidos del ojo, riñón, cerebro y médula espinal durante toda la vida.

En el ser humano se expresan solo **algunos procesos regenerativos**, entre los que se encuentran los recambios periódicos de las células epidérmicas, de la mucosa oral y del tracto respiratorio. Las células sanguíneas mantienen un proceso continuo de destrucción y regeneración, lo que se efectúa en un tiempo que varía de acuerdo con el tipo de célula. También mantiene crecimiento del pelo y de las uñas, que continúa después de su corte. Las uñas extraídas o perdidas pueden regenerarse si el sitio con potencial regenerativo no ha sufrido un daño irreversible. En común con otros mamíferos tiene también la capacidad de regeneración de tejido muscular cuando la lesión no ha sido extensa y la reconstrucción y consolidación de fracturas óseas. Desde hace mucho tiempo, se conoce la capacidad regenerativa de las células hepáticas y también de la piel para cerrar heridas, aunque en ella queda una cicatriz más o menos notable de acuerdo con la magnitud de la lesión. En la mujer se destacan los cambios regenerativos periódicos del endometrio durante la etapa fértil de su vida.

Entre los nuevos métodos para mejorar las características y propagación de las plantas están las técnicas de **regeneración de plantas in vitro**, que incluyen la **organogénesis** y la **embriogénesis somática** que da la posibilidad de formar las llamadas semillas artificiales.

En el campo de la **zoología**, también desde tiempos remotos el hombre ha venido haciendo observaciones sobre la capacidad regenerativa de algunos animales. Su fascinación por este tema ha quedado reflejada en algunas leyendas mitológicas que han trascendido el paso de los años. El primer mito describe el castigo que se le impuso a Prometeo por robar el fuego sagrado del Olimpo y regalárselo a los hombres. Por este hecho, Júpiter lo condenó a permanecer encadenado en un alto pico de las montañas del Cáucaso para que un águila le devorara el hígado eternamente, pues Prometeo era inmortal y este órgano se regeneraba tan rápidamente como era devorado. Esta leyenda refleja el deseo del humano por la inmortalidad y la regeneración física y el conocimiento que ya tenían los antiguos sobre la capacidad regenerativa hepática, aunque por supuesto, en la realidad no tan vigorosa y espectacular como en la leyenda.

Las investigaciones sobre la **biología celular** y los nuevos conocimientos sobre las células madre, en particular acerca de la potencialidad de las células madre somáticas o adultas, entre las que se destacan las existentes en la médula ósea, para convertirse en células de diferentes tejidos, han abierto una nueva era en la denominada medicina regenerativa, en la que ya se están dando los primeros pasos, algunos de ellos muy prometedores. Pero aún quedan sin esclarecer aspectos vitales, entre ellos los relacionados con el factor o conjunto de factores necesarios para la diferenciación in vitro de la célula madre en células de tejidos específicos, la forma más efectiva de obtener la transdiferenciación celular y las vías para producir in vitro fragmentos tridimensionales de tejidos para la reparación de sitios dañados. A medida que la ciencia permita al hombre ir dando respuesta a estas situaciones, se producirán indudablemente mayores avances que lo acercarán cada vez más a la transhumanización.

Parte del homo hacking consiste en develar los **secretos de otras especies** y aplicarlos inteligentemente al ser humano. Si bien, hemos sido privilegiados como la sapiencia, no somos la especie más fuerte, más longeva, con más capacidad de regeneración, con menos vulnerabilidad, etc. y por lo tanto podemos hackear la información de otras especies para incorporarla a nuestra condición transhumana.

Somos la única especie que ha extendido sus capacidades cognitivas mucho más allá de sus neuronas, delegando nuevas y viejas funciones a elementos externos que llamamos tecnología. Esta es **otra dirección del**

transhumanismo que puede cambiar el futuro de la humanidad sin necesidad de transformar la biología.

Las investigaciones buscan la comunicación de cerebro a cerebro, es decir, que se intercambien pensamientos en forma directa y no mediada. Científicos de la Universidad de Duke lograron transmitir mensajes simples entre dos roedores ubicados en diferentes continentes y fueron pioneros en demostrar la **comunicación de cerebro a cerebro**. En un experimento reciente, con el uso de electroencefalografía para **decodificar (hackear)** la señal neural y de estimulación magnética transcraneana para inducir el disparo neuronal, dos seres humanos han logrado transmitir pensamientos entre sus cerebros. Se intenta conocer lo que una persona piensa a través de un electroencefalograma para luego, al utilizar esos datos, producir un patrón específico de actividad neuronal en otro individuo a través de corriente eléctrica o campos magnéticos.

Con la **interfaz cerebro-computadora** se logra que una persona pueda controlar un dispositivo electrónico a través de señales electroencefalográficas o, en términos más sencillos, con el pensamiento, por ejemplo, para generar movimientos de extremidades amputadas, así como para personas sin posibilidad de movimiento, quienes se comunican a través del movimiento ocular y por medio de un teclado alfanumérico.

Elon Musk acaba de presentar una copia operativa del chip de Neuralink. Un dispositivo similar a una "Fitbit cerebral", según el propio empresario, que **unirá tu mente a tu móvil o PC**. Para conseguir todo ello el usuario necesitará someterse a una "pequeña operación" de no más de una hora y que no necesitará ni de ingreso hospitalario ni de anestesia general con la cual se perfora el cráneo y se coloca el pequeño Link V0.9. Un dispositivo del tamaño de una moneda, apenas 23 x 8 mm, que se implanta directamente en la corteza craneal superior y que se une al cerebro a través de diminutos cables flexibles, cuatro veces más finos que un pelo humano, que sirven de sensores para el procesador. De toda la cirugía se encarga un 'robot tejedor' que cose los sensores a tu cerebro y que ha sido desarrollado por la propia Neuralink. Tiene una batería que dura alrededor de un día y se carga de manera inalámbrica por las noches sin necesidad de cargador alguno. Además, se conecta a ordenadores y otros dispositivos sin cables usando Bluetooth.

Las actividades humanas están alterando la evolución extinguiendo formas de vida, pero 'creando' directa o indirectamente otras. El Culex molestus es un mosquito de la creación indirecta de los humanos. Descubierto en el metro de Londres, en 1999 se comprobó que se trataba de una nueva especie evolucionada de su antecesor, el Culex Pipiens, desarrollada en un entorno nuevo como era el del **subterráneo**. Tan nueva que su genoma y comportamiento son diferentes, tanto que no pueden tener descendencia si se aparean con los mosquitos de arriba.

También vemos ejemplos de domesticación resultante en nuevas especies. De acuerdo con un estudio reciente, al menos seis de los 40 principales **cultivos** agrícolas del mundo se consideran totalmente nuevos. En los animales que domesticamos el perro es un ejemplo de nueva especie creada por el humano. El **perro** pertenece al género Canis, que incluye también los lobos, chacales, coyotes y dingos. Creamos la especie canis familiaris. En el mundo existen aproximadamente 400 razas (la mayor cantidad en todos los animales) cada una de las cuales tiene su respectivo tamaño, fisonomía, temperamento, variedad de colores y de tipos de pelo. Con el fin de obtener animales más eficientes, seleccionamos a los individuos que portan características valiosas según nuestro particular parecer.

Muchas razas se han creado para encontrar solución a los problemas del hombre. Por ejemplo, hay vacas de climas templados o fríos, como las razas lecheras europeas (Bos primigenius taurus) que son muy buenas productoras de leche, pues hay vacas que llegan a producir sesenta litros al día, comparadas con las vacas locales cebuinas (Bos primigenius indicus), que sólo dan en promedio un litro. Seleccionamos aves que produzcan muchos huevos, aunque su tiempo de vida se acorte, o aves de gran tamaño y masa muscular, aunque sus piernas no sean capaces de sostenerlas por estar diseñadas para soportar animales más livianos. Modificamos la apariencia de muchas especies de animales con el único fin de hacer nuestra vida más cómoda, sin saber que, al seleccionar animales según su apariencia física o su metabolismo, modificamos también su manera de percibir el mundo y de responder ante éste. Con la selección artificial favorecemos nuestro tipo de vida, pero alteramos irreversiblemente el destino natural que cada especie tiene.

Contamos actualmente con **métodos de reproducción artificial** que hacen posible inseminar a una hembra con el semen congelado de un macho que vive en otro país. De hecho, se puede fertilizar el óvulo con el espermatozoide en el ambiente artificial de un laboratorio y seleccionar los ovocitos fecundados de acuerdo a su calidad y salud. Podemos teñir sus cromosomas y contarlos uno por uno, de la misma manera que una madre le cuenta los dedos de las manos y pies a su hijo recién nacido para saber si está sano. Los humanos contamos con el conocimiento para decidir cuándo un embrión nacerá sano o enfermo, y con base en eso resolvemos cuál será implantado en un útero para producir un ser desarrollado.

Creamos individuos idénticos mediante la **clonación**. Usamos antibióticos que nos ayudan a combatir bacterias que en el pasado sólo enfrentábamos con nuestro sistema inmune. Incluso quienes se hallan en coma pueden ser mantenidos vivos gracias a los equipos médicos. Pareciera que hemos tomado la **corresponsabilidad** que en el pasado le correspondía únicamente a la selección natural.

En el punto histórico de evolución filosófica y científica es **casi imposible** impedir que continuemos el camino del transhumanismo. Como lo dije previamente es un hecho connatural al deseo y al hacking humano. Va continuar sucediendo; a pesar de sus contradictores; además, porque **las acciones transhumanistas no llevan un rotulo** que las cataloguen de esta manera, son actividades dispersas y variadas de las ciencias biológicas, de la salud y las ingenierías; que muchas veces pasan inadvertidas, pero que continuarán confluyendo en avances cada vez más transhumanistas.

Otra idea que se debe aclarar, es que el transhumanismo va a acabar con la evolución natural, lo cual resulta absurdo. El poder humano, es desde todas luces insignificante con respecto al poder del cosmos y sus leyes evolutivas. Existe billones de estrellas y planetas en el universo; que pueden influir sobre la Tierra, antes que los humanos sobre ellas. Un apocalipsis del sistema solar puede mandar al traste todas nuestras ínfulas de grandeza y hacernos desaparecer en un segundo. Continuamos estando sometidos a los "dados" de la evolución natural y sus azares, pero esto no significa que nos quedemos inertes ante la posibilidad de mejorarnos un poco y porque no, transformarnos en una nueva o nuevas especies, mejores que la homo sapiens. Seria indolente desaprovechar esta oportunidad de la "**Era Transantropocentrica**". Igual, vamos a seguir cambiando por efectos de la evolución natural.

EL TRANSHUMANISMO Y SU ENTORNO

Espero que al lector le esté quedando claro; que así no sea muy evidente, muchos individuos; ya son en diferente proporción, transhumanos. Previo al transhumanismo, se ha estado dando el **transambientalismo**. Mediante el nature hacking, decodificamos las leyes de la naturaleza y las pusimos a nuestro servicio. Esto ha resultado en un complejo "mix" de resultados; en ocasiones beneficiosos y en muchas perjudiciales para el ecosistema y en la sustentabilidad de la vida y de las generaciones futuras.

El transhumano debe adquirir una nueva consciencia de su entorno. Los homo sapiens después de iniciada su etapa de sedentarismo y de creerse enviados de dios; decidieron actuar de manera egoísta sobre el resto de criaturas y entornos. Este es un pensamiento hipócrita y egoísta de muchos humanos; **aprendimos a vivir entre las contradicciones**. Podemos hablar de proteger al ambiente, pero a su vez adoptar acciones dañinas, podemos hablar de responsabilidad con las futuras generaciones, y a la vez deforestar y arrasar muchos ecosistemas, para obtener ganancias en el presente. Podemos creer en las teorías de la ciencia, pero a la vez aceptar teorías descabelladas de la religión. Querer continuar siendo lo que somos; a pesar de los defectos y vulnerabilidades, pero a la vez sentimos curiosidad por lo nuevo y estamos dispuestos a aventurarnos así los resultados sean inciertos.

No podemos olvidar que hacemos parte del ecosistema, no somos seres autosustentables y por lo tanto dependemos del entorno. El perjuicio del ser humano sobre el planeta se encuentra en tres cuestiones básicas:

1. El constante crecimiento de la población mundial. La especie humana no cuenta con un depredador que la mantenga equilibrada. Además, los avances técnicos y médicos han favorecido el aumento constante de la población conocido como explosión demográfica.

2. El agotamiento de los recursos como consecuencia del aumento de población y de la calidad de vida. El ser humano ha ido abusando de los recursos naturales sin tener en cuenta su agotamiento, lo que ha provocado el empobrecimiento del suelo, la desaparición de bosques y especies, y la reducción de sus reservas hidrográficas. Los recursos naturales pueden ser: renovables, cuando su regeneración se realiza en una escala de tiempo semejante a la vida humana (energía solar, agua, pesca, verduras, etc.). no renovables, cuando su tiempo de regeneración es mucho mayor (combustibles fósiles).

3. La contaminación es el mayor impacto del ser humano sobre el planeta. Al aumentar su producción también produce más deshechos que envenenan el aire, el suelo, el agua y, a la vez, perjudican nuestra salud. Por todo ello, la acción humana ha provocado la ruptura del equilibrio natural y, con ello, la destrucción de muchos hábitats naturales y consecuentemente la degradación de nuestro planeta.

La capacidad de los ecosistemas de **proporcionar beneficios a los seres humanos**, esto es, su capacidad de prestar servicios, depende de los ciclos medioambientales del agua, el nitrógeno, el carbono y el fósforo. En algunos casos, estos procesos han sido modificados de forma significativa por la actividad humana. Los cambios han sido más rápidos a partir de la segunda mitad del siglo XX, que en ningún otro momento de la historia de la humanidad. El cambio climático actual que la Tierra enfrenta es provocado por el aumento en la temperatura global. La actividad humana está cambiando la atmósfera de la Tierra más rápido que nunca antes durante su historia.

Las personas, muchas veces consideran que los problemas ambientales, son el resultado y responsabilidad de los gobiernos, la industria y las grandes corporaciones; lo que puede ser en parte cierto. Sin embargo, cada homo sapiens incide favorable o desfavorablemente sobre su entorno, con cada una de sus acciones. Aunque es libro no está enfocado en el complejo mundo de la salud ambiental; algunas acciones que pueden servir para que los humanos y transhumanos ayuden a cuidar su ambiente son:

1. Ahorra agua

2. Separa la basura

3. Administra y recicla el papel

4. Reutiliza el plástico que uses

5. Utiliza el transporte público

6. Usa la bicicleta para tramos cortos y medianos

7. Camina en trayectos cortos

8. Haz rondas con amigos para el uso del coche

9. Compra bombillas de bajo consumo

10. Apaga tus dispositivos cuando no los uses

11. Desconecta los aparatos

12. Modera el uso de la calefacción y del aire acondicionado

13. Aprovecha la luz natural

14. Usa bolsas ecológicas

15. ¡Sé creativo!

16. Practica el turismo sostenible, etc.

De la misma manera como avance el transhumanismo, también debe avanzar el transambientalismo; pero manteniendo una consciencia solidaria, ética y responsable con la especie y los demás seres vivos.

«Si arruinamos este planeta no vamos a tener ninguna oportunidad de arruinar otros»

ETAPA DEL MEJORAMIENTO EN EL TRANSHUMANISMO

El transhumanismo comenzó desarrollando ciencia y tecnología para prevenir, curar y rehabilitar al homo sapiens. Estas nuevas herramientas adquirieron nuevas proporciones y utilidades; que motivaron el surgimiento del movimiento filosófico y científico del transhumanismo.

Hemos reconocido que **somos imperfectos** física, mental y moralmente y por ese motivo se pueden eliminar o corregir muchas caracteristicas, por el mismo hecho de que son anomalías que causan mal funcionamiento y sufrimiento. Sin embargo, hay quienes defiende que la debilidad y vulnerabilidad hace parte de la condición humana y que, por tanto, querer acabar con ellas de forma artificial, afecta la esencia humana y nos convierte en otra cosa que quizás, desde algún punto de vista, pueda considerarse mejor, pero no está claro si continuaremos reconociéndonos como humanos.

Otro ideal, que se abstrae de las imperfecciones, es el hecho natural de **querer mejorar**. Parte de la condición humana, ha sido la incesante búsqueda del mejoramiento. No siempre lo logramos y muchas veces nos equivocamos; escogiendo el camino incorrecto o las herramientas equivocadas, pero como lo mostré en la historia de la ciencia y la medicina, los innovadores tropiezan frecuentemente, pero continúa el espíritu indomable de encontrar mejores soluciones. Además, hemos aprendido a soportarnos en los logros o errores de quienes nos precedieron. Los ideales humanos no se pueden derribar por normas, leyes o postulados conservadores o confusionales.

El cambio también infunde temor. Cuando tenemos que realizar algún cambio en nuestra vida, es normal que sintamos una especie de miedo que puede parecerse a una sensación de vértigo e incomodidad; que busca protegernos del peligro y la incertidumbre. El miedo nos invita a tener precaución con los cambios y a evitar acciones perjudiciales o involutivas. Este sano miedo nos ha mantenido eficaces en el proceso evolutivo natural. Por lo tanto, pensar en transhumanismo o peor aún en posthumanismo, puede resultar aterrador; aún más, cuando no sabemos hacia donde nos está conduciendo. La evolución natural también tiene elementos de incertidumbre y azar, pero los consideramos naturales y aceptables, porque han estado presentes siempre. Podemos amanecer y al atardecer estar muertos o gravemente enfermos; a pesar de nuestras precauciones.

La evolución artificial es más atemorizante, porque trae nuevos azares e incertidumbres, a las cuales no estamos acostumbrados. El denominado **síndrome de la rana hervida** es una analogía que se usa para describir el fenómeno ocurrido cuando ante un problema que es progresivamente tan lento que sus daños puedan percibirse como a largo plazo o no percibirse, la falta de conciencia genera que no haya reacciones o que estas sean tan tardías como para evitar o revertir los daños que ya están hechos. La premisa es que, si una rana se pone repentinamente en agua hirviendo, saltará, pero si la rana se pone en agua tibia que luego se lleva a ebullición lentamente, no percibirá el peligro y se cocerá hasta la muerte. La historia se usa a menudo como una metáfora de la incapacidad o falta de voluntad de las personas para reaccionar o ser conscientes de las amenazas siniestras que surgen gradualmente en lugar de hacerlo de repente. Pero también significa que progresivamente nos vamos acostumbrando a los cambios, sin percibirlos bruscamente. En un sentido u otro, nos acostumbramos a los cambios y más cuando son deseados. Ocasionalmente cambia bruscamente la temperatura del agua y nos hace reaccionar.

No soy un defensor a ultranza y o de forma caprichosa del transhumanismo, considero que es un hecho histórico irreversible; pero que debe ser asumido con la mayor responsabilidad y precaución. Si bien, como humanos tenemos dificultades y vulnerabilidades que nos han aquejado por mucho tiempo y que podríamos resolver mediante la ciencia y la tecnología; esto no significa que debamos apresurarnos a adoptar cambios, que pudieran afectarnos irreversiblemente. Lo novedoso no siempre resulta beneficios.

Pero dicho esto, tampoco considero pertinente adoptar posturas extremadamente conservadoras o precaucionistas; que limiten o retrasen el advenimiento de las mejoras; posibles y deseadas por los humanos actuales. Es inadecuado sentirnos plenamente satisfechos por la condición humana actual, solo argumentando que así somos o así nos hizo dios y por lo tanto debemos continuar igual o expectantes a cambios futuros impulsados por la evolución natural. Esa es una actitud de terrible conformismo, en una época en que la ciencia y la tecnología ofrecen lo contrario.

Dentro de la diversidad humana, existirán personas deseosas de realizarse y aventurarse a cambios extremos, algunos solo aspirarán a transformaciones moderadas y otros ni siquiera contemplarán la idea. Este factor de diversidad y libre elección, conlleva un riesgo adicional, de **desigualdad en el proceso transhumanizante**. Una elite deseosa y con las posibilidades económicas, podrá beneficiarse progresivamente de las mejoras y otros, los más temerosos y pobres, podrán quedar rezagados de estos avances, que eventualmente llevarán a una ruptura dentro de la misma especie homo sapiens. Quedarán humanos rezagados y sometidos, por una transespecie que viaja hacia el posthumanismo y se encuentra en una condición superior. Este proceso hacia el posthumanismo no buscado, implicará que la especie homo sapiens se vaya desplegando en algo similar a lo sucedido en las 400 razas de caninos que hemos desarrollado, solo que no solo tendríamos modificaciones biológicas, sino también cualquier cantidad de cruces con otras especies y elementos inanimados o electrónicos.

De ese juego expansivo de "razas" alguna(as) se convertirán en posthumanas. Insisto el posthumanismo, no es una meta buscada, simplemente es un resultado o probabilidad posible en el ejercicio de la evolución artificial. Porque en realidad lo que queremos es ser mejores homo sapiens, con mejores condiciones de vida, caminando por una cuerda muy delgada que nos puede llevar a cruzar los límites de las especies.

Existen varios posibles orígenes del concepto moderno del transhumanismo. El biólogo Julian Huxley es generalmente considerado como el "fundador" del transhumanismo; aunque reafirmo, en realidad nadie creo el transhumanismo; solo es el resultado convergente de algunas ramas de la ciencia y la tecnología. El significado contemporáneo del término transhumanismo o simplemente **h+** fue forjado por uno de los primeros profesores de futurología, Fereidoun M. Esfandiary, alrededor de 1960, cuando comenzó a identificar a las personas que adoptan tecnologías, estilos de vida y visiones del mundo transhumano. Dentro del transhumanismo anglosajón, se considera que el padre del concepto fue el futurista iraní nacionalizado estadounidense Fereidoun M. Esfandiary, quien habría usado el término «transhuman» en 1966 durante sus clases en la New School for Social Research de Nueva York. El filósofo norteamericano Max More, empezó a articular los principios del transhumanismo como una filosofía futurista en 1990, y a organizar en California un grupo intelectual que desde ese entonces creció en lo que hoy se llama el **movimiento internacional transhumanista** (WTA, por sus siglas en inglés) para «proporcionar una base organizativa general y desarrollar una forma de transhumanismo más madura y académicamente respetable. En 2001 la asociación quedó a cargo del sociólogo canadiense James Hughes y más tarde cambió su nombre a **Humanity+**.

Para Hottois, la gran mayoría de los pensadores transhumanistas no rechazan el humanismo, sino que lo critican y pretenden enriquecerlo. Según el filósofo belga, el humanismo arrastra un imaginario obsoleto, de raíz judeocristiana, predarwiniano y antropocentrista, que se resigna ante una naturaleza humana supuestamente inmutable y confina todo progreso material al entorno del ser, mientras limita su mejoramiento intrínseco a bienes simbólicos como la cultura o la ley. El aporte transhumanista sería justamente actualizar esa imagen del ser humano habilitando la incorporación de las revoluciones tecnocientíficas pasadas y las venideras. Pero al mismo tiempo, señala Hottois, el transhumanismo debe ser leal al legado humanista: universalismo, libertad, igualdad, justicia, pluralismo, empatía y pensamiento crítico, si no quiere devenir en un pensamiento **tecnomístico** o apocalíptico.

El **Transhumanismo** es **definido** según sus partidarios como el *movimiento intelectual y cultural que afirma la posibilidad y la conveniencia de mejorar fundamentalmente la condición humana a través de la razón aplicada, especialmente a través del desarrollo y la puesta a disposición de tecnologías para eliminar el* **envejecimiento** *y* **mejorar** *en gran medida las capacidades intelectuales, físicas y psicobiológicas del ser humano*. También, como el estudio de las ramificaciones, promesas y **potenciales peligros de las tecnologías** que nos permitirán superar las limitaciones humanas fundamentales, y el estudio relacionado con los aspectos **éticos** involucrados en el desarrollo de dichas tecnologías.

Según Bostrom, los cimientos ideológicos del transhumanismo se basan en el empirismo de Hume, el materialismo de La Mettrie ("El hombre-máquina") y el evolucionismo darwiniano (la humanidad no como un punto final de la evolución, sino como una fase temprana de la misma). Además, toma influencia de la doctrina del superhombre de Nietzsche de que el hombre es algo que debe ser superado, de que, dándole una particular interpretación tecnológica y biologicista a la originalmente propuesta, que era en términos de crecimiento personal y refinamiento cultural, más cercana a los pensamientos de John Stuart Mill que a los del propio autor.

El transhumanismo busca mejorar la naturaleza humana, superando sus limitaciones y prolongando su existencia a través de la razón, la ciencia y la tecnología. En este camino hacia el futuro necesita de una etapa intermedia (transhumano o humano +) para llegar al posthumano (**Humanity ++**). Para lograrlo, promueve tres propuestas:

1. Que las tecnologías para el "mejoramiento" o enhancement humano deben estar ampliamente disponibles.

2. Que los individuos deben tener el derecho a transformar sus propios cuerpos como ellos deseen.

3. Que los padres deberán tener el derecho a elegir qué tecnologías usar al decidir tener niños.

Los transhumanistas abogan por:

1. Rediseñar la condición humana.

2. Modificar los parámetros del envejecimiento.

3. Trascender la limitación del intelecto.

4. Superar la psicología indeseable y el sufrimiento.

5. Salir del confinamiento del planeta tierra.

Desde el punto de vista **neurobiológico**, el transhumanismo busca la mejora en las capacidades sensitivas, el aumento de la memoria, la aceleración de los procesos de razonamiento y la disminución del número de horas de sueño. Para ello, busca mecanismos tecnológicos, sean farmacológicos o del campo de las ingenierías, que busquen en última instancia la elaboración de cerebros artificiales con capacidad de inteligencia natural. Entre las mejoras o enhancements que defiende el transhumanismo, se encuentran la del **mejoramiento cognitivo**. Éste puede ser definido como la amplificación o extensión de capacidades básicas de la mente a través de la mejora o aumento de los sistemas de procesamiento de información internos y externos. Su objetivo final sería la búsqueda de la **superinteligencia** o ultrainteligencia entendida como la capacidad radical de superar los mejores cerebros humanos prácticamente en cada campo, incluyendo la creatividad científica, la sabiduría en general y las habilidades sociales.

La primera declaración transhumanista fue formulada por FM-2030 en su "Upwingers Manifesto" en 1978, como una visión optimista del futuro y una referencia a la idea política de que ni la izquierda ni la derecha realizarían los cambios necesarios en un futuro positivo. En 1990, un código más formal y concreto para los transhumanistas libertarios tomó la forma de los Principios Transhumanistas de Extropía (Principios Transhumanistas de Extropía), siendo el **extropismo** una síntesis del transhumanismo y el neoliberalismo. Y finalmente, en 1999, la Asociación Mundial Transhumanista, cuyos miembros son centristas convencidos de las virtudes de la democracia liberal, escribe y adopta la **Declaración Transhumanista**:

1. En el futuro, la humanidad **cambiará de forma radical** por causa de la tecnología. Prevemos la viabilidad de rediseñar la condición humana, incluyendo parámetros tales como lo inevitable del envejecimiento, las limitaciones de los intelectos humanos y artificiales, la psicología indeseable, el sufrimiento, y nuestro confinamiento al planeta Tierra.

2. La investigación sistemática debe enfocarse en **entender** esos desarrollos venideros y sus consecuencias a largo plazo.

3. Los transhumanistas creemos que siendo generalmente receptivos y **aceptando** las nuevas tecnologías, tendremos una mayor probabilidad de utilizarlas para nuestro provecho que si intentamos condenarlas o prohibirlas.

4. Los transhumanistas defienden el derecho moral de aquellos que deseen utilizar la tecnología para ampliar sus capacidades mentales y físicas y para mejorar su control sobre sus propias vidas. Buscamos crecimiento personal **más allá de nuestras actuales limitaciones biológicas**.

5. De cara al futuro, es obligatorio tener en cuenta la posibilidad de un progreso tecnológico dramático. Sería trágico si no se materializaran los potenciales beneficios a causa de una tecnofobia injustificada y prohibiciones innecesarias. Por otra parte, también sería trágico que se extinguiera la vida inteligente a causa de algún desastre o guerra ocasionados por las tecnologías avanzadas.

6. Necesitamos crear foros donde la gente pueda **debatir** racionalmente qué debe hacerse, y un orden social en el que las decisiones serias puedan llevarse a cabo.

7. El transhumanismo defiende el bienestar de toda conciencia (sea en intelectos artificiales, humanos, animales no humanos, o posibles especies extraterrestres) y abarca muchos principios del humanismo

laico moderno. El transhumanismo no apoya a ningún grupo o plataforma política determinada.

Para efectos prácticos, la puesta en práctica del transhumanismo se apoya en cuatro áreas convergentes: **nanotecnología, biotecnología, tecnologías de la información y ciencias del conocimiento (NBIC)**.

Desde su creación, el transhumanismo ha recibido múltiples críticas. El filósofo y politólogo estadounidense Francis Fukuyama llamó al transhumanismo la idea más peligrosa para los sistemas democráticos y lo describe como una amenaza para la esencia humana que atenta contra el principio de igualdad de todos los hombres. A su vez, Habermas lo critica al dejar a la autonomía moral del individuo sometida a interés sociales, políticos y económicos. Otros sostienen que la eventual bifurcación de humanos en posthumanos llevaría a la esclavitud y al genocidio entre ambos grupos o incluso que sus ideas pueden llevar a la extinción de los hombres.

Algunas de las críticas más comunes tienen que ver con las dificultades técnicas de la implementación de las tecnologías en los seres humanos, la idea de eugenesia que subyace, la crítica a la dignidad o deshumanización, la crítica a la desigualdad que podría provocar en las sociedades y entre los humanos, y los problemas que se derivarían de tener una población súper longeva.

La condición humana

El ser humano, bajo el punto de vista biológico más elemental, posee una serie de características por el hecho de ser un ser vivo, y estas son: estar compuesto de materia organizada con un grado de complejidad y organización elevado, poseer la capacidad de transformar energía e incorporar materiales, poseer la habilidad de reproducirse, de reaccionar a estímulos, de adaptarse y morir.

Posee también, una composición estructural heterogénea que va ganando en complejidad, desde los elementos inorgánicos y orgánicos más simples, hasta formar las células (las unidades anatómicas y funcionales de los seres vivos). Existe en la célula una perfecta jerarquización molecular, y en esta, el ADN constituye la materialización del contenido informativo, cuya expresión es la célula y su funcionalismo, incluyendo su autoreproducción. Para realizar todas las tareas necesarias las células se diferencian en grupos de células especializadas que forman los tejidos. Esta especialización celular, que se manifiesta por la expresión de ciertos genes en cada célula, no elimina información genética de su ADN, sino que cada célula contiene en su núcleo toda la información genética de la especie. Y ningún tejido funciona de forma aislada, estos se relacionan y se conectan para formar órganos que son estructuras mucho más grandes con nivel mayor de complejidad. A su vez los órganos se agrupan y organizan para formar sistemas con diferentes funciones.

Pero el ser humano además ha sufrido, como todos los seres vivos, un proceso de evolución, fruto del cual ha desarrollado una serie de características que son típicas de la especie a la que pertenece, el homo sapiens. Sin embargo, el concepto de persona va más allá de la visión puramente biológica y funcional, es decir física, del ser humano. No podemos hablar del ser humano como persona si no tenemos en cuenta sus otras dimensiones que forman parte de él y le constituyen como tal. Estas dimensiones de la persona son:

- **Dimensión emocional**: las personas sienten emociones que están provocadas por alguna situación o estímulo evaluado como potencialmente desequilibrante para el organismo y que dan lugar a cambios o respuestas subjetivas.

- **Dimensión espiritual**: la dimensión espiritual se refiere a la compresión de los individuos de su relación con el universo. Es lo que da significado a las personas y propósito a sus vidas.

- **Dimensión cognitiva o intelectual**: tiene que ver no solo con la inteligencia, sino con otros procesos cognitivos como el tiempo de reacción, la memoria, la atención, la resolución de problemas y la creatividad.

- **Dimensión sociocultural**: gracias a la cual el hombre se expresa, se comunica toma conciencia de sí mismo y de su comunidad, se reconoce como parte de un grupo social y un ecosistema.

El concepto de persona y la valoración de sus dimensiones, no ha sido fija, y ha ido variando a lo largo de la historia, influida por el contexto social, económico, religioso y filosófico de cada época. Por ejemplo, para Aristóteles, en la Edad Antigua, el hombre es considerado como un elemento más de la naturaleza, en cambio Sócrates concebía al hombre como un ser capaz de pensar en sí mismo y en lo que le rodeaba, poniendo el énfasis en la virtud del hombre, que era lo que le diferenciaba de los animales.

La Edad Media rompe con la visión del mundo clásico de la persona, siendo una etapa muy marcada por las ideas cristianas del hombre poseedor de un alma, un ser racional, alejado de la naturaleza, y hecho a imagen y semejanza de Dios. El Renacimiento fue un periodo de retorno al ideal clásico, y la imagen de persona fue rescatada del ámbito religioso, poniendo al hombre como fin y valor superior. El movimiento de la ilustración y la revolución francesa, en la edad moderna, pusieron fin al feudalismo, aprobándose la Declaración de los Derechos del Hombre y del Ciudadano, de vital importancia e influencia en la historia de la lucha de los derechos humanos. El siglo XX estuvo marcado por las dos guerras mundiales. Tras las atrocidades cometidas en la segunda guerra mundial, se puso énfasis, en el reconocimiento de la dignidad de la persona.

El punto de partida del transhumanismo debe contemplar estas dimensiones humanas y no solo las físicas o intelectuales. Este tipo de "mejoras" podrían ser: permanentes o temporales, invasivas o no invasivas, individuales o transmisibles, y de tipo genético, físico, psíquicas o cognitivas, afectivas o morales. Según Bostrom, las mejoras o modificaciones que plantea el Transhumanismo, tienen que ver con la extensión de la vida saludable, la erradicación de las enfermedades, la eliminación del sufrimiento innecesario, y el aumento de las capacidades intelectuales, físicas y emocionales. Los objetivos generales transhumanistas pueden resumirse bien en tres metas expuestas por David Pearce, que son las de conseguir la **súper inteligencia**, la **súper longevidad** y el **súper bienestar**, para toda la humanidad.

La **singularidad tecnológica** en palabras de R. Kurzweill es "*un tiempo venidero en el que el ritmo del cambio tecnológico será tan rápido y su repercusión tan profunda que la vida humana se verá alterada de forma irreversible*". Se basa en el avance no lineal, sino exponencial, de la tecnología en un momento dado, que según este autor no tardará en darse. Esta podría llevar a la humanidad a sufrir un cambio tan profundo, haciendo que sus capacidades excediesen de forma tan excepcional al ser humano, que ya no podríamos de humanos sino de "posthumanos" o "posthumanidad".

Max Tegmark, profesor de Física en el Instituto Tecnológico de Massachusetts (MIT), quien divide el desarrollo de la vida en tres fases a partir de su capacidad de autodiseño: la fase **biológica**, cuyo hardware y software son fruto de la evolución, por ejemplo las bacterias surgidas hace unos 3.800 millones de años; la fase **cultural** de la especie humana, cuyo hardware es fruto de la evolución pero que pudo diseñar parte de su software; y la fase **tecnológica**, surgida a fines del siglo XX, que será capaz de diseñar tanto su hardware como su software. Esa tipología ya encierra los tres elementos distintivos del transhumanismo: la comprensión del ser vivo como un dispositivo, la superación tecnológica del ser humano y la autodeterminación total del sujeto. Implica pasar de una concepción terapéutica de la medicina a otra mejorativa: ya no se trata de curar disfunciones del cuerpo, sino de mejorar, incluso ampliar sus funciones. Ese mejoramiento va desde la corrección celular mediante nanotecnologías hasta la búsqueda de inmortalidad, pasando por la eugenesia. y, eventualmente, la separación de la mente del cuerpo humano. Hoy ese lugar lo ocupa la informática: el quantified self (yo cuantificado) transhumanista considera el ser como algo reducible a un conjunto de datos que pueden interpretarse e incluso revertirse mediante el biohacking.

CAMBIOS PROPIOS DEL TRANSHUMANISMO

Los cambios que se derivan actualmente y en el futuro del transhumanismo van a conducir al logro de ideales transhumanistas; que así parezcan lejanos, se irán acercando con la singularidad venidera de la ciencia y la tecnología. Me voy a referir a algunos de los principales anhelos:

1. Inmortalidad

Una de las principales expectativas del transhumanismo es la inmortalidad. Ya en 1962 Ettinger comenzó a abogar por la **criopreservación**, que en Estados Unidos se practica desde 1966. El propio More es director de Alcor Life Extension, la compañía de criopreservación más grande del mundo, fundada en 1972. James Bedford está muerto, fue el primer humano en criopreservarse, hace cerca de 60 años, con la esperanza de ser despertado o "revivido" en un futuro más o menos distante. La fundación que preserva al primer hombre criogenizado tiene más de 150 "pacientes" con la misma expectativa; pero con mejores tecnologías que Bedford. Nadie sabe, si en realidad estos individuos se podrán revivir y de lograrlo, tampoco se conoce en qué estado físico y mental se encontrarán. Es una apuesta de la ciencia y desde luego de los crioperservados; que ultimas no tiene nada que perder y todo que ganar; porque en ultimas ya están muertos.

Más recientemente se desarrollaron proyectos para **revertir el envejecimiento celular**, como lo realizados por la empresa Estrategias para la Ingeniería de la Senescencia Insignificante (Strategies for Engineered Negligible Senescence) del gerontólogo inglés Aubrey de Grey. Otro ejemplo es la biotecnológica Calico, perteneciente a Alphabet (Google); o los experimentos de la neozelandesa Laura Deming, financiados por Peter Thiel, cofundador de PayPal.

La ambiciosa búsqueda para revertir el proceso de envejecimiento y extender la vida humana está siendo perseguida por California Life Company (**Calico**) y financiada por varios miles de millones de dólares. Larry Page, CEO de Google, dijo: "*Las enfermedades y el envejecimiento afectan a todas nuestras familias. Con algunas consideraciones a largo plazo sobre el cuidado de la salud y la biotecnología, creo que podemos mejorar millones de vidas*". En la web de Calico sus intenciones quedan bien plasmadas *"Más allá de la genética, nos centramos en las características del envejecimiento, incluyendo la proteostasis, las respuestas al estrés, la energética celular y la senescencia. En cuanto a nuestras áreas terapéuticas clave, éstas incluyen la oncología, la neurodegeneración, la inflamación crónica y la disfunción metabólica, porque la incidencia de estas afecciones aumenta bruscamente en la edad avanzada y se asocia con una gran morbilidad".*

La búsqueda de la inmortalidad, conducirá a un hecho muy relevante: **mayor longevidad**. Este logro por si solo cambiará la historia de la humanidad. La esperanza de vida es un concepto estadístico muy mal entendido y es diferente a la longevidad. Por esta confusión semántica; muchos creen que los seres humanos gracias a la civilización cada día vivimos más, lo cual técnicamente no es muy cierto.

La esperanza de vida no tiene nada que ver con la longevidad de los individuos, sino que es un promedio estadístico de la cantidad de años que vive una determinada población en un cierto período. Como le pasa a cualquier media, los valores individuales altos (las personas que llegan a viejo) suben la cifra, y los valores bajos (las personas que mueren en la infancia) la bajan. Y el caso es que en las poblaciones de cazadores-recolectores como las de nuestros antepasados, sin cesáreas, sin antibióticos y sin vacunas, la **mortalidad infantil** era muy elevada, del 30 al 40 % antes de los quince años, con la mayor parte de esas defunciones antes de los cinco, generando un valor muy bajo de la esperanza de vida. Un ejemplo es; si de una población de 100 personas, 10 mueren al nacer, otras 10 a los 5 años, otras 10 a los quince, otras 10 a los 30, 20 a los 40, otras 20 a los 50, 10 a los 60 y los 10 restantes a los 70, la esperanza de vida será de 36 años.

Otro ejemplo: la esperanza de vida en la antigüedad grecorromana era de **28 años**. ¿Significa eso que los griegos y los romanos eran ancianos a los 28 años? Evidentemente no. Julio César fue asesinado a los 65 años. Alejandro Magno murió joven, envenenado, a los 33 años.

La **longevidad** es la máxima duración de un individuo dentro de su especie. Al parecer la longevidad del ser humano **no ha variado** en más de dos milenios. Por citar solo unos pocos ejemplos, Tales de Mileto, entre los siglos VII y VI a. C., vivió 78 años, Pitágoras, menos de un siglo después, vivió 94, y Demócrito, un siglo más tarde, 90. Y, por el contrario, Søren Kierkegaard, en el siglo XIX, murió con sólo 42 años, y Michel Foucault, en el XX, con 58. Pero en promedio, la longevidad de los filósofos se ha mantenido sin variación desde la antigüedad clásica en torno a los 64 años. Y, sin embargo, en solo un siglo **la esperanza de vida ha aumentado** espectacularmente; especialmente por la disminución de la mortalidad infantil. Sin embargo, se estima que en 2019 murieron 5,2 millones de niños menores de cinco años, en su mayoría por causas evitables y tratables. La esperanza de vida en EE.UU. ha pasado de menos de 50 años en 1900 a 77,8 años en 2020.

El transhumanismo, además de aumentar la esperanza de vida, aspira a **incrementar la longevidad**. No se trata de un despropósito; porque existen especies de mamíferos de 200 años y la medusa Turritopsis nutricula, que **puede ser inmortal**. De forma general y simplista se trata de **hackear** la información de estos organismos vivos y aplicar dicho conocimiento de forma inteligente a la condición humana. Es jugar con las mismas herramientas de la evolución natural, pero aprendidas de otra especie, también naturales. A esto se podrá sumar todo el componente artificial propio de la ciencia y la tecnología y ¡Eureka ¡, estaremos cerca de la inmortalidad de causas naturales. Inicialmente estarán excluidas las causas de mortalidad traumática e infecciosas muy complejas; con grandes daños de la estructura física y fisiológica. El **homo hacking** incorporará todas las cualidades de otras especies, materiales y tecnologías, obtenidas mediante el hackeo de sus sistemas de información genética, bioquímica, molecular, celular, funcional, cognitiva, etc. que consideremos deseables, posibles y pertinentes para nuestro mejoramiento. Esto incluye; anexar todo lo necesario y posible proveniente del hackeo de todos los organismos y estructuras disponibles.

Por razones históricas, culturales y religiosas nos acostumbramos a concebir la mortalidad como un hecho natural e irreversible. La fuerza de la costumbre, genera las creencias que tenemos sobre la vida y la existencia humana. Por lo tanto, habitualmente evaluamos las realidades con prejuicios limitantes; que surgen del conocimiento del pasado y el desconocimiento del futuro. El pensamiento disruptivo, debe conducir a replantear muchos temas desde enfoques **no habituales**, pero viables o posibles desde la filosofía, la ciencia o la tecnología.

¿Por qué tenemos que morir? o ¿Por qué no somos inmortales? Deberían ser las preguntas adecuadas, y no dar por hecho, que la muerte hace parte de nuestra humanidad, cuando posiblemente solo sea un fallo biológico o evolutivo. ¿Porque abstenernos de la posibilidad de prolongar la existencia individual y colectiva, mediante la ciencia y la tecnología?; Aparte de ser una torpeza, es una falta de solidaridad con las futuras generaciones. Temerle, por ejemplo, a la sobrepoblación es también irrelevante; pues de la misma manera que avance la tecnología para el transhumanismo, así mismo se desarrollará la ciencia y la tecnología para garantizar la supervivencia y la sostenibilidad del ecosistema. Además, del proceso progresivo de colonización de territorios extraterrestres, en donde los posthumanos vivirán.

Michael Rose, profesor de biología evolutiva de la Universidad de California en Irvine, pronostica que el anhelo humano de inmortalidad podría quedar parcialmente satisfecho en el siglo XXII, cuando menos hasta el punto de prolongar el promedio de vida humana a 140 años.

Aunque es entendible la filosofía temerosa del cambio; no comparto muchos de sus miedos. Pese a que en abril de 2019 investigadores de la Universidad de Yale lograron revivir células cerebrales de cerdos muertos, la inmortalidad desata una fuerte discusión en el mundo científico. Los autodenominados bioconservadores, como Leon Kass y Francis Fukuyama, con argumentos del naturalismo aristotélico hablan del sacrilegio de alterar una naturaleza sabia y equilibrada, que incluye la dotación moral humana. Michael Sandel, por su parte, denuncia la **hybris** de pasar de una «ética de gratitud por lo dado» a una «ética de dominio del mundo», que liquidaría la humildad, la solidaridad y la inocencia de nuestra especie. En relación con la eugenesia, Jürgen Habermas señala no solo los problemas éticos de dejar a la humanidad en manos de la moda de turno entre sus padres, sino el posible reproche de nuestros hijos por determinar así su destino.

Otro conjunto de críticas apunta a los problemas prácticos: el costo social de mantener ancianos por siglos, de financiar una mejora médica constante o de desplazar la atención de la terapia de personas al mejoramiento de embriones. Sandel y Ferry advierten que el costo de la ingeniería genética produciría nuevas desigualdades entre las familias, a punto tal de hacer coexistir varias humanidades diferentes, como ya pasó con cromañones y neandertales, con el previsible sometimiento o extinción de la más débil. Finalmente, una crítica más existencial, ya anticipada por Jorge Luis Borges en su cuento «El inmortal», observaba que una vida eterna disuelve nuestra noción de consecuencia, de tiempo y, finalmente, de identidad. Estas posturas son bienvenidas, porque alimentan el debate en un tema tan controversial y poco conocido como es la inmortalidad. En realidad, todos; detractores y defensores de la búsqueda de la **inmortalidad en el plano material**, se mueven en arenas movedizas y terrenos inciertos.

Otras posibilidades de la inmortalidad, pueden ser menos entendidas y más controversial; como por ejemplo la **inmortalidad virtual**. Algunas alternativas posibles, pero aun no existentes serian un cerebro clonado dando vida a un robot, un hackeo total de la funcionalidad cerebral de un individuo y transferirlo a un sistema de carácter virtual o una computadora biológica (neuronas vivas en vitro) que conserven **el alma** (pensamientos, emociones, memoria, creatividad, emociones, intuiciones, sentimientos, inteligencia, consciencia, etc.) y permitan su continuidad y desarrollo de forma no corporal y eventualmente puedan hacer parte de los híbridos u homo hacking del futuro. Esto también tendría utilidad en los procesos transdiferenciación celular, similar a la medusa Turritopsis nutricula cuando se regenera a una etapa muy incipiente. Pensemos, que al someternos a retro evolucionar hasta; por ejemplo, la niñez, perderíamos todo lo que somos como adultos, el alma se desdibujaría y pasaríamos a ser otra cosa u otro individuo, sino se conservara el alma en un mundo virtual y luego se retransfiere al mismo organismo, pero totalmente regenerado.

Problemas radicales, como vencer a la muerte, requieren de soluciones radicales. Esa parece ser la premisa de Nectome, la empresa que busca **digitalizar el cerebro humano**. Morir para alcanzar la inmortalidad puede parecer contradictorio, pero de hecho ha generado cierto interés entre los millonarios de Silicon Valley. Hasta el momento 25 personas han pagado 10.000 dólares para entrar en la lista de esperar para realizar esta "transmigración", entre ellos Sam Altman, de 34 años y presidente de la aceleradora de empresas Y Combinator. El proceso, que aún no está operativo, es simple. El cerebro de la persona debe ser embalsamado para que luego se pueda reconstruir su **conectoma**, es decir un mapa de las conexiones entre las neuronas del cerebro. Con esa información luego se crearía una simulación computacional con la cual el paciente volvería a la vida, pero sólo en formato digital.

También es útil mantener un **back up** de nuestra alma, para que, ante un hecho desastroso en donde perdamos la vida, podamos recuperar nuestra esencia individual en un nuevo cuerpo o robot. Nadie estará exento de una explosión que lo vuele en mil pedazos o un trauma que lo destruya físicamente. Sería terrible vivir en un mundo con posibilidades de inmortalidad natural, pero temerosos de accidentes o enfermedades graves de tipo infeccioso; aun sin tratamiento. Sería un escenario muy paranoico y con poco sentido existencial.

LifeNaut, que además de la teoría quiere pasar pronto a la práctica, ya que está creando robots que puedan reproducir los comportamientos que el cerebro clonado deba reproducir. El tema ético y humanista sigue siendo de gran complejidad; porque los límites del alma no son bien conocidos y por lo tanto existirían perdidas de información al pasar del mundo físico al virtual y viceversa.

Otra parte sobre el debate estaría centrada en la **privacidad**, y es que con una clonación o transferencia a la virtualidad podrían comprometerse secretos que nunca deben ser compartidos fuera de la intimidad de la persona, aunque, por otra parte, resulta muy atractivo la posibilidad de compartir más ampliamente el conocimiento muchas veces reservado a la intimidad personal, pero con enormes posibilidades de aportar al crecimiento general. El concepto de **hacking**, también conlleva los riesgos de perdida de intimidad y privacidad; que tendrán que ser resueltos en su momento oportuno.

Otra gran pregunta es ¿Para qué y porque ser inmortales? Así como la mortalidad puede tener sus beneficios y defectos, lo mismo sucede con la inmortalidad. Esa gran oportunidad de vivir más, lógicamente encierra un mar de oportunidades, de nuevas y numerosas experiencias; pero puede resultar, por ejemplo, muy aburridor vivir tanto o muy retador planear el futuro; ante una temporalidad tan prolongada. Este campo de la filosofía y psicología existencial, debe ser abordado cuidadosamente por el transhumanismo; porque de nada sirve vivir más; sino se le encuentra sentido y alegría a la existencia. Tampoco tendría mucho sentido, **anular** química o biológicamente todas estas **emociones o sentimientos**; que nos acercarían más a seres vivos del reino vegetal o a lo inanimado y por supuesto más cercanos a las máquinas.

La inmortalidad natural será un **derecho**, posiblemente muy costoso. No todos desearán o podrán ser inmortales. Volviendo a aparecer el tema de la desigualdad; que es desafortunadamente horizontal para el proyecto transhumanista. Comenzaremos con incrementos moderados de la longevidad, como vivir 150 años, gracias a la oferta nutricional, de modificación de hábitos, de tecnología biogenética y de regeneración celular, etc. Muy seguramente al llegar a los 150 años, ya existan mejores tecnologías, para los centenarios y así progresivamente, generación tras generación, se extenderá la longevidad hacia la inmortalidad. ¿Qué sucederá con los que no puedan y deseen la inmortalidad? Si un hijo no desea ser inmortal, los padres inmortales los verán morir y sus emociones se trastornarán. Como derecho, la inmortalidad podrá ser interrumpida de forma voluntaria y optar no continuar los tratamientos prolongevidad, la eutanasia o el mismo suicidio.

Las religiones también se enfrentarán a nuevos retos; que tendrán que ir resolviendo a medida que las generaciones futuras de acerquen a la deseada inmortalidad. Posiblemente surjan nuevas religiones o nuevos dogmas dentro de la ya existentes. Las religiones continuaran teniendo su nicho, en nuevos miedos y necesidades espirituales y existenciales.

2. Eterna juventud

La búsqueda de la eterna juventud se pierde en los albores de la memoria de la humanidad. Muchas civilizaciones de Eurasia perpetuaron leyendas que atribuyen propiedades rejuvenecedoras a las aguas situadas en diversos lugares de Asia e incluso de África. No siempre el lugar de peregrinaje tenía una fuente, en algunos casos era un lago y la ingesta del agua no era necesaria para rejuvenecer. Bastaba con un baño. En otros, el transmisor del supuesto milagro ni siquiera era el agua.

Una de las primeras referencias a una fuente con semejantes propiedades surgió de los textos del historiador griego Heródoto, que en el siglo IV antes de Cristo se refirió a un encuentro entre Ezana, rey de Etiopía, y emisarios del monarca persa Cambises II. La preocupación de los asiáticos era conocer la razón por la que los etíopes eran longevos y gozaban de una excelente salud y fortaleza, incluso a edades muy avanzadas.

En la lejana China, el emperador Quin Shi Huang también coqueteó con la idea de ser joven para siempre. Pero en su caso, su intento acabó con su vida. La razón de semejante desenlace es que en este caso no fue el agua el elixir de la eterna juventud, sino el **mercurio**. La ingesta de unas pastillas de este elemento químico provocó un cambio en la cúpula de la China imperial.

En 1513 el explorador español Juan Ponce de León zarpó hacia el Nuevo Mundo para tratar de encontrar la legendaria Fuente de la Juventud, la cual supuestamente tenía el poder de rejuvenecer a las personas mayores. Naturalmente, no la encontró; sin embargo, la búsqueda de la eterna juventud no murió con Ponce de León. Hoy en día la ciencia moderna sigue buscando maneras de prolongar la juventud.

La eterna juventud es muy diferente de la inmortalidad o la extensión de la longevidad; pero se encuentra ligada a ella. No sería muy útil o coherente extender la vida, pero en una condición envejecida y calamitosa en salud física, mental y social. Queremos ser longevos, pero en eterna juventud. Este es, uno más de los retos del transhumanismo. Vencer al proceso de envejecimiento y prevenir con ello la aparición de enfermedades asociadas a la edad; desde las neurodegenerativas, las cardiovasculares y las osteomusculares y dermatológicas, sigue siendo la expectativa pendiente. Mantener aun aspecto bello y vital.

El científico Juan Carlos Izpisua, profesor del Laboratorio de Expresión Génica del Instituto Salk de California y catedrático extraordinario de Biología del Desarrollo de la UCAM, ha dado ahora un paso al lograr **rejuvenecer células de ratones** afectados por progeria, una enfermedad de las denominadas raras que produce un envejecimiento acelerado y prematuro. El síndrome de Hutchinson Gilford Progeria (HGPS), que se refiere generalmente como progeria, es un desorden genético extremadamente raro y fatal que causa el envejecimiento prematuro en individuos afectados; como el caso del conocido Sam Berns.

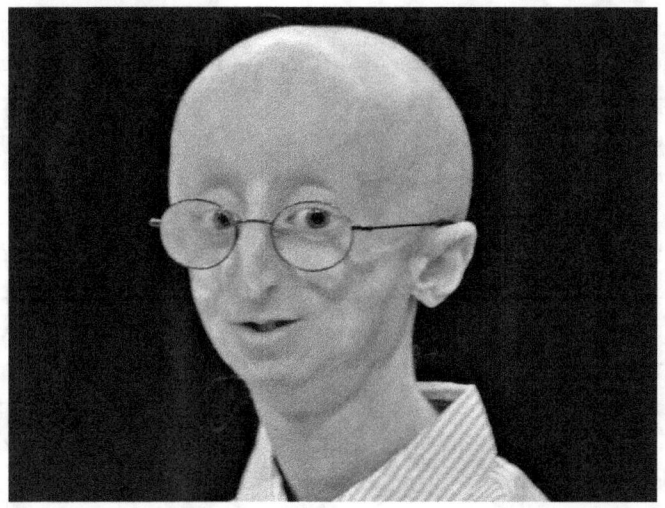

Más aún, Izpisua ha conseguido revertir el envejecimiento también en células de piel humana, en laboratorio. El paso dado por el equipo liderado por Izpisua ha sido posible gracias a la utilización de técnicas de reprogramación celular, un procedimiento que revolucionó la ciencia en 2006, cuando fue descubierto por el japonés Shinya Yamanaka. Su aplicación en ratones con progeria ha permitido prolongar la vida de estos animales un 30%. Un resultado sin duda alentador. Lo que hizo Yamanaka fue convertir células adultas en células madre pluripotentes (iPCS) mediante la introducción de una combinación de cuatro genes. Izpisua llevó a cabo una reprogramación parcial, de forma que las células rejuvenecieron sin perder su identidad. Lo que permite este rejuvenecimiento celular es que los tejidos u órganos recuperen la funcionalidad que han ido perdiendo con el proceso de envejecimiento.

El envejecimiento solía ser una parte aceptada de la vida y las personas lo hacían con dignidad, pero ya no es así. Algunos de los hombres más ricos están apostando por la eterna juventud. Desde Jeff Bezos, revolucionario fundador de Amazon, hasta el excéntrico Elon Musk y sus vehículos autónomos y naves espaciales; el precoz Mark Zuckerberg y su popular y polémico Facebook hasta el creador de Pay Pal, Peter Thiel, los super billonarios no han escatimado gastos en la búsqueda de la fuente de la juventud.

Bezos, de 55 años y nacido en Nuevo México, Estados Unidos, ha inyectado unos 116 millones de dólares en Unity, dedicada a "desarrollar medicinas que potencialmente frenen, moderen o reviertan las enfermedades relacionadas al envejecimiento, al mismo tiempo restaurando la salud". Pero no contento con estas inversiones, Jeff Bezos ha ido un paso más allá y también ha depositado su confianza y su dinero en dos compañías más: Grail y Nautilus Biotechnology. La primera de ellas tiene como propósito es desarrollar un único análisis de sangre con el que detectar varios tipos de cáncer antes de que aparezcan los primeros síntomas; mientras que la segunda está dedicada principalmente a construir un dispositivo que pueda rastrear las proteínas de los pacientes de manera más rápida y económica para permitir a los desarrolladores de medicamentos utilizar esos datos y encontrar tratamientos específicos para enfermedades como el cáncer y la esclerosis múltiple.

Numerosas empresas han estado realizando ensayos sobre los efectos positivos de recibir regulares transferencias de sangre joven procedente de personas de entre 16 y 25 años de edad. Para algunos expertos este proceso hasta podría revertir el envejecimiento. Aquí también entra en juego Thiel, que tendría un fuerte interés en estas investigaciones a través de su compañía start up Ambrosia. El multimillonario también ha invertido en la empresa Breakout Labs, dedicada a encontrar nuevas formas de extender la vida humana, como la experimentación con la sangre joven.

Las causas del envejecimiento son multifactoriales y las miradas apuntan a varios procesos con un papel clave en el envejecimiento. De acuerdo con un estudio publicado en la revista Cell, Carlos López-Otín, de la Universidad de Oviedo, María Blasco y Manuel Serrano del CNIO; Linda Partridge, del Instituto Max Planck y Guido Kroemer de la Universidad Descartes de París, señalan que existen diversas claves científicas en el envejecimiento:

1. Defectos en el ADN. Estos daños que se acumulan en los genes durante toda la vida, ya sea por causas internas y externas, son uno de los principales causantes del envejecimiento y también de la aparición de tumores, salvo en los de carácter familiar.

2. Tamaño de los telómeros (extremos de los cromosomas). Mientras más cortos sean se incrementa el riesgo de padecer cáncer y se genera un aceleramiento del envejecimiento. Para hacerlos crecer evita fumar, beber alcohol y llevar una dieta balanceada.

3. Cambios en el genoma. El ADN sufre los efectos de nuestros hábitos de vida y exposición al ambiente (radiación solar y el tabaco); estos son también una de las principales causas del envejecimiento.

4. Proteínas defectuosas. Cuando el organismo no puede eliminar las proteínas defectuosas se acumulan y generan diferentes enfermedades como el Alzheimer.

5. Agotamiento de células madre en los tejidos. Sin estas células con capacidad regeneradora, los tejidos y órganos envejecen.

Los estudios sobre el envejecimiento; implican muchos aspectos técnicos y terminología, que puede resultar abrumadora, para los fines de este libro. Sin embargo, voy a intentar abordar de la manera más simple, los de mayor importancia.

Las causas del envejecimiento se podrían clasificar como variables intrínsecas y extrínsecas. Algunas causas disminuyen la longevidad y otras no tanto. Las muestras físicas de la evolución de cada homo sapiens, son muy evidentes y reconocibles por cualquier persona. Tenemos una etapa de crecimiento y desarrollo hasta la vida adulta; cuando se presenta la máxima vitalidad y capacidades; incluyendo las reproductivas. Luego viene un declive hacia el envejecimiento. La muerte se puede presentar en cualquier etapa de la vida.

El envejecimiento, que se manifiesta mediante el desgaste progresivo y la respectiva regulación, es un proceso que ofrece la ventaja de prolongar la duración de la vida en el período adulto.

Existen factores internos de tipo genético, molecular, celular, inmunológica y hormonal que regulan el crecimiento y la diferenciación progresiva de las células; que está fuertemente determinado por la genética y sus interacciones. Mantenemos la capacidad antioxidante, reparadora y renovadora de forma constante en el primer período de vida. Al parecer el crecimiento y diferenciación si obedece a algún tipo de programación, específica para cada especie. ES como si la evolución natural solo se preocupara por obtener individuos sanos y vitales para la reproducción y así garantizar la continuidad y sanidad de la especie. A partir del adulto desaparece o se difumina la programación de especie y el individuo queda a la deriva en un proceso de desgaste y regresión.

Conocemos como envejecimiento intrínseco las manifestaciones moleculares o funcionales que aparecen en el adulto sin aparente influencia externa. En contraposición, el envejecimiento extrínseco está relacionado con el efecto del medio, por tanto, es expresión del desgaste. Las manifestaciones más significativas de envejecimiento intrínseco son aquellas que se deben, por ejemplo, al declive de la secreción de hormona de crecimiento (GH). Otro ejemplo, se relaciona con la extensión de los telomeros en los extremos de los genes; que se pueden corregir utilizando enzimas que estimulan su reparación. Si a las células se les da una capacidad infinita para repararse a sí mismas, entonces la inmortalidad se vuelve teóricamente posible, y finalmente se habrá descubierto la Fuente de la Juventud.

A excepción de las neuronas, en el adulto todas las células epiteliales y parenquimatosas, es decir, mitóticas y postmitóticas, se reproducen en el cultivo hasta un número determinado de ciclos, que recuerdan el comportamiento proliferativo durante la vida humana y luego el declive. Pero el envejecimiento se va dando por la aparición de células senescentes incapaces de reproducirse, pero capaz de vivir algún tiempo. Son células que se van incrementando con nuevos ciclos proliferativos de los cultivos celulares.

Los procesos que condicionan el envejecimiento están mayormente relacionados con la influencia ejercida por el medio y su respuesta de adaptación por parte del organismo en cuestión. Un ejemplo muy demostrativo es el que ofrece la regresión de estructuras, celulares y extracelulares, por reacciones de **radicales libres**. El consumo de oxígeno, del que depende la vida del organismo, condiciona fenómenos deletéreos de **oxidación** cuya magnitud depende de la capacidad reguladora del sistema enzimático antioxidante. La inadecuada producción de estas defensas abre las puertas al daño oxidativo que, al implicar también al sistema enzimático antioxidante, establece el **círculo vicioso de regresión** progresiva. Por el contrario, este proceso no habría avanzado si el sistema antioxidante hubiera permanecido igualmente eficaz que en la juventud y durante la vida del adulto.

De forma semejante a lo que sucede en la materia inerte, aquí también es el grado de actividad continuada o de sobrecarga mantenida lo que delimita el período de funcionabilidad óptima, siendo tanto más corto como mayor o desproporcionado haya sido el uso. No obstante, también aquí hay que buscar un comienzo como primer eslabón.

Por tanto, es fácilmente concebible la presencia de dos postulados en el proceso de envejecimiento: el primer postulado se refiere a la regresión alcanzada en un determinado momento, siendo la misma siempre menor que en el siguiente. El segundo postulado apunta hacia el curso paralelo de la desestabilización, de menor a mayor con el tiempo de vida, lo que médicamente consiste en una cada vez mayor tendencia para contraer enfermedades.

Uno de los factores más estudiados está relacionado con los sistemas que detectan el estado nutricional. Desde que en 1935 Mcay y cols. publicaron el efecto positivo de la **restricción calórica** sobre la vida media en ratones, varios trabajos con levaduras, moscas, gusanos y peces han respaldado su teoría. Para quien no lo sepa, la restricción calórica consiste en una disminución de la ingesta diaria entre el 15 y el 30 %. Restringir el consumo de calorías sin alcanzar la malnutrición no solo prolonga la vida, sino que mejora el estado de salud general.

Lo opuesto sucede con la sobrenutrición y la obesidad, ambos considerados factores de riesgo y comorbilidad. La repetición constante de las señales neuroendocrinas que detectan el suministro energético, entre ellas la insulina que se segrega tras la ingesta, favorece a la larga el envejecimiento. Por el contrario, cuantas menos señales relacionadas con la ingesta emite nuestro organismo, mayor es la longevidad. Por eso funcionan tan bien la restricción calórica y los tratamientos farmacológicos que estimulan las vías que emulan el ayuno, como el resveratrol o la rapamicina.

La dieta mediterránea es otro de los ejemplos históricamente asociados al aumento de la longevidad. De manera similar a lo que ocurre con los residentes en Okinawa, los seguidores de la dieta mediterránea tampoco abusan de las proteínas. Y aunque incluyen más carbohidratos en sus platos, también consumen abundantes antioxidantes y ácidos grasos esenciales.

La **apariencia física** está muy relacionada con la percepción y sensación y es frecuente que las personas demuestren más o menos edad, que la que marca su reloj biológico. Por lo tanto, además de la juventud real proveniente de los procesos celulares, la búsqueda de una mejor apariencia se debe incorporar al proyecto transhumanista.

Anthony Elliott, en los cuatro capítulos de Dar la talla (2009), aborda cómo cada vez más el eje de la vida es el culto a la belleza y la juventud "artificiales". Un cuerpo perfecto posible de alcanzar, que para las mujeres británicas respondieron en una encuesta de 2001, sería: el pecho de Liz Hurley, las piernas de Ellie Macpherson, las nalgas de Jennifer López, la cara de Catherine Zeta-Jones y el cabello de Jennifer Aniston. Estas "modelos", conocidas como celebridades en el mundo de la farándula, están marcando los cánones femeninos de belleza, a los que se puede aspirar a través de la cirugía estética. Y también se puede aspirar a "ser como ellas" porque los servicios que se ofrecen en el mercado muestran que es posible.

Para el autor, la cirugía se relaciona con tres fuerzas culturales y estructurales: la fama, porque a través de los medios de comunicación se da cuenta de cómo las celebridades encarnan, interpretan y representan la tecnología de la medicina y de la cirugía estética mediante la transformación del cuerpo para el realce artificial de la belleza; el consumismo, como la acción a través del cual la transformación estética se hace accesible en el mercado médico y en donde se promueve el consumo de mercancías como productos de belleza y aparatos para conservarla, así como los spa, gimnasios y un conjunto de productos alimenticios, que alientan al acceso a la belleza y juventud, así como la posibilidad de la cirugía estética con mayores facilidades a través de préstamos bancarios o tarjetas de crédito; y la economía de la globalización, que es cada vez más exigente y que introduce angustias e inseguridades que los individuos resuelven cada vez más en el plano corporal, porque plantea retos de adaptabilidad a diario, lo que hace que sea la "imagen" corporal, una puerta que abre o cierra oportunidades.

La actividad física y el correspondiente descanso, son factores para evitar el envejecimiento desde el ámbito de la cultura y los hábitos de vida. Por ejemplo, se promociona la gimnasia de la eterna juventud o de Qi Gong, una propuesta antigua que utiliza movimientos lentos, respiración y concentración para proporcionar una relajación física duradera.

Otras circunstancias conexas al envejecimiento es el aumento de **patologías asociadas a la edad**. En las últimas décadas, se ha experimentado un gran avance en la investigación de las enfermedades neurodegenerativas, y en especial de las demencias. Dentro de estas, cobra especial interés la enfermedad de Alzheimer por su gran incidencia. En este campo se están realizando enormes esfuerzos investigativos, porque muchos de los síntomas y signos del envejecimiento surgen de las enfermedades que llegan asociadas a la vejez.

No solo se necesita evitar el envejecimiento, sino **revertirlo** cuando sea necesario y posible. Un equipo del Instituto de Cáncer Dana-Faber, en Estados Unidos, publicó un estudio en Nature en el que detallaba cómo había revertido el proceso de envejecimiento en ratones. Los investigadores se enfocaron en los cromosomas dentro del núcleo de las células, específicamente en los telómeros, ubicados en los extremos de los cromosomas. En la investigación, el profesor Richard dePinho y sus colegas manipularon la enzima que regula a los telómeros, llamada telomerasa, encendiéndola y apagándola, esperando un retraso o estabilización del proceso de envejecimiento y lo que lograron fue una reversión drástica en los signos y síntomas del envejecimiento: "*Vimos que el cerebro de estos animales aumentó de tamaño y mejoraron sus capacidades cognitivas. Su pelaje recuperó su apariencia brillante y sana y su fertilidad también resultó restaurada*" dijo el investigador.

Aunque los científicos todavía no saben con claridad cómo se lleva a cabo el proceso de envejecimiento, ya se están probando tratamientos para revertir la vejez en el ser humano, con medicamentos. El profesor David Sinclair, del laboratorio antienvejecimiento de la Escuela Médica de Harvard, está trabajando en unos compuestos sintéticos llamados "activadores de sirtuinas" o STAC. Estudios con animales demuestran que los STAC pueden mejorar la salud y las perspectivas de vida de ratones obesos. Y ahora se están llevando a cabo ensayos clínicos con humanos. Esto no cambia el consumo de alimentos, los ratones siguieron comiendo normalmente y siguieron engordando, pero su cuerpo no pareció mostrar los efectos de la gordura y su salud siguió tan buena como la de un ratón sano.

El profesor Tim Spector, del King's College de Londres, que también investiga el proceso de envejecimiento, afirma que el enfoque no está en la prolongación de la vida sino en la **extensión de la buena salud**. "Si vivir mucho tiempo significa que nos veremos discapacitados por la artritis y no podremos salir de nuestra casa, nadie tendrá un beneficio". "Pero entender el proceso del envejecimiento nos ayudará a combatir la artritis, la diabetes, la enfermedad cardiovascular y todos los trastornos relacionados con la edad" dice Spector.

3. Libertades morfológicas y funcionales

Al igual que la comunidad transexual, algunos transhumanistas se sienten atrapados en el cuerpo equivocado, solo que para ellos todos los cuerpos son equivocados. Los h+ abogan por la «**libertad morfológica**» de adoptar cualquier condición física que la tecnología permita. O ninguno en absoluto.

Nuestro organismo alberga más de 30 billones de células propias y más de 40 billones y 60 billones de virus y varios miles de millones de hongos. Somos una corporación celular muy compleja. Cada grupo celular tiene su **propia longevidad**; los glóbulos rojos viven en promedio 120 días, las células de la piel 2 o 3 semanas. Las que recubren el intestino y el estómago duran unos 5 días o menos, las intestinales tardan en regenerarse unos 16 años; las grasas unos 8 años; el esqueleto humano, cada 10 años se renuevan y los óvulos duran hasta 50 años. Las únicas que parecen durar toda la vida son las de nuestro cerebro y las de la lente interna del ojo. Durante cerca de 3.500 millones de años las células se fueron asociando y aprendiendo a trabajar en comunidades flexibles y desconocidas entre ellas. Surgió la confianza y la solidaridad en un contexto de sistemas holísticos y sinérgicos. Crearon sus sistemas de comunicación y un mecanismo de gobernanza y regulación a través del "cerebro global". Como homo sapiens adquirimos la representación "legal" de la corporación celular humana. El humano como organización corporativa, delego en su sistema de gobernanza la representación ante otros homo sapiens y cada célula quedo anónima, en ese proceso "político-administrativo" de la vida celular. Muchas células quedaron atrapadas o domesticas en la corporación celular y ya no pueden volver a su condición silvestre; porque son incapaces de sobrevivir en esa circunstancia.

El cerebro global, se percibe y se presenta como el **único "Yo"**, que contiene la individualidad y la consciencia del "sí mismo", sin el cual el homo sapiens pierde su condición humana. El cerebro fue nombrado para gobernar, pero extralimito sus funciones y se **tomó el poder del "yo",** dejado al "**somos células**" por fuera de la historia y el escenario. Este poder, permite que el transhumano pueda pensar en modificar totalmente su cuerpo y sus grupos celulares y no menos ingrato descorporalizarse totalmente y adoptar una condición virtual. Por efectos culturales adoptamos un nombre; Pedro, María, etc. y ese "yo" nos vuelve aún más poderoso.

En ese punto evolutivo nos encontramos ahora, e independiente de la posible extinción de muchos de nuestros grupos celulares, las decisiones transhumanas continuarán, sin escuchar a las células humanas y menos a los billones de microorganismos corporales.

Saliéndome de la "filosofía celular", tenemos el derecho histórico, bioquímico y molecular; para transformarnos física, mental y fisiológicamente. Hemos creado derechos humanos, sociales y ecológicos, pero nuestros verdaderos derechos son **físico-químico-energéticos**. En este plano material se establecen los verdaderos límites de nuestra existencia. Por lo tanto, tenemos el derecho a migrar o a transformarnos dentro de los parámetros fijados por la materia y la energía. Desde luego, nadie puede desconocer que como homo sapiens nos importan más aspectos del orden emocional, operativo, social, económico, político, espiritual y de salud, que los verdaderos derechos naturales. Esos derechos que consideramos importantes han surgido de la historia y la cultura y a pesar que son mutables, nos aferramos a ellos, para organizarnos y para encontrar el sentido individual y colectivo. Inclusive, puede parecer extraño hablar de derechos naturales provenientes de la evolución del cosmos, pero son más reales que los humanos.

Las células que se agruparon para conformar cuerpos humanos, también tienen sus derechos celulares; que están sujetos y dependientes de los derechos físico-químicos. Sus derechos, no garantizan que los cerebros humanos o un cataclismo biológico o natural las lleven al sufrimiento o la extinción, "irrespetando" sus derechos. Es algo similar a las normas jurídicas; en donde los decretos dependen de las leyes y estas de la Constitución de un país. Hoy tenemos una serie de normas humanas, que apenas son "decretos" y quedan sin sentido cuando cambian o se aplican las leyes y la Constitución. Por lo tanto, nada nos impide cambiar nuestra morfología y funcionalidad actual; dentro de las leyes de la físico-química.

Podemos modificar la estructura física corporal, la fisiología, el alma, la psicología, las características energéticas, etc. Que es peligroso, claro que sí. Pero el derecho físico de hacerlo, está presente. Aunque nuestra corporalidad y forma de pensar y sentir, nos sitúa en la especie homo sapiens; no tiene por qué ser siempre así. Nos acostumbramos a esta condición humana actual, porque no conocemos otra y cualquier otra, le parecería extraña a esta generación. Cuando fuimos musarañas, nos sentimos cómodos en esa condición y lo mismo sucedió cuando fuimos primates, simios y ahora homo sapiens. No nos podemos imaginar o aceptar una condición humana diferente a la que tenemos en el ahora. Sin embargo, el posthumanismo, no es para esta, ni para las generaciones cercanas y, por lo tanto, lo que hoy en la teoría transhumana nos puede parecer raro o ajeno, para ellos será totalmente normal. Los homo sapiens, al igual que las musarañas seremos recordados como ancestros muy pintorescos. La evolución natural, también nos irá conduciendo a modificaciones físicas y funcionales, que tampoco podemos prever. Es posible que la misma evolución natural, nos diferencie tanto en el futuro, terminemos siendo muy diferentes a los homo sapiens del siglo XXI.

Muchas investigaciones del sistema nervioso se presentan ante la comunidad médica como herramientas de diagnosis y neuroprótesis. Pero muchos sueñan con poder escanear un cerebro, emularlo, reescribirlo, mejorarlo y subirlo a una computadora. No por nada detrás de estos desarrollos también están los dólares de los hombres más ricos del mundo. Thiel y su ex-socio en PayPal, Bryan Johnson, están convencidos de que «todo en la vida es un **sistema operativo**». Esto posibilita un proyecto paradójico, en donde por preservar al ser humano se puede separar el cuerpo de la mente y el cuerpo puede volverse prescindible y conservar solo la mente o el alma en un sistema operativo o virtual y desechar el cuerpo.

A partir del discutido «principio antrópico cosmológico», Sandberg concluyó que, para sobrevivir, la humanidad debe expandirse al cosmos, pero solo puede hacerlo separando la mente de su cuerpo y convirtiéndola en energía. Esa confluencia de mente y materia, de humanidad y tecnología, será el paso de la particularidad física a la singularidad. Ese es el salto de fe del transhumanismo hacia el posthumanismo.

El concepto de «**singularidad**» (singularity) apareció por primera vez en una necrológica de 1958 que el matemático polaco Stanisław Ulam le dedicó a su colega John von Neumann, del Proyecto Manhattan: «el siempre acelerado progreso de la tecnología y los cambios en el modo de vida humana, la cual da la impresión de aproximarse a una singularidad esencial en la historia de la raza más allá de la cual los asuntos humanos, tal como los conocemos, no podrían continuar». Más adelante, Vernor Vinge usó el término para hipotetizar sobre el desarrollo de una inteligencia artificial superior a la humana que amenaza a nuestra especie, un tema que preocupa a muchos futurólogos.

Fue Ray Kurzweil, director de ingeniería de Google desde 2012, quien tomó la singularidad en un sentido visionario y militante. A partir de la ley de Moore sobre el desarrollo progresivo de la potencia informática, Kurzweil proyecta una evolución lineal y finalista: «mucho del pensamiento humano es derivativo, baladí y circunscrito. Esto terminará con la singularidad, la culminación de la fusión entre nuestro pensamiento y existencia biológica y nuestra tecnología, resultando en un mundo aún humano pero que trascienda nuestras raíces biológicas».

Como indique previamente, ya existe en algunas comunidades una **cultura transhumanista**, desligada de la ciencia, en donde se acude a métodos empíricos de modificación y deformación del cuerpo; que para la mayoría podrán parecer extravagantes. El "**body mod**" o la alteración deliberada de la anatomía o fenotipo humano. A menudo se hace por la estética, la mejora sexual, los ritos de paso, las creencias religiosas, para mostrar la pertenencia a un grupo o la afiliación, para crear arte corporal, por el valor de choque, y como auto-expresión, entre otras razones. En su definición más amplia incluye cirugía plástica, decoración socialmente aceptable y ritos religiosos de paso, así como el movimiento primitivo moderno.

De las cuatro **tecnologías convergentes** recogidas bajo las siglas NBIC, y comentadas anteriormente, se están desprendiendo la mayoría de cambios del transhumanismo. De igual manera toma muy en cuenta el desarrollo de la neurociencia, las ciencias cognitivas y el desarrollo de inteligencia artificial.

Las modificaciones futuras son tantas y tan variadas; que la imaginación actual no es suficiente para preverlas. Desde la genética, podemos cambiar de maneras astronómicas, hibridarnos con otras especies animales o vegetales o de cualquier otro reino taxonómico. Lo mismo sucede con la nanotecnología, la informática y la cibernética.

4. Capacidades super humanas

El sueño superhumano ha estado presente en todas las culturas. El término **semidiós** en la mitología griega se usa para describir a un humano que es descendiente de un dios y un mortal. En términos generales, es una especie de deidad menor, que puede ser mortal o inmortal derivado de su origen mitad dios y humano, o incluso puede ser una figura que alcanza el estado divino después de la muerte.

Parte de la naturaleza dual de los **héroes griegos** es que podían actuar como un mortal y una deidad. Zeus fue el padre de muchos héroes, como resultado de sus devaneos amorosos. A estos héroes, tras la muerte se les concedían honores, especialmente entre aquellos griegos que reclamaban ser descendientes suyos, y que esperaban obtener protección y patronazgo de algún dios por su intercesión. Algunos héroes famosos son Hércules, Perseo y Aquiles. Por ejemplo; Perseo fue un gran héroe griego, responsable de la fundación de Micenas. Perseo era hijo de Zeus y de la mortal Dánae, y sus hazañas forman parte de algunos de las narraciones más interesantes de toda la mitología. Entre sus acciones se encuentran la expedición para matar al monstruo Medusa, el rescate de Andrómeda, o su coronación como rey de Micenas.

Algunas características de los héroes mitológicos son: Una **inteligencia superior** que les posibilita solucionar acertijos y problemas (por ejemplo; el de Edipo frente al enigma propuesto por la esfinge). Poseen una **morfología fuera de lo ordinario**; en la mayor parte de los casos manifiestan marcas visibles –Lábdaco es cojo, Odiseo tiene una cicatriz; algunos son gigantes; otros enanos; otros, como Heracles, poseen una fuerza desmedida; esa fisonomía singular los lleva a realizar acciones también singulares. **Sortear diversas pruebas** y otros tipos de competencias, de las que el héroe siempre sale airoso. (por ejemplo: cualquiera los héroes del deporte). Pueden tener un **final sobrenatural**; tal es el caso de Edipo, según refiere Sófocles al final de Edipo en Colono, que próximo a morir –según relata el mensajero-, es invitado por una voz omnipotente a elevarse y sumarse al conjunto de dioses quienes en ese trance lo reconocen como a uno de los suyos.

Superpoder es un término de la cultura popular muy utilizado en la ficción. El concepto se ha explotado ampliamente en la literatura Pulp, historietas, videojuegos, ciencia ficción, programas televisivos y cine, adoptado como el atributo clave de los **superhéroes**. Habitualmente se utiliza la expresión para describir una habilidad excepcional que supera cualquier destreza humana o una capacidad que ningún humano posee. Entre los superpoderes más comunes se encuentran el vuelo, invulnerabilidad, fuerza sobrehumana, percepción extrasensorial, invisibilidad, precognición, teleportación y cambio de forma.

Eventualmente entre nosotros y sin ninguna tecnología especial, se desarrollan algunos superhumanos. Daniel Tammet, de 31 años, es un autista que tiene el "síndrome del sabio" o también conocido como "savantismo". Su condición le ha dado **habilidades mentales** increíbles: en 2004 rompió todos los récords al ser capaz de decir 22.514 números de la fórmula matemática pi (símbolo de la razón de la circunferencia a la del diámetro) en 5 horas y 9 minutos. Su pericia para memorizar, aprender idiomas a velocidades increíbles y calcular ecuaciones casi imposibles, le ha permitido entrenar a otras personas y compartir sus secretos.

El holandés Wim Hof posee una habilidad casi sobrehumana para **resistir al frío**, y lo ha demostrado en numerosas ocasiones. Esta maestría le ha llevado a crear un método propio de autocontrol que siguen infinidad de personas de todo el mundo. Ben Underwood perdió la visión a los 3 años a causa de un cáncer, pero esto no limitó su vida. Underwood desarrolló la sorprendente capacidad de moverse por el mundo usando la **ecolocación**. Es el mismo sistema que usan animales como los murciélagos: emiten sonidos agudos con la boca que les permiten "ver" los objetos a su alrededor, interpretando el eco que estos producen. Ben murió a los 16 años de edad a causa de la misma enfermedad que le había quitado la vista.

Como sacado de una historia de los X-Men, Liew Thow Lin, de Malasia, mejor conocido como "Magneto Man" tiene la extraña habilidad de usar su cuerpo como un **imán gigante**, siendo capaz de pegar cualquier objeto de metal a su piel, desde cubiertos hasta un coche de 1,5 toneladas, usando como única ayuda una placa de metal pegada a su estómago. Stephen Wiltshire, un artista británico que **puede recordar** casi a la perfección cualquier escenario que haya visto durante tan solo unos minutos y reproducirlo más tarde en papel sin cometer apenas errores. Lo ha demostrado después de haber sobrevolado en helicóptero ciudades como Nueva York y Roma. Los dibujos panorámicos de cada ciudad sorprendieron enormemente a todos los que le propusieron el reto.

El transhumanismo y sus múltiples tecnologías cada vez se irán facultando para ofrecer cualidades superhumanas. Un híbrido de humano y máquina, puede generar cualquier tipo de superpoderes como la inteligencia aumentada por microchips, implantes corporales que eliminan las contraseñas y el dinero físico y la fuerza sobrehumana creada por exoesqueletos casi invisibles.

Podemos hacernos más altos, más guapos, más sanos, más fuertes. Estamos logrando purificar nuestros genes para impedir que transmitan enfermedades, implantar nanocircuitos en el cerebro que le hagan procesar la información más deprisa o archivar cada mínimo detalle en la memoria, es posible modificar las células germinales para que nuestros hijos sean rubios y de ojos claros o, si nos apetece, chicas que gocen de unas medidas "perfectas". Podemos hacernos inmunes al sufrimiento, con dispositivos electrónicos o nanofármacos ¿y porque no? Ser más felices que un humano corriente.

Radfahrer teme, entre otras cosas, que la mejora se convierta en algo obligatorio impulsado por el combustible altamente inflamable de la competitividad humana. "Si en un colegio todos los niños tienen un chip en el cerebro para mejorar el aprendizaje y mi hijo no, aunque yo no esté a favor de ponérselo, la presión de la sociedad me llevará a hacerlo.

5. Cyborg

Un ciborg es una criatura compuesta de elementos **orgánicos** y dispositivos **cibernéticos**, generalmente con la intención de **mejorar las capacidades** de la parte orgánica mediante el uso de tecnología. Los implantes cibernéticos en el cuerpo humano son una realidad. El objetivo: mejorar el cuerpo humano a través de la tecnología.

Aunque al día de hoy los cíborgs no son muy frecuentes, la **ciencia-ficción** y, sobre todo el cine, han explotado mucho la idea; creando hasta un género nuevo: el cyberpunk. La primera película en abordar el tema fue Cyborg 2087 (1966). También tenemos la exitosa serie de televisión El hombre de los seis millones de dólares (1973), con su respetiva réplica femenina La mujer biónica (1976), que tuvo igual o más éxito. De la década de los ochenta tenemos Android (1982), Automan (1983) y el Inspector Gadget (1983); el ciborg más famoso de dibujos animados, llevado al cine en dos ocasiones: 1999 y 2003, Terminator (1984), D.A.R.Y.L. (1985), Robocop (1987), la japonesa Tetsuo (1989) y Cyborg (1989). En los 90 aparece Hardware (1990), Clase de 1999 (1990), Circuitry man (1990), Terminator, etc.

Algunas otras cintas interesantes serían Death Machine (1994), Asesinos cibernéticos (1995), Ghost in the Shell (1995), El hombre bicentenario (1999), la serie My life as a teenage robot (2003), la coreana Natural City (2003) o la romántica Cyborg she (2008). Como vemos, especialmente en los 80 y 90 hubo gran interés cinematográfico en tematica cyborg; que sirvió para inspirar a los **verderos cyborg de la actualidad**.

Cada vez son más los pacientes y biohackers que se atreven, por necesidad o gusto a implantarse o hibridarse con novedosas tecnologías de la cibernética, la robótica y la biónica. Personajes como Neil Harbisson, Kevin, Warwick, Rob Spence, Moon Ribas entre otros; han sido los **cyborg pioneros**, que osaron insertarse; en alguna parte de su cuerpo, dispositivos que les permitían comunicarse o percibir el mundo objetivo de una manera novedosa y diferente.

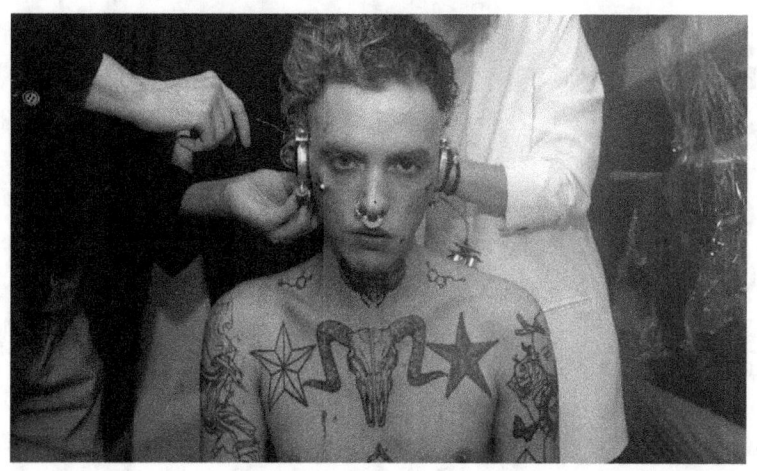

Fénix Binario es un ingeniero mecatrónico y dirige el Cyborg Foundation Labs en Barcelona, donde las ideas y proyectos de la Cyborg Foundation se hacen realidad. Hace algunos años, los artistas cíborg Moon Ribas y Neil Harbisson, la primera persona que fue reconocida como cíborg por un gobierno, crearon esta entidad para *"ayudar a los humanos a convertirse en cíborgs, defender sus derechos y promover el arte cíborg"*. Según Fénix, la fundación es un punto de encuentro para artistas, ingenieros, filósofos, abogados, médicos... *"Tenemos un mismo objetivo: la conquista del transhumanismo, del poder diseñarnos a nosotros mismos"*.

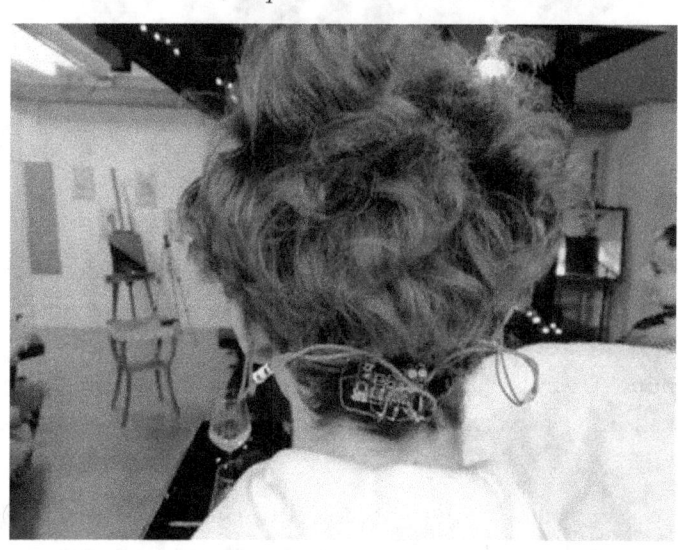

Gracias a un dispositivo instalado detrás de su cabeza, Manel Muñoz puede "escuchar" la atmósfera. El aparato recoge los cambios de temperatura, presión y humedad, y transmite vibraciones al oído a través de conducción ósea. Es como una especie de prótesis auditiva. El cráneo sirve de membrana y así Manel puede 'escuchar' el estado de la atmósfera.

Una de las causas más comunes de infertilidad en nuestros días es lo que comúnmente se conoce con el nombre de espermatozoides vagos o con baja movilidad. Literalmente los espermatozoides, aunque están sanos, no tienen la movilidad suficiente para alcanzar el óvulo que deben fertilizar. El doctor Oliver Schmidt y su equipo, del instituto médico IFW de Dresden, en Alemania, han ideado lo que llaman Spermbot o **espermatozoide cibernético**. Técnicamente, un cyborg. Se trata de un espermatozoide mejorado mediante nanotecnología, para ayudarlo a desplazarse y llegar hasta el óvulo que debe fecundar.

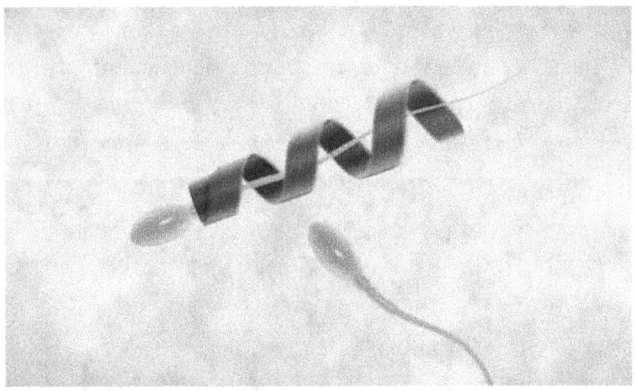

La empresa norteamericana de software Three Square Market anunció que implantaría a sus empleados (los que quisieran voluntariamente eso sí) unos **microchips** (del tipo Verychip) en sus cuerpos que les permitirían nuevas funcionalidades como abrir puertas, acceder a ordenadores, hacer fotocopias, pagar compras de máquinas expendedoras, etc.

Supongamos que el avance tecnológico sigue su avance imparable y, progresivamente, podemos ir sustituyendo las partes de nuestro cuerpo dañadas por la senectud por réplicas electrónicas. Si hablamos de órganos como el hígado, los riñones o el corazón, no hay problema (de hecho, ya se hacen trasplantes a día de hoy) pero si pensamos en el cerebro, el único órgano que no pueden trasplantarnos de otra persona sin que dejemos de ser nosotros mismos, surgen las cuestiones técnicas y éticas.

El escritor de **sci-fi** Stanislaw Lem nos ofrece un relato en el cual Mr. Smith, piloto automovilístico, había ido comprando todos los componentes de su cuerpo que se habían ido rompiendo en sucesivos accidentes, a una empresa de prótesis electrónicas, Cybernetics Company, hasta que de su organismo biológico no quedó absolutamente nada. Su última parte en recambiar fue uno de sus hemisferios cerebrales.

Podemos **extender nuestra morfología y funcionalidad** a través de los robots, si colocamos un chip en nuestro cerebro que mueve en una dirección un robot cada vez que pensamos en una determinada acción. Con un poco de entrenamiento, aprenderíamos todas las palabras que manejan el movimiento del robot y, con solo concentrarnos, seríamos capaces de que se moviera con agilidad. No parece muy difícil que pudiésemos hacer lo mismo con muchos más dispositivos: luces, ventanas, puertas de nuestra casa… cualquier tipo de vehículos o de prótesis u órtesis que nos imaginemos. Ya se ha conseguido que personas con miembros amputados puedan mover sus prótesis mentalmente. Podríamos estar presentes en **varios sitios a la vez**, moviendo diferentes robots ubicados en cualquier parte del planeta o el cosmos. Podríamos trabajar acostados en la cama; solo controlando con la mente aparatos robóticos a larga distancia.

Científicos de la universidad de Stanford han publicado recientemente en la revista Neuron un documento en donde explican cómo estimulando una pequeña región del hipotálamo de ratones machos, consiguen desatar en ellos una fuerte agresividad (incluso atacan su reflejo en un espejo). Unos años antes, en la Universidad de Yale ya se había conseguido **activar y desactivar el instinto** cazador de los ratones, volviéndolos dóciles o agresivos a control remoto. Imaginemos si algunas personas terminaran siendo cyborg que ordenan y **controlan** a otros ciborgs totalmente dóciles y obedientes, por los implantes en su cerebro.

No solo se pueden usar estos chips para que otros nos manipulen, sino que también podremos manipularnos a nosotros mismos. Puedes modificar tu personalidad, hábitos, gustos, eliminar defectos e inclusive evitar el dolor.

6. Biohacking

Desde hace ya un tiempo, el concepto de biohacking está aumentando en popularidad debido a una serie de noticias sobre el tema que han tenido un gran impacto como por ejemplo la muerte del biohacker Aaron Traywick, fundador y CEO de la empresa Ascendance Biomedical. Traywick causó polémica en los medios al inyectarse en público un tratamiento génico experimental que había desarrollado su empresa, con el fin de demostrar su seguridad. Los biohacking se apropian de cualquier tecnología convergente, para simplificarla y hacer posible que utilice por cualquier ciudadano, poniendo al alcance de todo el mundo la nanotecnología, ingeniería genética, e implantes tecnológicos: chips, sensores, máquinas y otros mecanismos que nos permitan superar los límites físicos e intelectuales.

El biohacking es una tendencia científica que busca la transformación y mejora del ser humano mediante el uso de diferentes tecnologías que sumen nuevas capacidades a las que ya posee por sí mismo. Con este movimiento como referente, al igual que un informático puede hackear un sistema electrónico para añadirle funciones para las cuales no está expresamente diseñado, los biohackers modifican el propio cuerpo humano para otorgar diferentes capacidades al organismo. Esta idea fue la que pretendía llevar a cabo hace unos años el activista biohacker Josiah Zayner cuando se inyectó un preparado con la herramienta CRISPR para editar su genoma y mejorar su musculatura.

Los biohackers quiere adelantar camino, y así como van, no estará muy lejos el día en que usemos biochips para pagar cuentas, o uno de tus ojos para grabar un cumpleaños familiar y sea algo completamente normal. Los biohackers, son; como dice Lepht, transhumanistas prácticos, lo que quiere decir que practican experimentos en su propio cuerpo para apurar el paso de esa ciencia y tecnología. Es importante distinguir entre la medicina tradicional y el biohacking o la Biología DIY, que defienden el concepto de **"hágalo usted mismo"**. Desarrollar implantes, chips, medicinas, alteraciones de ADN y otros mecanismos que tú mismo puedes implantarte en el propio cuerpo para superar una limitación física o intelectual. El biohacking ético defiende estas prácticas siempre que no pongan en peligro la salud, como puede ser el uso de chips bajo la piel para identificarnos o para medir los niveles de glucosa.

En la corriente científica del biohacking se fusionan dos pensamientos: el transhumanismo y la "**biología de garaje**". De esta forma, los biohackers apoyan la accesibilidad de los materiales científicos y la modificación biológica del ser humano y de su entorno, de **forma casera**. Si bien es cierto que una de las herramientas que utilizan los biohackers para modificar el cuerpo humano es la ingeniería genética, también se considera biohacker a todo aquel que modifica su cuerpo con diferentes dispositivos electrónicos. Un ejemplo de este segundo tipo de biohacking son los transhumanistas como Lepht, biohacker británica que ha implantado en su cuerpo más de 50 dispositivos subdérmicos.

Se considera biohacker a toda persona que intenta ofrecer a ciudadanos ajenos a las instituciones científicas instrumentos y métodos para modificarse tanto a sí mismos como a su entorno. Como ejemplo de este tipo de biohackers encontramos a investigadores como Daniel Grajales, Álvaro Jansá y el resto de fundadores de la empresa DIYBIO, el primer grupo de biohacking en España. En una reciente entrevista, Alvaro Jansá y Daniel Grajales definían el biohacking como "*sacar la ciencia de los grandes centros de investigación de la Big Pharma, llevarla al garaje y empezar a pensar en nuevas maneras de usarla*". Al igual que el resto de adeptos del movimiento pro-biohacking, el fallecido Traywick también pensaba que la tecnología debe estar al alcance de todos. Y ese es el lema de Ascendance Biomedical: "Hacemos tecnologías biomédicas disponibles para todos", al igual que el de muchas otras compañías, como la empresa estadounidense The Odin. Esta última empresa ofrece la capacidad de obtener kits de ingeniería genética preparados para utilizarlos en casa.

Contrarios a estos argumentos, muchos científicos apuestan por que la ciencia se mantenga en manos de aquellas entidades conocedores de los cuidados y precauciones necesarios para la correcta realización de una investigación. Los dos puntos de vista se unifican en casos específicos como los de Dana Lewis o John Costik. En estos casos, los "biohackers" han conseguido desarrollar en sus propias casas tecnologías que han ayudado a mejorar la calidad de vida de muchos pacientes. John Costik, un ingeniero de software neoyorkino, ha desarrollado un método para **monitorizar la glucosa** en sangre de su hijo enfermo de diabetes.

Kevin Warwick tiene implantes en su cuerpo; el primero se lo hizo en 1998, un transmisor RFID instalado bajo su piel que le servía para **controlar** puertas, luces, calefactores y otros dispositivos controlados por ordenados que estuviesen en su «radio de acción». El segundo implante fue bastante más complejo y requirió de una intervención quirúrgica más complicada. Se trata de un array de electrodos que consiguió que un **brazo robot** se moviese a distancia, exactamente como él movía su propio brazo.

Aparte de Warwick y de la comunidad científica que está trabajando con intensidad en estos campos, hay más comunidades entusiastas en el biohacking. Por ejemplo, hay quien utiliza gotas para disfrutar de visión nocturna por unos instantes, y lo hace bajo su cuenta y riesgo y sin temer por la integridad de sus ojos; hay quien utiliza nootrópicos, o **drogas inteligentes** capaces de mejorar nuestra memoria y otras capacidades cognitivas; otros prefieren abandonarse a la **realidad virtual** para abstraerse de la vida cotidiana, utilizando JanusVR.

Comunidades como Biohack Me, que dispone del foro, leit motiv; *"conseguir una comunidad mejor, más fuerte y más inteligente, para que podamos hacer a la gente ... mejor, más fuerte y más inteligente"*. Cyberise Me están llenas de curiosos, entusiastas y verdaderos fanáticos de las mejoras personales a través de implantes, cirugía y también drogas.

Implantes para análisis sanguíneo. En 2013, los investigadores del Instituto Federal Suizo de Tecnología desarrollaron un dispositivo implantable que hace las veces de **laboratorio de análisis sanguíneo portátil**. Esta herramienta está formada por cinco sensores, un transmisor de radio y un sistema energético básico para poder funcionar. El aparato analiza las enzimas de la sangre y transmite los datos a través de Internet sin necesidad de mayor intervención.

Cámaras en los ojos. El Proyecto Eyeborg lleva desde 2017 dedicándose al desarrollo de cámaras de vídeo aplicadas a prótesis de ojos. De hecho, ya hay una persona llevando este dispositivo. Rob Spence, el primer cíborg de este tipo, es un director de cine que perdió el ojo en un accidente y que decidió obtener esta perspectiva única. Ahora puede literalmente **grabar todo lo que ve**.

Dedos magnéticos. Los hay que **no se conforman** con poseer los cinco sentidos habituales y que desean uno extra. Estamos hablando de poder percibir el espectro electromagnético gracias a la integración de pequeños imanes en la yema de los dedos. Dependiendo de la potencia del imán es posible incluso atraer pequeñas piezas de metal.

Interfaz neuronal. Actualmente ya es posible implantar electrodos en los nervios para obtener y generar estímulos en brazos o piernas prostéticas. Es el método más utilizado para conseguir que un amputado pueda llegar a mover los dedos de un brazo artificial.

Lepth Anonym es también una cíborg, pero sus objetivos son distintos a los de Harbisson. Lepth, una conocida hacker, se ha inoculado múltiples implantes a lo largo de los años. Su finalidad está clara: experimentar para reunir datos y que el resto de hackers puedan aprovecharlos para hallar finalidades concretas en estos "aumentos".

Sólo en Estados Unidos existen más de 21 laboratorios de biohacking registrados y dirigidos por científicos diplomados que trabajan en laboratorios convencionales. Están vigilados por las autoridades, acostumbran a participar en conferencias de medicina convencional y tienen una **función didáctica e investigadora**. Aquí se llevan a cabo experimentos caseros que van desde la creación de plantas que brillan en la oscuridad al estudio de microorganismos no patógenos o el análisis del ADN extraído del corazón de una vaca. Es el caso de la organización DIY Bio, que lleva a cabo eventos en todo el mundo, de HiveBio, BioHackersNYC o TheLAB, que tiene fines educativos.

Pero como en toda corriente filosófica también hay extremistas. Se les conoce con el nombre de **grinders**, y no tienen problemas para poner en peligro su propia vida, con el objetivo de implantarse un mecanismo tecnológico que mejore sus capacidades, sin esperar a posibles permisos médicos. Rich Lee, un conocido biohacker, se implantó unos imanes transmisores en el interior de los oídos con el objetivo de emular la capacidad de los murciélagos para ver en la oscuridad. Lee es el inventor del Lovetron 9000, un pequeño motor que se implanta quirúrgicamente debajo del hueso púbico de un hombre, provocando un efecto vibratorio durante la erección que supuestamente produce **mayor placer** durante el acto sexual. El **biohacking sexual** tiene una gran demanda, pero su práctica crea polémica incluso entre los transhumanistas.

Wetware es una abstracción de dos partes de un humano vistas desde los conceptos informáticos del hardware y el software especializados. De manera que, si un hacker es alguien que modifica cualquier **sistema para que pueda emplearse de formas no pensadas por sus creadores**, ese sistema en este caso sería el **wetware**. Por lo tanto, los biohacker han entendido que el sistema nervioso funciona con impulsos eléctricos; al igual que cualquier maquina electrónica y por lo tanto solo se necesita encontrar la interfaz adecuada para fusionarlos y extender las capacidades homo-maquina.

TRANSHUMANISMO Y SOCIEDAD

Los humanos llevamos miles de años evolucionando, pero no nos podemos considerar una especie perfecta individual o colectivamente. Millones de personas pasan hambre, sufren enfermedades, injusticias y otras carencias. Con respecto al tiempo del Universo tenemos una longevidad natural muy corta y muchos fallecen a temprana edad; padecen discapacidades físicas, mentales, morales o sociales y la juventud o estado vital es sólo de 30 o 40 años.

La evolución natural fue creando **modelos asociativos y de convivencia**, como la corporación de células que conforman nuestro cuerpo. Ingenuamente creemos que hemos sido los creadores de modelos políticos, económicos o sociales; cuando en realidad, de forma intuitiva solamente intentamos replicar; muchas veces mal, lo que nuestras células ya saben desde hace muchos siglos.

Cuando fuimos organismos microscópicos, al principio del ciclo de la vida, se juntaron 2 o 3 bacterias y/o arqueas, como un **experimento de supervivencia**. Al parecer esos antepasados encontraron beneficioso el patrón asociativo y continuaron el experimento multicelular. Siendo **pocas células** la convivencia y la comunicación era fácil y casi todas tenían contacto directo con el entorno y sus compañeras y por lo tanto podían tomar el alimento y protegerse directamente. Al crecer el número de células agrupadas, algunas fueron quedando en el interior de la "masa celular", dependiendo de las más externas; para nutrirse y defenderse, por lo que tuvieron que adoptar una postura de **confianza, solidaridad y cooperación** entre células que se conocían entre sí.

Cada célula mantuvo su capacidad de reproducirse y replicarse y las hijas iban quedando "atrapadas" en la estructura celular; incrementando el tamaño y diversidad celular hasta llegar a una multicolonia en donde las células ya no tenían contacto directo con todas las demás células y muchas no se conocían; dada su ubicación dentro de la sociedad celular. Por lo tanto, se hizo necesario, una mayor diferenciación de las tareas y la confianza y **cooperación entre extraños**.

Con el aumento de la complejidad y diversidad de funciones, surgió la necesidad de **coordinación, regulación, comunicación y control**, para aumentar la eficacia y eficiencia del macro organismo; que fue delegado al sistema de **gobernanza** en cabeza del cerebro global; conformado por lo súpercerebros neurológico, endocrino e inmunológico. De igual manera se especializaron los sistemas operativos: digestivo (entero-biótico), circulatorio, urinario, osteomuscular, tegumentario, etc.

El éxito de **los animales** fue la capacidad de movimiento voluntario, de aprender, la adaptación morfo-funcional y la adecuada anticipación para evitar peligros y aprovechar las oportunidades del entorno. La satisfacción de las necesidades de supervivencia, protección y reproducción eran fundamentales para garantizar el éxito individual y común. El **cerebro global** encargado de la gobernanza, en el caso de los homo sapiens se fue ultra especializando y específicamente el súpercerebro neurológico se ubicó principalmente en el cráneo y una parte en el corazón y el sistema entero-biótico.

La regulación se dispuso en procesos automáticos y voluntarios, dirigidos por el "**yo**" recién surgido dentro del encéfalo. En general la coordinación y el control se obtuvo gracias a la combinación de estimulos excitatorios e inhibitorios y sus respectivos feedback periferia-centro, generando una dinámica de homeostasis y equilibrio, pero en continuo cambio y dialéctica.

Fuimos evolucionando de un sistema de percepción y respuesta muy básico y reactivo generado por el rombencéfalo mediado por instintos y reflejos, hasta llegar a un sistema complejo y proactivo. Este primer paso de percepción limitada e interpretación, generó una diferenciación entre la realidad objetiva y la subjetiva, imaginada y escenificada por cada individuo conforme a sus necesidades, expectativas, conocimientos, etc.

Cuando nos convertimos en **mamíferos**, se hizo necesario optimizar la comunicación con la cría; que era dependiente de la madre, el núcleo familiar y social. Se desarrolló el sistema límbico para interpretar las necesidades de la prole, mediante **sensaciones y emociones**, originando un método muy íntimo de mutuo reconocimiento y comunicación mediante sensaciones agradables y desagradables; para adoptar las respuestas más oportunas y convenientes. Este modelo de **sensación, emoción y respuesta** resulto también útil para el desarrollo de la familia y grupos sociales más eficientes y complejos. Entre el grupo social se generó la realidad intersubjetiva; sentida por todos.

Posiblemente con el advenimiento del **lenguaje**; impulsado por la vida social y la necesidad de evitar y aprovechar de mejor manera la naturaleza, se inició un proceso imparable de curiosidad, **deseo de descubrir** y escudriñar los misterios del entorno. Se sumó la progresividad en la elaboración y aplicación de **herramientas**, para compensar o extender las características morfológicas, lo que fue impulsando la formación de un nuevo componente del sistema de gobernanza; que rodeo al anterior en dos hemisferios cerebrales. Con ellos llego el pensamiento real y abstracto, la razón, el lenguaje simbólico y flexible, la creatividad, la ficción, etc.

Con la **revolución de la cognición** hace 70.000 a 30.000 años, los homo sapiens adoptaron nuevas conductas, aprendiendo a hackear los secretos de la naturaleza, para ponerlos a su provecho y servicio. Con las demás revoluciones: agrícola e industrial adopto una postura de dominación y transformación del entorno mediante el **nature hacking**.

En la vida social del homo sapiens, se ha replicado lo que ya la corporación celular había descubierto o experimentado en su convivencia. Los homo sapiens nos hemos tenido que especializar en diferentes tareas y tenemos que cooperar con individuos que no conocemos o que nunca conoceremos y confiar que los ideales compartidos; muchas veces ficticios, sean suficientes para la mutua supervivencia, protección, reproducción y satisfacción de necesidades de carácter humano y superior. Se mantiene la confianza y la intención de cooperar con la corporación humana a pesar que habitualmente solo conocemos a los seres queridos y personas cercanas.

La sociedad recreó el modelo de gobernanza celular y estableció sistemas de organización mediante naciones, gobiernos elegidos o impuestos, empresas, instituciones económicas, culturales, religiosos, etc. para mantener un orden, eficacia y eficiencia de la actividad humana.

El súpercerebro inmunológico se intenta emular con las fuerzas militares, policias y de seguridad para defender la integridad de las personas y el colectivo y preservar los acuerdos de convivencia. Se desarrollaron las redes de distribución de energía, alimentos, suministros y otros productos y servicios; de forma similar a los sistemas circulatorio y linfático. Se forjaron mecanismos de producción y procesamiento y almacenamiento de alimentos, suministros y energía, para luego ser distribuidos entre "todos". Así mismo eliminamos los desechos y las "células" muertas de la sociedad. Tenemos sistemas de diagnóstico y recuperación de la salud.

Desde la revolución científica y tecnológica, estamos replicando los innumerables y complejos procesos físico-químicos, moleculares, biológicos, funcionales, mentales, energéticos, etc. que mantienen y mejoran la estructura y fisiología que de forma muchas veces imperceptibles suceden en la comunidad celular humana.

Si nos lo proponemos, en cualquier proceso social, político, económico y científico, muy seguramente encontraremos la similitud con nuestra vida celular y la vida humana resulta una burda copia, mal hackeada de la corporación celular.

Mediante el transhumanismo, tal vez por primera vez, estamos dejando de copiar a la vida celular; al punto que los cambios posibles son innumerables e inciertos; ya que no existen precedentes similares. Podemos hibridarnos con otras especies locales o extraterrestres, con la tecnología, con materiales inertes; y con cualquier cosa que aún no conocemos, estableciendo nuevas formas de vida, de no vida y por supuesto novedosas y variadas formas de relacionarnos. Por ejemplo; puede desaparecer la concepción de individuo y nacer el individuo-colectivo; tan interconectado que su alma personal queda inmersa e hibridada con su colectivo, mediante la virtualidad u otro mecanismo futuro. Podrán existir ciudades, comunidades o mundos virtuales que coexistan con el escenario material cocreado entre la evolución natural y artificial.

La ciencia y otras variables

La idea de que la ciencia puede estar y permanecer a la orilla de la política es una muy extendida. Pero no, la ciencia y la política tienen una estrecha relación: la ciencia es la búsqueda del conocimiento, el conocimiento es poder y el poder es política y economía. Por mucho tiempo la ciencia fue vista como un área esencialmente intelectual y cognitiva; pero actualmente resurge como un **poder dominante**.

Alrededor del método científico existe un campo aún más abiertamente político: el dinero. Mucha de la ciencia básica que se hace en Estados Unidos está financiada por el gobierno. Entidades como los Institutos Nacionales de Salud, el Departamento de Defensa, el Departamento de Energía, y la Fundación para la Ciencia son los grandes patrocinadores de la ciencia y todos usan **dinero público**.

Las decisiones de a dónde van los recursos económicos públicos la toman los políticos. Se puede escoger si destinar más dinero en defensa, que en cáncer o escoger financiar programas que estudien la longevidad a cambio de iniciar una nueva misión a marte. Decidir cuál ciencia tiene mayor valor y debe ser impulsada termina influenciada por las disposiciones políticas.

La política, no es independiente del pueblo o de las tendencias sociales o culturales. Por ejemplo; Donald Trump negaba el cambio climático y la consideraba una conspiración de los chinos y cuestionó la importancia de las vacunas del COVID y terminó perdiendo su reelección. Las regulaciones ambientales no les agradan a muchas corporaciones. Reagan ignoró a los epidemiólogos dejando un vergonzoso legado, con la devastadora epidemia de SIDA que pudo haberse detenido a tiempo si no se hubiera negado a aceptar y manejar el problema.

Un informe titulado Converging Technologies for Improving Human Performance, encargado por la National Science Foundation y el Departamento de Comercio de los Estados Unidos, contiene descripciones y comentarios sobre el estado de la ciencia y tecnología NBIC. El informe discute los usos potenciales de estas tecnologías para alcanzar las metas transhumanistas de mejora del rendimiento y de la salud y también, los trabajos actuales en la planificación de aplicaciones de esas tecnologías de mejora humana en el **ejército** y en la racionalización de la interfaz hombre máquina en la **industria**. Las investigaciones en tecnologías de alteración del cerebro y del cuerpo se han acelerado bajo el patrocinio del Departamento de Defensa de los Estados Unidos, que está interesado en las ventajas en el campo de batalla que proporcionarían los supersoldados.

Aunque muchos teóricos y partidarios del transhumanismo buscan aplicar la razón, la ciencia y la tecnología para **reducir** la pobreza, las enfermedades, las discapacidades y la malnutrición en todo el mundo, el transhumanismo se distingue en su enfoque particular en la aplicación de las tecnologías para la mejora de los homo sapiens de forma individual. Muchos transhumanistas valoran activamente el potencial de las tecnologías futuras y los sistemas sociales innovadores para mejorar la calidad de toda vida, a la vez que tratan de hacer efectiva la igualdad consagrada en los sistemas políticos y legales democráticos mediante la **eliminación de las enfermedades congénitas**.

El filósofo transhumanista David Pearce cree y promueve la idea de que existe un fuerte imperativo ético para que los humanos trabajen hacia la **abolición del sufrimiento** en toda la vida sensible. Su manifiesto The Hedonistic Imperative describe cómo las tecnologías como la ingeniería genética, la nanotecnología, la farmacología y la neurocirugía podrían converger para eliminar todas las formas de experiencias desagradables entre los animales humanos y no humanos, reemplazando el sufrimiento con gradientes de bienestar, un proyecto al que se refiere como "ingeniería del paraíso".

Como todo movimiento, cuenta con sus **posturas ideológicas** que definen el partido y quien los defiende. Se llama **extrapolítica** a la política transhumanista, que significa salir de la política clásica o bioconservadora, y recibe su nombre del intento de la filosofía transhumanista por superar los límites humanos. Se la reconoce como la práctica que promueve una reforma estatal a fin de lograr un **Estado Postdemocrático** que resuelva los problemas sociales y a futuro logre implementar políticas para la mejora tecnológica del hombre. Cuenta con distintas ramas que definen cada criterio político. Estas se manifiestan según su prioridad respecto al uso de tecnología para mejorar el cuerpo humano o no, cómo actúa el Estado por sobre esta implementación, entre otros.

"Transhumanist Party" fue el primer **partido político** transhumanista que llevó a reconocer la posición liberal del movimiento en EE. UU., cuyo lema es *"Poner la ciencia, la salud y la tecnología en la primera línea de la política americana"*. Entre los valores que defiende, busca promover la libertad morfológica, es decir, fomentar el principio de soberanía individual sobre el cuerpo de cada uno para que todos puedan decidir sobre sí mismos, sin lastimar a otros. Defiende una doctrina política que afirma el desarrollo de la libertad individual sobre todo derecho. También proporcionan el proyecto de poder trabajar con la ciencia y la tecnología para eliminar todas las discapacidades humanas y los sufrimientos innecesarios.

Muchos creen que el transhumanismo puede causar mejoramiento humano **injusto** en muchos ámbitos de la vida, especialmente en el plano social. Esto puede ser comparado con el uso de esteroides, en el que, si un atleta los usa en los deportes, tiene una ventaja sobre aquellos que no lo hacen. El mismo escenario puede ocurrir cuando las personas tienen ciertos implantes neuronales que les da una ventaja en los negocios, los deportes, el lugar de trabajo y en los aspectos educativos.

Hay una **variedad de opiniones** o posiciones dentro del pensamiento transhumanista. Muchos de los principales pensadores transhumanistas sostienen puntos de vista que están en proceso de revisión y el desarrollo constante. Algunas **corrientes distintivas** del transhumanismo son:

- **Abolicionismo**: una ideología ética basada en una obligación percibida de usar la tecnología para eliminar el sufrimiento involuntario en toda la vida sensible.
- **Extropianismo:** una escuela temprana de pensamiento transhumanista caracterizada por un conjunto de principios que abogan por un principio proactivo en la evolución humana.
- **Immortalismo**: una ideología moral basada en la creencia de que la prolongación de la vida radical y la inmortalidad tecnológica es

posible y deseable, abogando investigación y desarrollo para garantizar su realización.

- **Posgenerismo**: una filosofía social que busca la eliminación voluntaria del género en la especie humana a través de la aplicación de la biotecnología avanzada y tecnológicas de reproducción asistida.

- **Postpoliticismo**: una propuesta política transhumanista que apunta a la concreción de un Estado Postdemocrático que permita la mejora económica necesaria para aplicar biotecnologías al hombre y potenciar sus capacidades. Plantea la superación de las cuatro teorías políticas clásicas en una nueva basada en libertad, el bienestar y la razón.

- **Singularitarianismo**: una ideología moral basado en la creencia de que la singularidad tecnológica es posible, y promueven una acción deliberada para efectuar y garantizar su seguridad.

- **Tecnicismo**: un sistema filosófico, socioeconómico y político que hace referencia a una confianza predominante en la tecnología y al conocimiento técnico como factores benefactores primordiales para la sociedad en su conjunto. Promoviendo así una tecnocracia, ecologismo y una economía post-escasez.

- **Tecnogaianismo**: una ideología ecológica basada en la creencia de que las nuevas tecnologías pueden ayudar a restaurar el medio ambiente de la Tierra, y que desarrollar tecnología ambiental tendría que ser un objetivo importante de los ambientalistas.

- **Transhumanismo democrático**: una ideología política que sintetiza la Democracia liberal, socialdemocracia, democracia radical, y el transhumanismo.

- **Transhumanismo libertario**: una ideología política que sintetiza el libertarianismo y transhumanismo.

Aunque algunos transhumanistas muestran una fuerte espiritualidad, la mayoría no son **creyentes religiosos**. Una minoría de transhumanistas, sin embargo, siguen formas liberales de tradiciones de la filosofía oriental como el budismo o el yoga o han mezclado sus ideas transhumanistas con religiones occidentales como el cristianismo liberal o el mormonismo.

Los **medios y la ciencia ficción** nunca se quedan atrás a la hora de explorar un movimiento nuevo. El pensamiento del humano mejorado por la tecnología es, para algunos, una aspiración y, para otros, una pesadilla. En diversos casos, el movimiento es representado por una persona o robot con inteligencia y habilidades superiores a la tradicionales que se encuentra dispuesto a ayudar y cooperar para las personas. En otros, se lo expresa como una sociedad distópica en la que un enemigo tecnológico posiciona a los humanos como inferiores al punto de solo causar destrucción. Sin embargo, existen obras que representan ambas posiciones ideológicas y, a pesar de tratar el mismo término, muestran al transhumanismo diferente.

La **cultura** resulta permeada por los debates científicos y tal vez previo a los movimientos filosóficos y políticos del transhumanismo, ya las artes lo venían abordando. En la **literatura** William Gibson escribió en 1984 Neuromante, la primera gran novela que dio forma al género cyberpunk, mostrando un futuro invadido por microprocesadores y en el que la información es la materia prima. Luego vinieron novelas como: Schismatrix, Blood Music, The Xenogenesis Trilogy, La Cultura, Ciudad permutación, Diáspora, Oryx y Crake, Inferno de Dan Brown y muchas más.

En **cine y televisión**; previamente mencioné algunas obras; se destacan: Slan presentada en 1940, Yo, robot (1950) de Isaac Asimov, Una odisea del espacio, Star Trek, Runner, Gattaca, The Matrix, Lucy, las series de televisión (Ancient de Stargate SG-1 y Borg de Star Trek), manga y animé (Ghost in the Shell, Neon Genesis Evangelion) y series (The Six Million Dollar Man, Futurama, Black Mirror) o abarcando cosas de este como Kamen Rider 555.

El movimiento transhumanista llegó también a los **videojuegos**. Entre los destacados y más reconocidos se encuentran las sagas Deus Ex y Metal Gear (1987). La primera saga mencionada retrata una sociedad futurista cuyos habitantes están divididos entre los que usan implantes para mejorar sus cualidades físicas e intelectuales. La segunda plantea directamente una especie mitad humano mitad máquina.

El transhumanismo ha estado representado en las **artes visuales** por el Carnal Art, una forma de escultura originada por la artista francesa Orlan, que usa el cuerpo como medio y la cirugía plástica como método. Patricia Piccini es famosa por sus esculturas que muestran la hibridación del homo con otras especies. El trabajo del artista australiano Stelarc se centra en la alteración de su cuerpo mediante prótesis robóticas e ingeniería de tejidos. Otros artistas cuyo trabajo coincidió con el florecimiento del transhumanismo y que exploraron temas relacionados con la transformación del cuerpo son la artista serbia Marina Abramović y el estadounidense Matthew Barney.

La discusión **religiosa** desde luego es mucho más intensa e irreconciliable. Algunas posturas como lo inapropiado del hecho de que los seres humanos se coloquen a sí mismos en el lugar de Dios. Este punto de vista está ejemplificado por la religión católica que declara que «*Cambiar la identidad genética del hombre como persona humana mediante la producción de seres infrahumanos es radicalmente inmoral*», puesto que tal cosa supondría que «*el hombre tiene pleno derecho de disponer de su propia naturaleza biológica*». Al mismo tiempo, califican la creación de un superhombre o de un ser espiritualmente superior como «*impensable*», dado que la verdadera perfección solo puede provenir de la experiencia religiosa. En Estados Unidos los Amish son un grupo religioso conocido por evitar ciertas tecnologías modernas y argumentan que en el futuro cercano es probable que existan los "Humanish", referencia a personas que optan por "seguir siendo humanos", cuya elección creen que debe ser respetada y protegida.

En el libro de 2003 Enough: Staying Human in an Engineered Age, el ético ambientalista Bill McKibben argumentó extensamente contra buena parte de las tecnologías apoyadas por los transhumanistas, incluyendo la elección en la línea germinal, la nanomedicina y las estrategias de prolongación de la vida. Aseguraba que estaría **moralmente mal** que los humanos modificaran aspectos sustanciales de sí mismos (o de sus hijos) en un intento de superar limitaciones universales como el envejecimiento, la mortalidad, y la limitación biológica de las habilidades cognitivas o físicas. Los intentos de mejorarse a sí mismos a través de tal manipulación conllevarían eliminar las barreras que forman el necesario contexto de la experiencia humana y su libertad de elección. Argumenta que en un mundo donde tales limitaciones hubieran sido superadas por la tecnología, la vida humana habría dejado de tener sentido.

Algunos autores críticos con la corriente del transhumanismo libertario se han centrado en las consecuencias **socioeconómicas** que estas tecnologías tendrían sobre sociedades con crecientes desequilibrios en la renta. Bill McKibben, por ejemplo, sugiere que las tecnologías de perfeccionamiento humano estarían desproporcionadamente a disposición de aquellos con más recursos financieros, ampliando, por tanto, la brecha entre ricos y pobres y creando una brecha genética. Lee Silver, biólogo y divulgador científico que acuñó el término reprogenética y que ha apoyado sus aplicaciones, ha mostrado, no obstante, su preocupación de que tales métodos podrían crear una sociedad profundamente dividida entre los que tienen acceso a tales tecnologías y los que no, si las reformas de carácter socialdemócrata continúan sin ir al paso del avance tecnológico. Los críticos que expresan tales preocupaciones no aceptan necesariamente la tesis transhumanista de que la modificación genética sea un valor positivo; al parecer de algunos, debería ser desanimada, o incluso prohibida, puesto que dotaría de aún **más poder** a aquellos que ya son poderosos.

El bioético James Hughes, en su libro Citizen Cyborg: ¿Por qué las sociedades democráticas deben responder ante el hombre rediseñado del futuro? considera que los progresistas y en especial los tecnoprogresistas deben formular y aplicar políticas públicas (tales como bonos de sanidad pública universal que cubran las tecnologías de perfeccionamiento humano) con el objetivo de atenuar la división causada por la disparidad en el acceso a las tecnologías emergentes, en lugar de sencillamente decidir prohibirlas. Esta última opción, argumenta, sería aún más peligrosa, pues podría agravar el problema, originando una situación en la que estas tecnologías solo estarían a disposición de los ricos, bien en el mercado negro o en países donde dicha prohibición no se aplicase.

Las ideas de superioridad humana y **eugenesia** atrajeron más de una vez a neonazis a los foros transhumanistas, en especial en 2000, cuando la web racista Xenith.com se afilió al movimiento. En todos los casos, los referentes tomaron distancia. Para críticos como Éric Sadin, el transhumanismo es la ideología de la **burguesía digital** de Silicon Valley. De hecho, Kurzweil y Thiel provienen de esa clase social.

Entre el **apoliticismo** de tendencia tecnocrática, el liberalismo y el neoliberalismo, el libertarismo y la socialdemocracia, el posicionamiento del transhumanismo sigue siendo irreductiblemente diverso, contradictorio incluso después de los esfuerzos de unificación de la wta», concluye Hottois y se vale de esa diversidad para abogar por un transhumanismo progresista que retome la tradición de Huxley: «*hay que luchar en dos frentes: el humanista clásico y el transhumanista. Un sueño transhumanista pasa por conciliar individualismo y socialismo*».

Durante todo el siglo XIX y hasta la Segunda Guerra Mundial, la izquierda compartió la confianza en la tecnología y la evolución humana del positivismo dominante. Intelectuales como John Haldane o H.G. Wells vieron en el socialismo primero y en el experimento soviético después un modelo de gobierno racional que encarrilara el progreso tecnológico en dirección al bienestar humano. Una tradición olvidada por los transhumanistas es la de los biocosmistas rusos. Estos intelectuales contemporáneos a la revolución de 1917, siguiendo la estela del místico cientificista Nicolai Fedorov, incorporaron el mejoramiento humano en la agenda socialista y discutieron cada uno de los tópicos transhumanistas: Alexander Svyatogor consideraba que la inmortalidad y la **libertad de movimiento en el cosmos** debían ser los principales objetivos del comunismo; Valerian Muravyov entendió la **resurrección** como proceso lógico de la reproductibilidad técnica; Konstantín Tsiolkovski concebía el cerebro como parte material del universo y proyectó maneras de reubicar a la población resucitada en otros planetas que más tarde fueron empleadas por la cosmonáutica soviética; por último, Alexander Bodganov, director del Proletkult, creó también un Instituto para la Transfusión de Sangre para detener el envejecimiento, práctica que lo llevó a la muerte.

James Hughes mapeó políticamente el transhumanismo en busca de tendencias de **izquierda**. Allí caben desde el ecologismo no ludita de Walter Truett Anderson, partidario de una gestión tecnológica de la naturaleza para evitar su colapso, al darwinismo de izquierda de Peter Singer, partidario de emplear la genética para modificar los aspectos agresivos del hombre. Entre utopías sci-fi y propuestas aceleracionistas, destacan dos tendencias claras de transhumanismo izquierdista. Una es el movimiento grinder: biohackers como Tim Cannon o Lepht Anonym que intervienen sus propios cuerpos en un intento por evitar que Google y otras corporaciones controlen la singularidad. Si bien son esencialmente performativos y en términos políticos no van más lejos que el libertarismo anticorporativo, los grinders recuperan la apuesta del Manifiesto cyborg de Donna Haraway: asumir que la sociedad ya nos hizo posthumanos y usar ese dato para emanciparnos de ella.

La otra tendencia, de corte más **socialdemócrata**, es la del propio Hughes en su libro Citizen Cyborg [Ciudadano ciborg]: un «transhumanismo democrático» que garantice mediante políticas públicas la seguridad y el acceso a las nuevas tecnologías de todos los individuos que quieran controlar sus propios cuerpos. Hughes piensa esencialmente en personas con discapacidades, pero podemos extender ese criterio. Desde la identidad sexual hasta la legalización del aborto, un grueso de los debates y luchas políticas contemporáneos se dan por el control del cuerpo. La crítica literaria Katherine Hayles, por ejemplo, aboga por un «transhumanismo deconstructivo». Sin adherir expresamente al h+, el xenofeminismo de Helen Hester o el trabajo de Paul B.

El transhumanismo es un **movimiento con límites y axiomas,** como todos, pero también con una **plasticidad política y filosófica** que vale la pena al menos revisar y discutir.

Posibles problemas del transhumanismo

Como todo nuevo movimiento cultural y científico; siempre puede entrañar beneficios y dificultades. No por ser novedoso, significa que sea bueno per se. Existirán problemas técnicos, humanos, culturales, religiosos, económicos, etc. que irán surgiendo y de igual manera, muchos se resolverán y unos serán insalvables y tendrán que ser abandonados.

Podría incrementar las **desigualdades** que ya existen en la sociedad, educación y el trabajo; potenciar el papel de una élite, desatendiendo las necesidades de los que tienen más dificultades, crear superpoderes económicos y políticos, aumentar las diferencias raciales, impulsar guerras de razas o religiosas, etc.

Las **normas** morales, éticas y judiciales de la humanidad del siglo XXI mantienen al límite las propuestas transhumanistas más avanzadas. No es posible **clonar** un homo sapiens, o tener un banco de cuerpos, implantarse un tercer brazo biónico, usar medicamentos que nos modifiquen, experimentar con ciertos animales, etc. Sin embargo, la historia nos ha enseñado, que la mayoría de normas morales, políticas y judiciales están sujetas a la cultura y conveniencia de cada época y por lo tanto están en constante transformación. Dos años después de que la famosa oveja Dolly llegara al mundo, convirtiéndose en el primer mamífero clonado a partir de una célula de animal adulto, el Consejo de Europa aprobaba la primera norma internacional que prohibía la clonación de seres humanos. Han pasado más de veinte años y la clonación humana sigue sin estar permitida en la mayoría de países del mundo, aunque sí se investiga con otras modalidades de la tecnología, según la regulación de cada Estado. Nuevas técnicas de edición genética como CRISPR Cas/9 están obligando a los países a replantearse sus leyes bioéticas. La oveja Dolly permanece disecada en el Museo Nacional de Escocia.

En cuanto a **clonación artificial**, hay de tres tipos: génica, reproductiva y terapéutica. En la génica, la más utilizada por los científicos, se copian genes o segmentos de ADN. En la reproductiva se reproducen animales enteros, como en el caso de Dolly, mientras que en la terapéutica se producen por clonación células madre embrionarias para crear tejidos que puedan reemplazar a otros dañados. En 2015, el Comité Internacional de Bioética de la UNESCO elaboró un informe con una recomendación en la que instaba a los Estados y gobiernos a producir un instrumento jurídicamente vinculante a nivel internacional para prohibir la clonación humana con fines reproductivos. Las otras dos modalidades continúan siendo aprobadas en diferentes países. En cualquier momento futuro alguna nación de corte liberal aprobará la clonación reproductiva humana, bajo cualquier pretexto curativo.

¿Qué pasará con los seres humanos que no han optado por la vía del transhumanismo?, ¿Cómo se logrará ese equilibrio entre homo sapiens y homo hacking?, ¿Cómo se ejercerán los derechos, los deberes y el poder? Estas son algunas de las múltiples preguntas de derechos e igualdad, que evidencian los problemas de un proceso transhumanizante, que puede ir separando a los mejorados artificialmente de los sapiens originarios. Podría llegarse a una situación extrema que genere tal segregación o estigmatización en la que una de las partes de la sociedad (la modificada o la no modificada) apartan a la otra como si fueran parias o enemigos.

El desarrollo del transhumanismo requiere grandes inversiones **económicas**; que provienen de las megacorporaciones, las cuales aspiran a incrementar sus ganancias con este nuevo mercado. Las grandes empresas buscarían potenciar el consumo de nuevos procedimientos y tecnologías. Un brazo biónico pasará de moda y habrá que adquirir una más novedoso; como sucede actualmente con los celulares que van quedando obsoletos.

¿Cuánto porcentaje de tu cuerpo puedes variar de manera artificial y mantener tu estatus de ser humano? De los problemas más complejos y discutidos, está el hecho de **no perder la humanidad**. Esa consideración de sentirnos humanos; a pesar de los defectos, nos agrada y satisface. La filosofía ha dedicado muchos volúmenes a intentar acercarse al concepto de lo humano y aun no lo entendemos bien. Sin embargo, aunque el cuerpo es muy importante, el alma nos parece fundamental. Cada individuo se reconoce como tal, gracias a la mente y los demás componentes del alma. La corporación celular humana está en permanente cambio y muchas células son remplazadas continuamente y, por lo tanto, de lo que fuimos físicamente al nacer en el adulto queda muy poco; con excepción del sistema nervioso. La mayoría de neuronas no fallecen y algunas se reproducen, lo que permite **"sentir que somos"** gracias a este componente mental. Allí se encuentra buena parte de la percepción de humanidad. Por lo tanto, los cambios extremos del cerebro, pueden generar la sensación de que perdemos el yo y la humanidad.

Por ejemplo, el uso de **sustancias nootropicas**, estimulantes o sucedáneas de la **felicidad** pueden engendrar problemas de seguridad, justicia, autonomía y carácter. Incluye efectos adversos indeseados a corto y largo plazo y problemas de adicción fisiológica y psicológica o empeoramiento de comorbilidades como la depresión. Estos dispositivos o fármacos mejoradores de la condición cognitiva o intelectual requeriría de equidad en la distribución de recursos. Una distribución inadecuada podría aumentar las disparidades en los extremos del espectro económico, sobretodo en el ámbito de la educación y empleo.

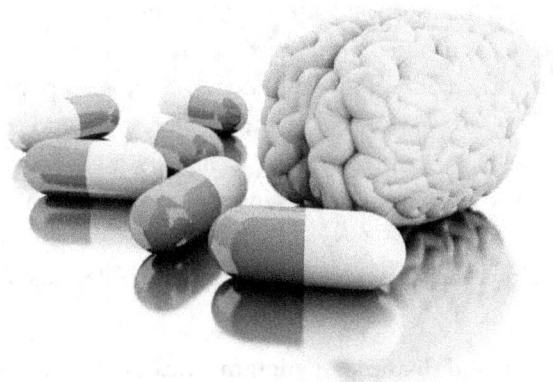

Estas drogas pueden minar el sentido de "**identidad del individuo**". Hay personas que ven sus propias características como el de ser olvidadizos, serios, animados etc. como una parte de su propia identidad. Estas personas podrían ser víctimas de coerción psicológica o discriminación al sentirse forzados a alterar su personalidad. Caplan refiere que es un derecho individual el determinar si se usa o no una droga para propósitos de mejoramiento. Sin embargo, lo que comienza como un asunto de elección puede derivar en una fuerza coercitiva, especialmente en algunos sectores sociales. ¿Cómo será la vida de aquellos que elijan no "mejorar" en una sociedad llena de "mejorados?"

Los procedimientos y drogas que **borren de la memoria** recuerdos desagradables podrían impedir la formación de una personalidad fuerte y coherente. Además, sin tener conciencia de lo que vivimos, hicimos o sufrimos, estaría cambiando la humanidad individual. Cualquier intento de suprimir o alterar artificialmente las emociones y recuerdos genera un nuevo tipo de relación con el ambiente y los demás, que puede conducir hacia formas no humanas de manifestación del ser. Así, en el caso de drogas o tecnología para hacerse "más feliz o no sufrir", estaría modificando la identidad humana y su historia de vida.

El transhumanismo podría caer en un concepto **reduccionista** de la naturaleza humana donde ésta queda reducida a pura materia (materialista) y el ser humano se limita a sus conexiones neuronales (reduccionismo neurobiologicista). Por ejemplo; concebir que "el humano es su cerebro" y especialmente su razón e inteligencia; puede desatender el desarrollo de variables culturales, sociales, emocionales, las cuales han enriquecido históricamente la vida humana y ésta falta de desarrollo de forma ecuánime con la razón, puede generar resultados indescifrables. El otro concepto es el inmaterialista; a tal punto, que podríamos convertirnos en **seres virtuales**, transmutando toda la función cerebral (el alma) a sistemas computacionales y allí continuar la "vida" eternamente. ¿Qué será la presencia para el ser humano? La tecnología nos permitirá crear otras realidades en las que no será necesaria nuestra presencia física y cómo seremos capaces de controlar nuestra presencia digital.

Vivir en una **sociedad distópica y metamórfica** es casi inimaginable para nuestra condición actual. Un individuo no tendría una única presencia y corporalidad, de acuerdo a sus gustos o necesidades en la mañana podría tener apariencia robótica, en la tarde forma homo biológica y en la noche retozar en el mundo virtual. A la mañana siguiente puede fusionar su alma con otras "personas" y crear una "superalma" y en la tarde fusionarse con otros cuerpos humanos o de otras especies o con mega estructuras. Es un problema avocarnos a un tipo de sociedad; tan diferente a la que históricamente hemos mantenido. Posiblemente, las naciones, la política y la economía no se necesiten y la cultura sea algo totalmente diferente.

Siguiendo los ecosistemas Peer-to-Peer (P2P) o la "**economía colaborativa**" no se necesitaría la propiedad privada, podrimos compartir toda una estructura de productos y servicios; inclusive hasta los mismos cuerpos; para que alguien se conecte y lo use parcial o totalmente. Alguien podría ver a través mío el planeta Tierra, mientras él, se encuentra en Marte o Gliese 581g, Gliese 667Cc, Kepler 22b, HD 40307g o Tau Ceti. El problema sería: ¿Cómo mantener la privacidad y si de verdad se necesita privacidad en un mundo tan interconectado? Hoy la privacidad individual se utiliza mayormente para resguardar secretos económicos, industriales o pecaminosos; que ya no prestarían mucha utilidad en el futuro.

Otro problema; es **confiar demasiado**, en que la ciencia y las tecnologías nos van a cambiar positivamente la vida. Al poner todas las esperanzas para obtener una mayor felicidad, mayor bienestar, mayor salud, etc. en algo externo, podemos terminar descuidando la proactividad como humanos, el aporte que cada persona debe colocar a su propia vida, quedando aún más dependientes de productos y servicios provenientes del mercado transhumanista. Podemos quedar como sonámbulos esperando que la tecnología nos proporcione una vida cada vez más satisfactoria, pero en realidad no sabemos bien qué contenido darle a esa vida, cómo hacer de ella una vida realmente plena y digna de ser vivida.

El **eugenismo** pretende el aumento de personas más fuertes, sanas, inteligentes o de determinada etnia o grupo social y fue la base de la depuración de la raza aria impulsada por los nazis. Este continúa siendo un **temor social**, de segregación racial; aunque ahora se promueve la eugenesia liberal, que no se dará por imposición del poder estatal sino según la libre elección de los individuos y los padres.

IV. POSTHUMANISMO

La evolución es un hecho real y evidente; bueno, al menos si somos reales; porque podríamos ser solo **avatares** de un juego virtual con el que se divierten los posthumanos o la inteligencia artificial, que domina esta dimensión. En ese escenario, también es posible que ni siquiera el planeta Tierra o el Cosmos existan como lo concebimos.

Al menos de forma optimista, considero y aspiro a que seamos reales, en una dimensión física terrenal. Hemos pasado por diferentes etapas, de pre-vivos a vivos. Desde la formación de la Tierra hace 4.600 millones de años hasta los 3.500 millones de años **no hubo vida**, solo materia inerte y correspondió a un periodo de más o menos 1100 millones de años, sin que el planeta supiera de la vida.

En la **etapa de la vida**, hemos pasado por unas fases que podríamos resumir como: pre-homo, homo, homo-hacking y continuaremos con el homo hybridus y luego el hybridus y la desaparición de la especie humana. Como **pre-homos** fuimos bacterias unicelulares, luego organismos multicelulares muy básicos, seres acuáticos, anfibios, reptiles y mamíferos como musarañas y simios.

Posteriormente como homos, hace 2,5 millones de años tuvimos **hermanos mayores** como el homo habilis y floresiensis; aparecimos hace 350.000 años como homo sapiens y nuestros hermanos se fueron extinguiendo; los últimos hace 12.000 años y desde entonces somos los **únicos homo**, sobre la faz de la Tierra. Nos convertimos en seres inteligentes, conscientes, creativos, sociales y sensibles de "uno mismo" y del entorno.

Fuimos **nómadas** y nos sentimos como iguales con el resto de animales y el entorno. Luego comenzamos a adueñarnos de los territorios y las demás especies y nos convertimos en los enviados e hijos predilectos de un dios y, por lo tanto, con la autoridad y justificación suficiente para gobernar el planeta y posiblemente todo el cosmos.

Gracias al **desarrollo cerebral y social** tuvimos una revolución de las capacidades cognitivas; que comenzó hace 70.000 años; aprendimos a fabricar y utilizar herramientas, a convivir y cooperar en grandes grupos sociales, a tener comunicación fluida y practica; mediante un lenguaje evolutivo, simbólico y flexible. Tuvimos la capacidad de tener pensamientos individuales y colectivos de tipo real, ficticio y abstracto, lo que permitió la creación de leyendas, mitos, dioses, naciones, empresas anónimas, el dinero, la ciencia, la tecnología, etc.

Con esa capacidad aprendimos a hackear el conocimiento secreto de la evolución cósmica y biológica; con la información obtenida, poco a poco fuimos provocando cambios en el ambiente, no direccionado o inclusive en contra de la evolución natural. Creamos la **evolución artificial** y la primera aplicación fue el nature hacking; robamos la información privada de la naturaleza y luego intervenimos en su propia evolución natural, cambiamos el cauce y represamiento de los ríos, la ubicación de los bosques, la calidad del aire y luego transformamos el paisaje con grandes ciudades, usamos combustible fósil extraído de las mismas entrañas de la Tierra y para bien o para mal hemos continuado modificando y hackeando al gusto de los homo-sapiens.

Con la revolución agrícola domesticamos a muchas plantas y animales, creando los **vegetal hacking** y los **animal hacking**, los cuales quedaron sometidos y dependientes de los humanos; a tal grado que modificamos animales silvestres para hacerlos mascotas, a nuestra gusto e imaginación; un ejemplo es que hoy existen más de 400 razas de perros, de todos los tamaños, pelajes, personalidades, solo para satisfacer a sus "dueños" homo sapiens.

Con la revolución industrial aprendimos a **dominar la energía** y los medios de producción y creamos la **energy hacking**, poniendo la energía a nuestra disposición y con la información hackeada de la energía creamos nuevos tipos de energía; con gran poder, pero también con inmensa capacidad destructiva. La bomba atómica utilizada en la segunda guerra mundial y la explosión de Chernóbil en 1986; que todavía tiene efectos lesivos en el ambiente y la vida, son ejemplos del poder destructivo. Estos tipos de energía son muy útiles; pero en manos de las personas equivocadas, al igual que las tecnologías del transhumanismo pueden ser muy peligrosas.

Con esta misma revolución nos familiarizamos con las máquinas y su energía, las cuales convertimos en aliadas y así las hemos venido transformando para hacerlas más eficientes, rápidas, pequeñas, novedosas, bonitas e inteligentes. Las maquinas continúan siendo herramientas similares a las primitivas hachas, lanzas, y cuchillos fabricadas en la edad de piedra para dominar y adaptarnos al ambiente. Con estas nuevas herramientas; ya no solo, nos adaptamos al ambiente, sino que artificialmente hacemos que la naturaleza se doblegue ante nosotros y se adapte a nuestras necesidades y deseos.

Con la **revolución científica** iniciamos una fase que podríamos llamar **homo hacking**, en donde mantenemos todas las cualidades homo obtenidas únicamente como producto de la evolución natural, para comenzar a incorporar características físicas y funcionales, mediante la evolución artificial lograda con la ayuda de la ciencia y la tecnología.

Aun continuamos en esta fase incipiente del transhumanismo o del homo hacking, en donde hemos ido desentrañando nuestros propios secretos de creación, construcción, mantenimiento y funcionalidad y como lo habíamos hecho antes con la nature hacking estamos aprendiendo a dominar la biología, las moléculas, las estructuras y sus funciones para ir más allá del modelo originario del homo sapiens, al cual llegamos por vía de la evolución natural. Nos auto hackeamos para convertirnos en seres hackeados, extralimitándonos a los designios de lo dispuesto por la evolución natural.

Del homo hacking pasaremos posiblemente al **homo hybridus**, en donde mantendremos la esencia biológica, emocional, intuitiva, espiritual, reproductiva, social y psicológica humana, pero con cada vez más hibridaciones con autoinjertos, con otras especies animales o vegetales, con elementos y estructuras inertes, electrónicas, virtuales y provenientes de nuevas tecnologías; que la singularidad tecnocientifica irá proveyendo al arsenal de hibridación.

Podrá llegar el momento, que el componente homo desaparezca por sustracción o sea parcial o totalmente innecesario o inconveniente y daremos el paso hacia una no-especie o **hybridus**, en donde los límites entre la vida y la no vida se abran desdibujado tanto, que ya no tendrá ninguna importancia el concepto homo para esos seres futuros en donde la tecnología y la biología se abran integrado adecuadamente.

Cada transición humana y posthumana traerá consigo las mismas transiciones en la naturaleza y otras especies aun no extintas. Ese nuevo ecosistema será un escenario diferente e irreconocible para cualquier humano actual que pudiera viajar 1.000 o 2.000 años adelante. Ese ambiente se denominará **Terra hacking** y luego Terra hybridus. Los planetas vecinos o inclusive otros más lejanos serán victimas (**cosmo hacking**) de la curiosidad y aspiraciones de una civilización pasada de homo sapiens del siglo XXI; que sin proponérselo impulsaron tantos cambios, que desaparecieron en el proceso y solo se recuerdan como un eslabón más en la cadena evolutiva del planeta Tierra y el universo.

Hoy en día es evidente que la tecnología y las máquinas han **superado** distintas capacidades humanas de manera significativa. Muchas de las tareas o trabajos que antes eran realizados arduamente por humanos pueden ser llevados a cabo por máquinas con menos riesgo de errores y en mucho menos tiempo. Y es que, además, en pocos años la tecnología ha ido ganando terreno en el día a día de la persona: celulares, la televisión, ordenadores, tablets, robots en fábricas… Haciendo que de alguna manera, tecnología y persona vayan unidos hasta incluso llegar a establecer una estrecha dependencia entre ambos, en el transhumanismo.

Por otro lado, el posthumanismo podría considerarse el producto final del transhumanismo o simplemente una versión mucho más intensificada del mismo. Pretende crear una simbiosis hombre-máquina-nueva biologia de modo que la dependencia entre ellos sea máxima para así depender lo más mínimo de la naturaleza. El posthumanismo es una posible etapa posterior al transhumanismo; en donde los futurólogos tienen dificultades para intentar **predecir** con exactitud ese nuevo mundo.

Nostradamus, escribió hace más de 518 años 'Las Profecías' que supuestamente predicen eventos futuros, se ganó la calificación de ser el profeta más importante de la historia, gracias a que algunas de sus ideas sobre el futuro han acertado, otras no tanto. Durante todos los tiempos han existido personas que intentan anticiparse con sus predicciones y muchas veces impulsan ideas transformadoras para su época. En Wikipedia para 2100 se prevé: el mar ganará entre 20 a 30 metros de terreno en las playas; según la matemática, predicen que para ese año habrá una sexta extinción masiva, de acuerdo un estudio médico, el cáncer de cuello uterino dejará de ser un problema para ese año. El reporte del Centro de Investigaciones Pew proyecta un planeta profundamente **religioso**, no el marchitamiento de las religiones que predicen algunos futurólogos. Calculan que para 2100 habrá más musulmanes que cristianos en el mundo.

Un ejemplo del futuro cercano es la llamada "**Generación C**", también conocida como generación **conectada**, incluye a los que nacieron en un mundo digital y ocupan gran parte de su tiempo online. Algunos dicen que se trata de los sucesores de los millennials y otros especialistas consideran que esta clasificación no tiene que ver con la edad, sino más bien, con el nivel de producción de contenidos digitales que suben a la red. Algunos de los trabajos del futuro aún no se han creado, pero otros se están expandiendo poco a poco en internet, como es el caso de los "entrenadores personales digitales" o los "acompañantes digitales", que son personas reales que cobran por jugar contigo un videojuego o por otros servicios en la red.

Michio Kaku es un renombrado físico estadounidense, especialista en la teoría de campo de cuerdas, futurólogo y divulgador científico internacional. Este científico ha propuesto que **no le temamos al futuro**. La ciencia va a curar las enfermedades que actualmente nos aquejan como el cáncer, nos pondrá en contacto con la gente, impulsará la democracia evitando guerras, será cálido, amigable, barato y eficiente, generará empleos y prosperidad, porque a través de él podremos subsanar nuestras necesidades, situaciones, problemas y retos. Para prueba basta un botón, la tecnología de un smartphone de hoy es más poderosa que las computadoras utilizadas por el programa de la NASA de Estados Unidos en 1969, cuando ésta colocó a dos hombres en la Luna. Accederemos a toda clase de información, a teleconferencias, a entretenimiento, a dinero digitalizado, a hojas electrónicas y a una impresionante realidad aumentada de interfaces como la que se ve en las películas de Hollywood Minority Report e Ironman.

En el campo de la medicina, será conjuntamente con la nanotecnología que ésta destruirá las células cancerosas, habrá chips con cámaras dentro de nuestro cuerpo percibiendo posibles problemas de salud y, por más descabellado que suene, la información del ADN será guardada en discos o dispositivos de almacenamiento para crear con ella órganos del cuerpo (en caso de necesitar una refacción, pues los trasplantes serán cosa del pasado). Las cirugías las llevarán a cabo robots con las instrucciones de los médicos, quienes manipularán un modelo del cuerpo del paciente en tercera dimensión, es decir, las **imágenes virtuales** revolucionaran la cirugía en las próximas décadas.

En el campo de las neurociencias, el doctor Michio predice que ya habremos desarrollado la **telepatía** y nuestro cerebro nos permitirá controlar objetos con el poder de la mente. De hecho, seremos para el año 2100 una civilización planetaria tipo 1, compartiremos una cultura mundial, estaremos en armonía con el medio ambiente y podremos controlar los elementos; la 2 es la que toma la energía de las estrellas y la de tipo 3 es una civilización capaz de transportarse de un punto al otro del universo (temáticas relacionadas con naves espaciales, teletransportación, viajes en el tiempo y viajes más rápidos que la luz).

El transhumanismo cree en la libertad del hombre para poder moldear su cuerpo y sus emociones según sus deseos, evitar el deterioro físico e incluso hacerlo inmortal. Se observa cómo, mientras que el transhumanismo pretende unir hombre y máquina de manera más externa, el posthumanismo pretende que los humanos lleguen a **comportarse** incluso como una máquina, llegando a controlar ámbitos mucho más personales y propios de cada individuo.

Esencialmente el transhumanismo tiene que ver con la idea de que los humanos estamos cambiando para transformarnos en otra cosa, básicamente en otra especie. Según esta idea, nos estaríamos convirtiendo en algo que aún no conocemos, en una evolución del homo sapiens anatómicamente moderno; pero que, además, sería algo que no figura en las categorías biológicas que hoy manejamos. Según algunos transhumanistas podríamos convertirnos incluso en entes no orgánicos o que habitan un mundo virtual.

Pero, volvernos menos humanos ¿nos hace mejores? Si ser menos humanos significa realmente hacernos más pacíficos, más inteligentes, menos destructivos, entonces eso sería una buena idea. Pero ¿quién lo garantiza? y ¿si el precio que pagaremos por eso no será demasiado alto? Estas son preguntas que nos inquietan del futuro. Además, cuando en realidad no estamos decidiendo, sobre nuestro futuro personal; sino sobre **futuras generaciones** y ese nivel de responsabilidad debe estar presente en cualquier análisis.

Las hipótesis sobre el surgimiento de un nuevo prototipo humano abren un período de reflexión sobre las promesas de la tecnología. La humanidad está a las puertas de un nuevo **salto evolutivo** basado en las posibilidades de manipulación de sus genes y en las de la simbiosis hombre-máquina, lo que ha dado origen a diversos escenarios de evolución que, por un lado, asustan y, por otro, son motivo de esperanza. Al final, todo dependerá del uso que los humanos demos a la tecnología.

El tema del posthumanismo se ha comenzado a tratar con más frecuencia y más seriamente: Un homo generado in vitro, mejorado genéticamente, biónico e, incluso, clonado, se trata con más naturalidad, ya sea para oponerse a ello o para defenderlo. El tema en muchos aspectos no está nada claro y así lo demuestran las limitaciones adoptadas cada vez por más países, en cuanto a la prohibición de investigaciones y experimentos sobre ciertas materias. Por ejemplo, las investigaciones sobre células madre y sobre la clonación humana. Eso en cuanto a las investigaciones propiamente genéticas y biomoleculares, pero existe además la biónica -inicialmente la ciencia que trata de aplicar las soluciones de los seres vivos a la ingeniería mecánica- y hoy generalizada a la incorporación de tecnología en forma diversa a la fisiología del hombre.

Evidentemente, se abre un nuevo y esplendoroso horizonte para la biomedicina, algo similar a lo ocurrido en la segunda mitad del siglo XX con el descubrimiento de la estructura del ácido desoxirribonucleico y, más recientemente, con la descodificación del gen humano. Hoy, la medicina tiene la capacidad de clonar al ser humano, y solo la detienen las restricciones de orden legal y moral que han promulgados diferentes países y grupos de poder.

El **Hacking**, ha sido mal entendido en la sociedad contemporánea, debido posiblemente a las series o películas desarrolladas en Hollywood, en donde super-nerds irrumpen en redes y cometen delitos digitales y empresariales. La **piratería ética** es un servicio valioso para cualquier empresa que opere en línea, y más aún para cualquier empresa con información confidencial que debe protegerse y asegurarse.

El homo sapiens ancestral lo primero que aprendió fue a **hackear a la naturaleza** e irrumpir en sus sistemas de información y así pudo detectar debilidades y vulnerabilidades en el entorno. Ningún otro animal ha podido acceder a los secretos de la naturaleza, para disponerlos a su servicio particular, como lo ha hecho el humano. El **poder del hacking** se convirtió en una ventaja competitiva, tan importante como la inteligencia y la sociabilidad. En ocasiones, algunas veces sin proponérnoslo hemos dañado o bloqueado a la naturaleza al estilo de un pirata malicioso o cracking.

Ya me referí previamente al biohacking; que busca hackear los cuerpos y la funcionalidad con la metodología casera "hágalo usted mismo" con dispositivos cibernéticos, la introducción de productos bioquímicos y otros productos tecnológicos convergentes. Según Biohack.me, "Los grinders son personas apasionadas que creen que las herramientas y el conocimiento de la ciencia pertenecen a todos. Los grinders practican la modificación funcional **extrema** del cuerpo en un esfuerzo por mejorar la condición humana. En última instancia, es posible que estas optimizaciones puedan hacer a nuestros descendientes, 'posthumanos', seres con una longevidad indefinida, facultades intelectuales mucho mayores que las de cualquier ser humano actual (y tal vez sensibilidades o modalidades completamente nuevas), así como la capacidad de controlar sus propias emociones; si las tienen.

El debate sobre la **optimización humana** (human enhancement) abarca una amplia gama de circunstancias; pues su influencia no es solo individual; sino que abarca a toda la humanidad. El debate en un tema tan importante; aunque para muchos sea imperceptible, resulta fundamental para intentar modular y equilibrar el componente humanista con las tecnologías de vanguardia. Existen aspectos fundamentales de esta discusión que deben estar presentes: ¿Estamos dispuestos a ceder o a perder propiedades humanas; para obtener mejoras en las capacidades intelectuales, físicas y emocionales? ¿Las mejoras individuales obtenida con las tecnologías convergentes;

garantizan una mejor calidad de vida? ¿El mejoramiento individual, coincide con el mejoramiento de la humanidad en general? ¿Los posthumanos serán mejores entre ellos y con su entorno, de lo que somos actualmente? ¿Es imparable el posthumanismo tal y como lo concebimos? ¿Cuáles son los riesgos del posthumanismo y cómo podemos mitigarlos o evitarlos? ¿Estamos dispuestos a que las siguientes generaciones de homo sapiens sean homo hybridus o hybridus sin cualidades humanas? ¿Es vivible la inmortalidad o será desesperante? ¿Podrán convivir los humanos con los posthumanos o todos tendrán que volverse posthumanos? ¿Podrían vivir los humanos en la Tierra y los posthumanos en otros planetas? ¿Está bien la felicidad permanente y eterna? ¿Tiene Dios algo que decir en el posthumanismo? ¿Podemos decidir por lo hijos que están por nacer? Vale la pena; con la tecnología actual, ¿no intentar mejorarnos? Posiblemente existan más inquietudes, que respuestas y por lo tanto esta temática ira cobrando cada vez más vigencia.

Es pertinente distinguir entre la **optimización terapéutica** y la **optimización de personas sanas**. En general, se admite que cierta gama de intervenciones terapéuticas (tales como la eliminación de condiciones determinadas genéticamente, por ejemplo, el Síndrome de Down y la fibrosis cística) no plantea problemas éticos de esta índole, dado que se enmarca más claramente dentro de los fines beneficiosos tradicionales de la medicina. No cabe duda de que, en muchos casos, ciertas tecnologías (genéticas, la nanotecnología, los medios farmacéuticos, la biónica y otras tantas) puedan significar un gran favor para la salud y la calidad de vida de las personas.

Pero, estas mismas tecnologías utilizadas para la optimización transhumana no es una cuestión tan simple de aceptar, porque propone la posibilidad de modificar organismos sanos con el objeto de incrementar ciertas capacidades, tales como la memoria, la visión, el sistema inmunológico, las propensiones a ciertos tipos de personalidad, e incluso la duración de la vida. Entonces, los proponentes de la optimización deben recurrir a otros tipos de argumentos, típicamente basados en una idea de beneficio y el cumplimiento terrenal de sueños ancestrales. Aunque no esté claro, que haya una relación directa entre capacidades aumentadas y beneficios resultantes.

El transhumanismo nació en un modelo de implementación claramente **individualista** en el que la libertad de elección es la potestad moral del individuo autónomo. Para situar este debate en su contexto más amplio, unos de los problemas bioéticos en torno a la modificación genética humana concierne los modelos de **implementación**. Buchanan distingue dos polos hacia los cuales gravitan diferentes perspectivas éticas sobre este tema: el modelo de Salud Pública y el modelo de Servicio Personal. El modelo de **Salud Pública** enfatiza el análisis consecuencialista de costos y beneficios en grupos humanos, evaluando la implementación de cualquier tecnología biomédica dada en términos de provechos y daños generales. El modelo de **Servicio Personal**, por el contrario, se basa en la elección privada y argumenta que el uso de nuevas tecnologías debe estar determinado por la autonomía individual.

Podríamos también alinear con estas dos tendencias la oposición entre dos modelos eugenésicos: el **político-institucional** y el **liberal-economicista**. Los argumentos transhumanistas gravitan hacia esta segunda posición. Hay quienes abogan por un marco de completa desregulación o regulación muy limitada, y otros que argumentan que el acceso a estas tecnologías debe ser cuidadosamente regulado. Escribe Bostrom: "Cada día que se demora la introducción de la efectiva optimización genética humana es un día de potencial cultural e individual perdido, y un día de tormento para los que sufren enfermedades que podrían haber sido prevenidas".

Bostrom hace una distinción entre **libertades morfológicas** y **libertades reproductivas**. Las primeras abarcan intervenciones tecnológicas que el individuo elige aplicarse a **sí mismo**, es decir, las libertades individuales sobre el cuerpo y la mente propios. Las segundas, las libertades reproductivas, abarcan decisiones sobre las características genéticas de los **descendientes** de la persona. Ahora, mientras las libertades morfológicas se encuentran (de acuerdo a este argumento) dentro de la esfera soberana del yo autónomo, las reproductivas imponen un límite evidente al alcance filosófico del libertarismo, dado que son acciones que afectan a otros. Es decir, a futuros otros. La ingeniería de línea germinal, tanto como el tipo de libertades implicadas en la narrativa de la evolución dirigida, están comprendidas en esta última categoría. "Una democracia liberal debería intervenir en las libertades morfológicas solo en los casos en que alguien está abusando de estas libertades para dañar a otra persona". Pero Bostrom también argumenta que el enfoque libertario no es adecuado en el caso de las modificaciones de la línea germinal. Se debe adoptar un enfoque cuidadosamente regulatorio, que limite ciertas libertades de los padres al tiempo que distribuya equitativamente las opciones de optimización disponibles. También aconseja la adopción de políticas sociales que mitiguen las tendencias a la creciente desigualdad que acarrean estas tecnologías. Por último, Bostrom destaca la importancia de promover la mejora de características que tengan "externalidades positivas": rasgos que derivan en un **bien social** y no un bien puramente individual. Esto quiere decir que argumentos en pro de la evolución dirigida deben, en última instancia, basarse en concepciones del bien común, promulgando el "enorme potencial para usos profundamente valiosos y beneficiosos para la humanidad" implicado en el proyecto de Evolución Dirigida.

Este **bien común** puede concebirse de dos maneras: como un bien colectivo (de una sociedad o grupo de individuos considerados en el contexto de sus interrelaciones e instituciones, y considerando desigualdades sociales y otros factores) o bien como una suma del bienestar personal de personas consideradas individualmente. Cualquiera sea el caso, deberíamos asegurarnos que estos cambios son lo suficientemente extendidos a lo largo y ancho de la población como para incidir significativamente en el bien común.

Reconocer y **limitar** hasta donde nos podemos modificar, teóricamente resulta posible; pero en la vida practica reviste gran complejidad. Mediante alguna normatividad política o jurídica se podrían establecer los límites transformadores del ser humano de la evolución artificial. Sin embargo, estas normas se irían flexibilizando o extendiendo con cada nueva generación. Es entendible, que desde hoy no podemos legislar sobre condiciones de vida de nuestros descendientes y por lo tanto ellos tendrán la potestad para continuar o detener el proceso de la evolución antropo-dirigida. Como ha sucedido con temas tan polémicos como el aborto, el debate es generacional y podemos decidir sobre nuestra época; incluida la normal controversia que estos temas conllevan. Todo debate, pone de presente diferentes posturas, que en un ambiente democrático se irán depurando y encontrando la conveniencia o el perjuicio de cada argumento. El posthumanismo no está exento de esta **dinámica social** y en ese ambiente se filtrarán las tendencias más extremas de este movimiento científico y filosófico. Las fuerzas de poder político, económico y de las elites también tendrán su espacio y desde luego podrán inclinar la balanza a sus intereses, pero siempre encontrarán un contrapeso. Como lo indique desde el comienzo del libro, no considero que exista un complot o creadores de una nueva ideología; simplemente es el resultado de la dinámica histórica de la sociedad, la cultura, la filosofía y la ciencia. En un mundo pluralista, aparecerán diferentes posturas y no todas serán acertadas y aceptadas, pero **la dinámica ya comenzó**. Resulta tan inconveniente detener el avance científico, como promover su uso en aspectos humanos poco conocidos. Cada momento trae su propio afán.

Russell Powell sostiene que la **diversidad de valores** presente en las culturas humanas evitará que la posthumanidad se convierta en una especie de monocultivo que reduzca la capacidad adaptativa de la especie. Los individuos y las culturas no harán un uso común de las tecnologías, porque no hay concepciones valorativas comunes que se mantengan a través de las personas y las culturas: "Es absurdo pensar que existe algo así como un consenso sobre el valor y contenido de las complejas disposiciones humanas (como el gusto estético, el atractivo sexual o la virtud moral). Aunque hay ciertos principios de organización que son estables en todas las culturas (tales como la simetría morfológica), estos representan atolones en medio de un mar de valores diferentes para personas diferentes. Incluso si hay un acceso generalizado a las tecnologías modificantes, la disparidad de preferencias culturales, económicas, religiosas, morales, políticas y de otra índole, evitará la fijación de un pequeño subconjunto de fenotipos. De hecho, al permitir a la gente actuar sobre estas **preferencias divergentes**, estas tecnologías en realidad podrían incrementar la diversidad biológica humana, lo que permitiría nuevas (y de otra manera inaccesibles) combinaciones de características deseadas.

En este contexto, es instructivo evaluar el argumento de Ryuichi Ida, quien afirma que las culturas de Japón, y de otros países asiáticos influenciados por el budismo y el confucianismo, no tienden a compartir los valores de la biomedicina occidental sustancialmente implícitos en las nuevas tecnologías. Por lo tanto, la recepción de las ideas del transhumanismo es mayormente **negativa** en estas culturas. Y podemos extender este razonamiento a otras culturas que se mantienen al margen del universo de valores de la tecnociencia occidental moderna en el cual se enmarca el argumento transhumanista. Incluso en el caso de América Latina, el Caribe y España, podemos apreciar que estas ideas no han tenido una penetración cultural fuerte.

Volviendo a nuestros inicios evolutivos como mamíferos; en algún momento prehomo fuimos musarañas y si ellas pudieran observar a sus descendientes del siglo XXI, nos podrían considerar **post-musarañas.** Algunas se sentirían decepcionadas y aterradas por los cambios y otras se emocionarían de todos los transformaciones y logros. En verdad es muy difícil saber, que pensaríamos de nuestro posthumanos; porque en primer lugar no los conoceremos y en segundo los criopreservados; si los logran revivir, ya están filosóficamente dispuestos a un cambio posthumano, al cual ellos aspiraron en vida.

Para la corriente **tecno-optimista**, tenemos ante nosotros la responsabilidad de conducir el proceso evolutivo de la humanidad y de transformar radicalmente (mejorar) al ser humano, mediante la interacción e implementación en nuestro cuerpo y mente de tecnologías emergentes más allá de los condicionamientos y límites que nos impone la naturaleza, de la que somos parte inescindible. Según el movimiento transhumanista, y tal como afirma uno de sus insignes oráculos, el ingeniero de Google Ray Kurzweil, la Singularidad será un acontecimiento que sucederá dentro de unos años con el aumento espectacular del progreso tecnológico, y debido al desarrollo de la inteligencia artificial y a la convergencia de las tecnologías NBIC (Nanotecnología, Biotecnología, Tecnologías de la Información y de la Comunicación y Neuro-Cognitivas). Esa situación ocasionaría cambios sociales, culturales, políticos y económicos inimaginables, imposibles de comprender o predecir por cualquier humano anterior al citado acontecimiento. En esta fase de la evolución el transhumanismo predice que se producirá la fusión entre tecnología e inteligencia humana, dando lugar a una era en que se impondrá la inteligencia no biológica de los posthumanos. ¿Estamos preparados para ese cambio radical o bien pensamos que hay que conservar nuestro patrimonio genético y seguir siendo personas humanas, con nuestras limitaciones, pero conservando nuestra libertad y dignidad inalienables?

Una postura interesante es la de Günther Anders, uno de los padres de la **tecnoética**, quien afirma que el ser humano actual padece de "**envidia** prometeica": se descubre inferior a las máquinas que él mismo ha fabricado y aspira a transformarse radicalmente usando la tecnología a su alcance. Pero también, podemos envidiar a nuestras futuras descendencias; a quienes podemos concebir mejoradas y nos puede molestar nuestra condición humana desmejorada.

En relación con la **superinteligencia**, esta corriente de pensamiento insiste en que la explosión predictiva de la capacidad de computación alumbrará una inteligencia artificial que, tal vez, llegue a adquirir incluso una consciencia simulada en silicio. Si al final los humanos nos integrásemos –voluntariamente- en las tecnologías convergentes podríamos, según ellos, llegar a estar en contacto directo con esa inteligencia artificial. El resultado sería que nos fusionaríamos efectivamente con ella y sus habilidades se convertirían en las nuestras. Eso impulsaría a la especie humana, en opinión del filósofo transhumanista Nick Bostrom, a un periodo de superinteligencia.

Respecto a la **superlongevidad**, Aubrey de Grey, experto en investigación sobre el envejecimiento, sostiene, desde una visión transhumanista, que nuestras prioridades están fundamentalmente sesgadas y que tenemos que empezar a pensar seriamente en **prevenir** la enorme cantidad de muertes debidas al envejecimiento. Algunos transhumanistas van más allá y financian procesos criónicos, o incluso proyectos de una inmortalidad cibernética, que pueden parecer utópicos.

El filósofo transhumanista David Pearce expone que el **superbienestar** tiene como objetivo, en primer lugar, investigar y **eliminar el sufrimiento**, y, en segundo lugar, alcanzar la **abundancia y la felicidad para todos**, o sea, un nuevo "paraíso terrenal". Debemos evitar que las personas seamos transformadas en un sensor o en un producto tecnológico que sirva únicamente a intereses privados de mercado y/o de la guerra. Es un gran dilema, saber que tanto las responsabilidades humanas del pasado irán a cambiar y cuales **delegaremos** en componentes externos. Como afirma el biólogo Edward Wilson en su libro The Meaning of Human Existence: Un ser humano que posee la extraordinaria tarea de cuidar, de forma responsable, el planeta Tierra, y no de contribuir a su destrucción prematura, de proteger al más débil y vulnerable y no de menospreciarlo o eliminarlo, de orientar el innegable progreso científico-técnico hacia el bien de todos y no solo de algunos privilegiados. Esas modificaciones neuronales y conductuales también podrían alterar nuestros procesos deliberativos, comprometiendo nuestra **libertad**.

Por otra parte, la visión Smart City propone que el **hábitat humano** mejore tecnológicamente a través de la llamada inteligencia ambiental. Las tecnologías aplicadas al territorio y a la ciudad entendida como un sistema de información permitirán abstraer esta información de su soporte físico material, integrándola en un sistema operativo externo que facilitará una gestión urbana más inteligente. ¿Se implementará en los próximos años una noocracia democrática basada en la inteligencia colectiva, la sincronización global de la conciencia humana y el poder distribuido horizontalmente? ¿O bien el desarrollo de la Red como Supercerebro de Gaia comportará un totalitarismo cibernético?

¿Pensamos de verdad que unos seres posthumanos superdotados física y cognitivamente serían más felices? Actualmente, tengo en borrador un libro sobre la **felicidad**; que es una temática apasiónate, pero a su vez de gran complejidad biológica, psicológica, tecnocientifica, etc. Evolutivamente la felicidad apareció con el sistema límbico del cerebro neurológico y era simplemente una **herramienta** de evaluación de la satisfacción o el bienestar que me generaba el entorno y conforme a ello tomábamos decisiones. Con la llegada de los hemisferios cerebrales, la cosa se complicó y la felicidad dejo de ser un instrumento de percepción e interpretación de la realidad, para convertirse en **un propósito** u objetivo de vida. Desde hace unos años, la felicidad lo inunda todo: de los simposios científicos a las listas de los libros más vendidos. Si alguien tiene cáncer, tendemos a decirle que sobrellevar lo terrible con buen ánimo se traducirá en salud. Al mismo tiempo, nos hemos empeñado en crear un relato feliz de nuestras vidas en las redes sociales. De pronto, la dicha se ha convertido en un objeto de consumo más, además de una preocupación de los investigadores y en una estrategia de la industria para animar a los individuos a comprar más y más productos que, en teoría, les garantizarán una alegría sostenible. En 2012, la ONU creó el Día Internacional de la Felicidad: el 20 de marzo. La **Happymanía** y la vida positiva se convirtió en una obsesión contemporánea.

A través del soma, una droga, la novela de Aldous Huxley, Un mundo feliz retrata a una sociedad adormecida, drogada para ser feliz, controlada y sin capacidad de rebeldía. Tampoco hay frustraciones ni expectativas. Una **sociedad robot** programada para experimentar la euforia en la rutina, en una realidad que nunca incomode. La gente es feliz; tiene cuanto desea y no desea nunca lo que no puede tener, dicen sus personajes. Y si por un momento se sale de ese sueño, del guion o se sufre, una nueva dosis de soma y como nuevo. Los habitantes de esa sociedad feliz de Huxley siempre estaban bien, o eso decían.

Interfaz homo-computer

La simbiosis hombre-computadora es una subclase de sistemas hombre-máquina. Hay muchos sistemas hombre-máquina. En la actualidad, sin embargo, no existe simbiosis hombre-computadora. La expectativa es que, en no muchos años, las mentes humanas y las máquinas informáticas se acoplen muy estrechamente, y que la asociación resultante piense superior al mejor cerebro humano y procese datos de una manera innovadora.

Douglas Engelbart, ya en 1962 habla de la posibilidad del aumento del intelecto humano mediante la tecnología. Implementó este concepto en su Centro de Investigación del Intelecto Humano Aumentado en SRI International, desarrollando esencialmente un sistema de herramientas de amplificación de inteligencia (NLS). Howard Rheingold trabajó en Xerox PARC en la década de 1980 escribió sobre los "amplificadores de la mente" en su libro de 1985, Tools for Thought. Arnav Kapur, que trabaja en el MIT, escribió sobre la coalescencia humano-Inteligencia Artificial (IA). George Pór definió el fenómeno de la inteligencia colectiva como "la capacidad de las comunidades humanas para evolucionar hacia una complejidad y armonía de orden superior, a través de mecanismos de innovación como la diferenciación e integración, la competencia y la colaboración".

En 2014, se desarrolló la tecnología de Inteligencia Artificial de Enjambre para amplificar la inteligencia de grupos humanos en red utilizando algoritmos de IA modelados en enjambres biológicos. La tecnología permite a pequeños equipos realizar predicciones, estimaciones y diagnósticos médicos con niveles de precisión que superan significativamente la inteligencia humana natural.

Shan Carter y Michael Nielsen presentan el concepto de aumento de inteligencia artificial (AIA): el uso de sistemas de inteligencia artificial para ayudar a desarrollar nuevos métodos para el aumento de inteligencia. Contrastan la subcontratación cognitiva (IA como un oráculo, capaz de resolver una gran clase de problemas con un desempeño mejor que el humano) con la transformación cognitiva (cambiando las operaciones y representaciones que usamos para pensar).

Elon Musk informó que Neurolink desarrolla un diminuto computador interface de 23 milímetros para incrustar en el cerebro, se manejará con el pensamiento y dominará sus funciones neurológicas. Se pondrá debajo del cuero cabelludo, se minicableará al centro nervioso de cada sentido y usará Inteligencia Artificial. Permitirá controlar el Alzheimer, demencia, daños en la columna vertebral.

Bloom rastreó la evolución de la inteligencia colectiva hasta nuestros antepasados bacterianos hace mil millones de años y demostró cómo ha funcionado una inteligencia de múltiples especies desde el comienzo de la vida. Las sociedades de hormigas exhiben más inteligencia, en términos de tecnología, que cualquier otro animal excepto los humanos y cooperan en la cría de ganado, por ejemplo, pulgones para "ordeñar". Los cortadores de hojas cuidan los hongos y cargan hojas para alimentarlos.

La **inteligencia colectiva** (IC) es una inteligencia compartida o grupal que surge de la colaboración, los esfuerzos colectivos y la competencia de muchos individuos y aparece en la toma de decisiones por consenso y promueven resultados sinérgicos superiores a los que se obtendrían individualmente. Este tipo de inteligencia nos situó en la cúspide de la cadena alimenticia. La IC hoy se está convirtiendo en inteligencia simbiótica incluye nuevas sinergias entre: 1) datos- información- conocimiento; 2) software-hardware; y 3) individuos productores de conocimiento y quienes lo comparten, utilizan y retroalimentan.

La inteligencia colectiva se utiliza para ayudar a crear plataformas ampliamente conocidas, como Google, Wikipedia o Waze (es una aplicación de tráfico y navegación basada en la comunidad que se creó como una herramienta de navegación social para coches de particulares). Google es un motor de búsqueda importante que se compone de millones de sitios web creados por personas de todo el mundo. Tiene la capacidad de compartir conocimientos y creatividad entre sí para colaborar y expandir pensamientos y expresiones.

La idea de inteligencia colectiva también forma el marco de las teorías democráticas contemporáneas a las que a menudo se hace referencia como democracia epistémica. Las teorías democráticas epistémicas se refieren a la capacidad de la población, ya sea a través de la deliberación o la agregación de conocimientos, para rastrear la verdad y decidir y se basa en mecanismos para sintetizar y aplicar la inteligencia colectiva.

Según Don Tapscott y Anthony D. Williams, la inteligencia colectiva es colaboración masiva. Para que este concepto suceda, deben existir cuatro principios:

- **Apertura**: El intercambio de ideas genera más beneficios al permitir que muchos compartan ideas y obtengan una mejora y un escrutinio significativos a través de la colaboración.

- **Peering**: Organización horizontal y abierta como el programa Linux donde los usuarios son libres de modificarlo y desarrollarlo siempre que lo pongan a disposición de otros. El peering tiene éxito porque fomenta la autoorganización, un estilo de producción que funciona de manera más eficaz que la gestión jerárquica para determinadas tareas.

- **Compartir**: Las empresas han comenzado a compartir algunas ideas mientras mantienen cierto grado de control sobre otras, como los derechos de patente potenciales y críticos. Limitar toda la propiedad intelectual excluye oportunidades, mientras que compartir algunas expande los mercados y saca los productos más rápido.

- **Actuación global**: El avance en la tecnología de la comunicación ha provocado el surgimiento de empresas globales con bajos costes generales. El Internet está muy extendido, por lo tanto, las personas globalmente integrada no tiene fronteras geográficas y puede acceder a nuevos mercados, ideas y tecnología.

Los nuevos medios a menudo se asocian con la promoción y mejora de la inteligencia colectiva. La capacidad de los nuevos sistemas para almacenar y recuperar información fácilmente, principalmente a través de bases de datos e Internet, permite que se comparta sin dificultad. Por lo tanto, a través de la interacción con los nuevas tecnologias, el conocimiento pasa fácilmente de una fuente a otra dando como resultado una forma de inteligencia colectiva. El uso de novedosas interacciones, en particular Internet, promueve la interconexión en línea y la distribución del conocimiento entre los usuarios, facilitando así la aparición de un cerebro global.

El desarrollador de la World Wide Web (WWW), Tim Berners-Lee, tenía como objetivo promover el intercambio y la publicación de información a nivel mundial y la tecnología se abrió para su uso **gratuito**. A principios de los años 90, el potencial de Internet aún estaba desaprovechado y en el siglo XXI cada vez más se vuelve indispensable. La fuerza impulsora de esta inteligencia colectiva basada en Internet es la digitalización de la información y la comunicación. Sin embargo, muy pronto no será necesario digitalizar, porque podremos cargar y recibir el conocimiento directamente desde nuestros cerebros, de forma inalámbrica y desde cualquier lugar del planeta.

Gosney extiende este número de Inteligencia Colectiva en los videojuegos en la realidad alternativa. Este género, lo describe como un "juego a través de los medios que deliberadamente desdibuja la línea entre las experiencias dentro y fuera del juego", ya que los eventos que suceden fuera de la realidad del juego "llegan" a la vida del jugador para unirlos. Resolver el juego requiere "los esfuerzos **colectivos y colaborativos** de varios jugadores"; por lo tanto, el tema del juego colectivo y colaborativo en equipo es esencial para ARG. Gosney sostiene que el género de juegos de **realidad alternativa** dicta un nivel sin precedentes de colaboración e "inteligencia colectiva" para resolver el misterio del juego. Este tipo de plataformas se saldrá del mundo de los juegos, para hacer parte de la vida cotidiana, en donde podremos vivir en varias dimensiones de la realidad y todas nos parecerán naturales. En esta circunstancia la realidad objetiva podrá ser superada por la realidad transhumana, alternativa y colectiva virtual. La inteligencia colectiva se puede ampliar a otras especies animales y comunicarnos con ellos para compartir conocimiento, mediante la telepatía interespecie; inicialmente mediada por computadores.

La cooperación ha sido una herramienta que descubrieron nuestras células y ayuda a resolver los problemas más importantes e interesantes. La cooperación en el mundo científico se está convirtiendo en un mecanismo potencializador sin precedentes, gracias a la internet. En su libro, James Surowiecki mencionó que la mayoría de los científicos piensan que los beneficios de la cooperación tienen mucho más valor en comparación con los costos potenciales. La cooperación funciona también porque, en el mejor de los casos, garantiza varios puntos de vista diferentes. Debido a las posibilidades de la tecnología, la cooperación global es hoy en día mucho más fácil y productiva que antes.

La ciencia experimental, sigue estando aislada en diferentes laboratorios del mundo con equipos altamente especializados, pero mediante la comunicación y cooperación global se comparten rápidamente los hallazgos y se recopila el conocimiento con solo buscarlo en internet.

En el posthumanismo se juntará en primer lugar la inteligencia y la consciencia humana (ICH) y la inteligencia artificial (IA). El contenido y las cualidades de la IA estará estrechamente interconectada con la inteligencia colectiva (IC) humana y de otros animales, que funcionará mediante códigos abiertos y cargará billones de datos y conocimiento constantemente. Todas las inteligencias totalmente imbricadas, se potencializarán mutuamente, creado una **segunda fase** de la singularidad científica.

El estudio del cerebro humano es una de las apuestas científicas de esta generación, pero aun no logramos descifrarlo. Tenemos billones de células neuronales especialmente en el encéfalo y otras en el sistema digestivo y el corazón. Sabemos que el **principal lenguaje** utilizado por el sistema neurológico es el **electro-químico**, pero aun no entendemos cómo se almacenan los recuerdos y se conforma la consciencia. Si la comunicación de la inteligencia y consciencia humana es electroquímica y la de la IA es electrónica; nada impide que mediante el dispositivo de **transducción** adecuado se establezca una comunicación fluida y flexible entre estos tres sistemas (ICH, IA e IC) y cada uno le aporte al otro sus cualidades más valiosas y diferenciadoras, generando un nuevo tipo de cerebro global y colectivo con elementos naturales y artificiales entendiéndose y cooperando de manera simbiótica.

Es el encuentro de dos mundos, el natural originario de la biología y el artificial procedente de la ciencia y la tecnología: pero ambos nacidos de la física y la química. Las maquinas aumentarán su importancia y laboriosidad en la vida operativa y productiva de los homo hybridus y este asumirá su papel de gobernanza en el sistema de inteligencia y conciencia global. Cuando lleguemos a hybridus totales y desaparezca buena parte del componente homo, estos límites entre la biología y los demás elementos de la realidad ya no serán relevantes, porque todos serán necesarios a un mismo nivel.

¿COMO PODRIAN SER LOS POSTHUMANOS?

Es difícil predecir cómo serán los posible posthumanos y cualquier hipótesis se enmarca en el mundo de la ciencia ficción o la simple especulación. Sin embargo, me voy a atrever a indicar algunas características que tendrán los posthumanos.

Los homo hybridus y los hybridus serán el resultado del impulso dado a la evolución natural por parte de la ciencia, el conocimiento y la tecnología. Hoy conocemos más ciencias convergentes; pero no serán las únicas, porque muy seguramente estamos cerca de nuevas dimensiones tecnocientíficas.

Las **ciencias físicas** se tendrán que juntar con las **ciencias humanas** y sociales para intentar un equilibrio evolutivo; de lo contrario las ciencias convergentes conducirán en menos de 100 años al homo hybridus y la consecuente desaparición del homo sapiens como especie líder del planeta. Es posible que, en la especie humana, muchos individuos se resistan a los cambios generados por la vía artificial de la evolución y logren conservar una posición menor en el ecosistema terrícola. No obstante, los nuevos individuos provenientes del homo hacking irán mutando o migrando de forma progresiva hacia el homo hybridus. Esta nueva especie no necesitara ser muy numerosa, porque se convertirán en una elite; que irán asumiendo el poder y el control sobre la raza humana y del ambiente terrícola y marciano.

Como se espera; esta especie mejorada, no será partidaria de la violencia, de la corrupción, del delito o del sometimiento forzado de las demás especies y el ecosistema natural. Sus métodos de poder trascenderán a los rudimentarios modelos utilizados históricamente por la humanidad. Posiblemente los homo sapiens con la ayuda de los homo hybridus logren mejorar los estándares de salud, convivencia y bienestar para todos y de manera paralela disminuyan o desaparezcan las enormes desigualdades que el capitalismo promueve y mantiene. En el siglo XXI aún se mueren muchas personas de hambre y otros de comer en exceso; incluyendo niños, por la violencia ciudadana y la violencia "ideológica", militar y de Estado. Los superbillonarios son cada vez más ricos y se convierten en una elite reducida y menos del 10% de la población, controla económica al 90%; que es una masa fácilmente moldeable y manipulable. Algunos políticos, economistas, y religiosos entre otros, al parecer no hacen parte de la solución, sino del problema y sus condiciones privilegiadas, ambiciosas y egoístas, no han facilitado un desarrollo justo e igualitario para todos.

Creemos que el sufrimiento y la pobreza hacen parte de la condición humana y que, con promesas incumplidas de muchos líderes, se irán mitigando estas injusticias, lo cual aún no se ha logrado. Sin desconocer, que posiblemente cada generación ha vivido mejor; que las que lo preceden, pero la pregunta es ¿si hubiésemos podido estar mejor? Cada generación se acostumbra a sus propias condiciones y contradicciones, pero también se propone alcanzar algunos sueños; que van jalonado algunos cambios positivos, pero que resultan insuficientes para las necesidades y deseos de todos.

Las elites siempre han necesitado de la masa como su **maquinaria productora** y **consumidora** y de ese juego surge la riqueza, para quienes controlan este modelo. Las elites posiblemente continúen en el posthumanismo, pero la masa humana humana será remplazada por la masa de máquinas e inteligencia artificial en la producción, pero se continuará necesitando la masa consumidora. La dificultad de la posteconomia será como generar ingresos para los homo sapiens y los homo hacking para que consuman y generen riqueza a la elite y calidad de vida mejorada para generar la nueva masa consumidora. En dicho momento el capitalismo se encontrará en un verdadero aprieto y en ese instante nacerá el **postcapitalismo** que puede provenir de la hibridación entre el socialismo, capitalismo y la democracia; de cada una de estas ideologías se tomará lo mejor y de allí emergerá la **postsociedad**.

La sociedad mantendrá una serie de **castas**; porque continuará la libertad y el libre albedrio como estandartes del desarrollo y, por lo tanto, algunos optarán por continuar como **homo sapiens** y dependientes de la evolución natural e inclusive involucionando por el rechazo a la terapéutica y la prevención de enfermedades provenientes de la ciencia y la tecnología. Algunos que se aventuren a ciertas mejoras llegaran a **homo hacking**, pero serán temerosos de continuar con mayores cambios, que los alejen de la condición homo sapiens. En la cima irán quedando los **homo hybridus**, también diversos en su ideología y sus características morfológicas, psicológicas, emocionales, reproductivas, sociales, de interconexión, de hibridación, etc. En unos 500 a 1000 años aparecerán los **hybridus**; que se saldrán de la taxonomía evolutiva natural y en ellos solo quedarán algunos rastros de los homo sapiens y otras especies.

Los homo hybridus serán muy **diversos y mutables**. Estas diferencias promoverán una dialéctica permanente y por lo tanto la sociedad no será tan conforme y pacifica como lo visualizo Aldous Huxley en su libro un mundo feliz. Sera una sociedad **dinámica, con vida y en continuo cambio**, pero más consciente de su liderazgo y por lo tanto abogará por la conservación y mejoramiento de su entorno y por la eliminación de costumbres aberrantes de la historia humana; como la pobreza, la violencia, el sufrimiento innecesario, la desigualdad social y económica extrema, la enfermedad y la corta vida.

La **longevidad será progresiva** y en el hybridus probablemente se logre la inmortalidad total; inclusive si la muerte proviene de un severo trauma o destrucción física, porque se podrá recuperar el "yo" individual del back up que todo hybridus mantendra en la red y desde allí se podrán recuperar sus propiedades físicas y funcionales en empresas de mantenimiento y refacción biológica y mixta.

Los superpoderes serán de todo tipo y esto mantendrá una tensión social permanente; para establecer algunos límites y niveles de igualdad. Los superpoderes serán físicos; incluyendo una amplia gama de ciborg y biótica, con nuevos órganos de percepción, comunicación, movimiento, estructura y funcionalidad. Los superpoderes mentales van más allá de lo que podamos imaginar. Habrá una amalgama entre la inteligencia humana (ICH), la inteligencia artificial (IA) y la inteligencia colectiva (IC) y en ese escenario se podrá mutar permanentemente. Algunos podrán permanecer o viajar por la realidad virtual y retomar la condición física cuando se desee y se podrá hacer en forma biológica, homo hacking, homo hybridus y hybridus total.

Un **manifiesto del posthumanismo** podría ser:

El homo hybridus;

1. Se debe enfermar menos que sus antepasados.
2. Se debe deteriorar menos y regenerar más.
3. Debe incrementar su longevidad progresivamente.
4. Debe ser maleable, modulable y modificable física y funcionalmente.
5. Debe aceptar elementos o funcionalidades electrónicas, tejidos u órganos biológicos u artificiales y materiales y tecnologías futuristas.
6. Debe ser más eficiente y eficaz.
7. Debe proteger y mejorar su entorno individual y colectivo.
8. Debe colonizar otros astros del cosmos.
9. Debe propender por una mejor y mayor calidad de vida individual y colectiva.
10. Debe impedir la pobreza, la vulnerabilidad y el daño evitable, individual y colectivo.
11. Debe tener deberes y derechos.
12. Puede tener cualquier tipo de reproducción.
13. Puede integrarse total o parcialmente a sistemas virtuales.
14. Puede mantener cualidades humanas.
15. Puede mantener el modelo familiar y social del homo sapiens.
16. Puede modificarse física, mental y funcionalmente para disminuir el sufrimiento innecesario, el delito, la desigualdad y la violencia.
17. Puede existir el suicidio y la eutanasia.
18. Puede alejarse del aspecto humano.
19. Puede convivir con homo sapiens.
20. Puede crearse, mantenerse, repararse y mejorarse mediante la ciencia y la tecnología.

21. Puede asumir el dominio y el control de su entorno.

A continuación, presento una escena, que se podría desarrollar cualquier mañana en la vida de un homo hybridus, mientras realiza algunas reflexiones y tareas en una de las plataformas situadas en el hemisferio norte del **planeta Marte**.

UNA MAÑANA EN MARTE

La mañana transcurre como otras; aún está el recuerdo del eclipse del día anterior. Habitualmente no tengo tiempo, ni conciencia para mirar al cielo, pero ayer, casualmente me tope de frente con este fenómeno astral, mientras surcaba el espacio en mi anticuado autojet. Yo soy de esa generación que aún tuvo padres y el autojet lo herede de mi padre, cuando falleció a los 142 años. Él hubiese podido vivir más, pero nunca se sintió cómodo con eso, de la inmortalidad; apenas si accedió a algunas mejoras, pero no las suficientes, como para seguir viviendo. Mi madre fue mucho más terca, e inclusive hizo parte de grupos reaccionarios, que de manera permanente se opusieron al transhumanismo, posiblemente fue una heroína de su causa y por eso la admiro; vivió de acuerdo a sus ideales y murió a la antigua, dependiendo del reloj incierto de la vida natural.

Mi autojet, se podría llamar un clásico; porque Orlando, mi padre, nunca le quiso incorporar las múltiples mejoras, que fueron apareciendo en el mercado. Me gusta el color, desde niño mis juguetes de velocidad los preferí de color rojo, al parecer, igual que mi padre. Todavía usaba timón y no tiene controles telepáticos, las sillas incluida la del conductor están forradas en cuero negro de res, con una franja roja en el centro de material sintex, que en verdad las hace muy cómodas. Aunque el panorámico es de vidrio fractelado, ya tiene incorporada la característica de realidad virtual y aumentada y logré obtener licencia para conducir de forma semiautomática; o sea, con la participación del conductor en algunas decisiones, lo que resulta bastante distraído. Este modelo aún tiene llantas, en lugar de electro magnetos y cumple la doble funcionalidad, de permitir rodar por las pocas carreteras existentes y sus aspas internas se convierten en hélices durante el vuelo. La verdad es una tecnología muy simple y la idea surgió en 2030, cuando las llantas llenas de aire fueron remplazadas definitivamente por ruedas de sílex, que en lugar de aire se estructuran con dos anillos, interno y externo, que se interconectan con unas bandas oblicuos y paralelas, generando la consistencia y flexibilidad de una goma. En la antigüedad las llantas tuvieron neumático y luego sellomatic; pero siempre tuvieron el problema de los pinchazos y la consecuente pérdida de aire interior, las desinflaba hasta impedir la marcha.

El caucho era un material que se utilizó por mucho tiempo después que Charles Goodyear descubriera por casualidad la vulcanización en 1839, permitiendo mayor durabilidad y flexibilidad del producto, que impulso el desarrollo del neumático que fue patentado en 1887 por John Dunlop. Este accesorio, fabricado a base de caucho, muy resistente y duradero obtuvo rápidamente un enorme éxito comercial. Este hecho sumado a la producción en cadena de automóviles por Henry Ford transformó el caucho de rareza en producto esencial de la era industrial convirtiéndolo en el oro blanco de la selva Amazónica.

La materia prima era una resina natural conocida como látex que se extraía de árboles de Hevea brasiliensis de la Amazonia. Esta sustancia era conocida por los nativos desde mucho antes de 1492 o mal llamado descubrimiento de América, y se conocía como "cautchouc", que quería decir "árbol que llora". El auge de bicicletas y vehículos de 1879 y 1912, genero la fiebre del "oro blanco" con la llegada de colonizadores y esclavistas que sometieron a tribus de los boras, los witotos, los andokes y otros pueblos indígenas, obligándolos a trabajar bajo condiciones inclementes y tortura para cumplir con las metas de extracción de los siringueros. La obtención se realizaba con un corte en el tronco por el que el árbol comenzaba a exudar el látex, que se recogía en un recipiente y, una vez coagulado, se recolecta para su posterior traslado al centro de acopio, que luego se trasladaba en barco a Estados Unidos, Inglaterra y Francia principalmente; en donde la demanda por caucho se incrementaba al mismo ritmo que crecía la venta de vehículos.

En 1817, el barón alemán Karl Christian Ludwig Drais von Sauerbronn inventó el primer vehículo de dos ruedas, al que llamó máquina andante (en alemán, laufmaschine), precursora de la bicicleta y la motocicleta. En 1879 Georg Baldwin Selden solicita en Estados Unidos la patente para la construcción de los automóviles de gasolina, con un motor de dos tiempos. En 1900, la producción en grandes cantidades de automóviles ya había empezado en Francia y Estados Unidos. El Ford Modelo T fue un automóvil barato producido por la Ford Motor Company de Henry Ford desde 1908 a 1927. Con este modelo se popularizó la producción en cadena, permitiendo bajar precios y facilitando la adquisición de los automóviles a la clase media.

La rueda se define como una pieza que gira sobre su eje. En el mundo del transporte, la llegada de la rueda dio lugar a nuevas posibilidades y facilitó el traslado de mercadería. Desde su invención, la rueda ha tenido cada vez más usos y ha experimentado sucesivas mejoras. Los descubrimientos arqueológicos del período paleolítico (hace unos 1.000.000 años) parecen indicar que el hombre primitivo sabía que la manera más fácil de mover un objeto pesado era hacerlo rodar. Sin embargo, el estudio de los gráficos de tabletas de arcilla antiguas muestra que las ruedas para el transporte recién aparecieron después de los tornos de alfarería en la Mesopotamia, en el territorio de lo que hoy es Irak, en la Tierra. Durante mucho tiempo la rueda fue de madera con herrajes metálicos y la aparición del caucho transformo esta industria. En 1879, Bouchardat creó una forma de caucho sintético, produciendo un polímero de isopreno en un laboratorio y la demanda de caucho natural disminuyó y la presión social por su extracción también mermo.

Los primeros autojets se movían a base de gasolina, un derivado del petróleo. El petróleo es conocido desde la antigüedad. Según la Biblia, Noé impermeabilizó su arca con betún, un derivado del petróleo. La historia explica también que los pueblos de Mesopotamia hacían comercio con los asfaltos, las naftas y los betunes. Al sur de Irán ya había unos pozos de petróleo hace unos 500 a.C. y los chinos buscaban petróleo bajo tierra utilizando cañas de bambú y tubos de bronce, y lo utilizaban para usos domésticos y de alumbrado. Los fenicios comerciaban con petróleo que obtenían en las orillas del mar Caspio. Los griegos destruían las flotas enemigas derramando petróleo al mar y prendiéndole fuego.

El primer pozo de petróleo lo perforó en 1859 Edwin Drake en Pensilvania, en los Estados Unidos. Drake hizo un sondeo en el valle de Oil Creek para la empresa Seneca Oil y después de meses de esfuerzo el petróleo brotó espontáneamente de un pozo de 21 metros de profundidad. Este descubrimiento estimuló la actividad de la perforación de pozos –la fiebre del petróleo–, llegando a una producción de 25.000 toneladas un año más tarde. Nació una de las industrias más poderosas del planeta: la petrolera, y comenzaba a recular la que había sido la fuente de energía más importante, la del carbón.

El gran cambio histórico se produjo cuando aparecieron los motores de explosión (Daimler, 1887) y de combustión (Diesel, 1897), los cuales permitieron el desarrollo espectacular de nuevos sistemas de transporte por tierra y aire, y la sustitución de los combustibles tradicionales por derivados del petróleo tanto en el transporte marítimo como en el terrestre (ferrocarril) así se originó la industria de la automoción. Esta sustancia natural se extrajo del fondo de la tierra por mucho tiempo, pero su combustión genero grandes destrozos ambientales. La energía eléctrica y luego la isotópica y cuántica vino a solucionar el problema energético.

El siplex fue una alternativa muy ingeniosa, que entro en la industria automotriz y solucionó el problema de los pinchamientos, aumentando la amortiguación y durabilidad de las ruedas, al no necesitar aire, sino paneles trabeculados y modifico el sistema de rodamiento para siempre. Para entonces, los vehículos ya no tenían un único motor de combustión, como antaño, sino que cada una de las cuatro ruedas contaba con su propio motor eléctrico independiente, gracias a la tecnología desarrollada por Tesla y su visionario líder Elon Musk. Algo curioso, es que las llantas hasta entonces eran únicamente de color negro y con el siplex las alternativas se hicieron infinitas y estimularon mucha creatividad. Algunos diseñadores industriales y artistas plásticos dotaron a estos accesorios de verdaderas obras de arte abstracto, figurativo y luminiscente.

Las llantas que para transitar por carreteras se mantienen en forma vertical y ruedan sobre la superficie de las vías, cuando se inicia la elevación del autojet, mediante dos propulsores, las ruedas rápidamente se desplazan a los costados del vehículo y se posicionan de forma horizontal u oblicua y toman el control propulsor de la nave para desplazarse por el aire. Sus movimientos se inspiraron en los primeros drones que se utilizaron a finales del siglo XX, dando dirección, velocidad y estabilidad, alcanzo velocidades de 300 a 400 km/h. No fueron habilitados para ir más rápido, por razones de seguridad; ya que los humanos que aún tenían autonomía durante el vuelo, generaron algunos icónicos accidentes, con las consecuentes pérdidas de vidas.

Mi autojet es de marca Google-Uber; que fue la marca más famosa y la que más impulso dicha tecnología. En 2025 se dio inicio al taxi aéreo, en cabeza de la empresa Uber, cuyos primeros vehículos fueron automatizados, pero que por temas culturales y de supuesta seguridad, todavía mantenían conductores humanos, que podían resolver cualquier fallo del vuelo automático. Estos luego desaparecieron y el viaje quedo totalmente automatizado y con mínimos accidentes, caudas por escasas fallas mecánicas.

Ya en 2030, se amplió el mercado a vehículos privados, pero que rápidamente se convirtieron en un lujo; porque los países limitaron el número de aeronaves, por el riesgo de saturar los cielos. Mi padre era un médico y compro su Ubergo en 2052, en un modelo sedan similar a los carros de 5 pasajeros de su época, con dos puertas delanteras y dos traseras y un pequeño baúl adelante y atrás, que rodeaba los jets impulsores.

La cabina se presuriza automáticamente tan pronto se encienden los jets, que elevan el vehículo verticalmente, ayudados por una pequeña hélice que se despliega en el techo de la nave, del mismo estilo que los rotores de un dron. En menos de dos a cinco minutos, ya se ha alcanzado la altura de crucero para iniciar el viaje, siguiendo las coordenadas del dispositivo Google de mapeo y GPS.

Mi padre viajó por primera vez a Marte en 2083 cuando Intecmars lo convenció para trabajar en sus laboratorios de biotecnología en la plataforma MS-321, del conglomerado económico Redplanet. Para ese entonces mi padre tenía 61 años, ya era genetista y había escrito algunos libros, entre los que se encontraba: "homo hacking", en donde narra cómo se dio el paso desde la raza humana a unas nuevas especies; que se llamaron posthumanos y que ya habían colonizado Marte. En este planeta se estaban desarrollando alejados de las legislaciones conservadoras de la Tierra. En la Tierra también hay homo hybridus del tipo homo ciborgs, homo quanks, homo hacking-mix y metamorfos, y otras especies que surgieron de la aplicación de nuevas tecnologías en los antiguos homo sapiens.

Mi padre fue un visionario, sabía que la especie humana estaba cambiando, él era un transhumano y aunque tuvo oportunidad de acceder a muchos procedimientos de mejoramiento mediante la ciencia y la tecnología, solo hizo de algunas de ellas. Aunque pretendía un mejor futuro para la humanidad, el mismo no estaba muy de acuerdo con la inmortalidad, tal vez por sus raíces religiosas y culturales, que le habían inculcado la mortalidad como parte natural de la existencia humana y la muerte era entendida como un hecho irreversible, al que todos en algún momento estábamos destinados. A mi hermana y a mí, nos educaron con valores y costumbres humanas, que quiso preservar a través nuestro. Inclusive tenemos doble planetaridad; terrícola y marciana. En la tierra nos llamamos Oscar y Eloísa y aquí en marte HMT04879 y MMT05938, por ponerlo en términos sencillos, ya que, en realidad, reconocemos a los demás de forma intuitiva, sin necesidad de nombres específicos. Sin embargo, por cumplimiento de algunas disposiciones organizativas, aún se utiliza esta anticuada nomenclatura.

El eclipse fue justo ayer a las X23, en términos terrícolas serían las 5:30 de la tarde. La mayoría de veces me movilizo en los Liners Submarteanos y mediante la transportación cuántica y quarktica. Sin embargo, aún está autorizado utilizar tecnología del pasado; especialmente en aquellos individuos que tuvieron padres transhumanos. En lo particular siento mucha nostalgia por la vida humana y suelo leer todavía literatura e historia de dicha cultura. Aunque me parece una civilización algo bárbara, injusta, desigual, torpe y egoísta, la vida humana me parece que fue muy apasionante. En la Tierra, aún hay 12 billones de humanos, pero en su mayoría transhumanos y con muchos caracteres de posthumanos. Me refiero a los humanos que existieron desde antes de cristo, hasta comienzos del siglo XXI.

Mi Ubergo lo trajo mi papa en 2094 y aquí algunos ingenieros, los han adecuado para las condiciones marcianas. Los primeros transhumanos que llegaron tuvieron que terricolizar este planeta, con reactores generadores de oxígeno, la siembra de muchas especies de vegetales y musgos hiperproductores de oxígeno, habitando miniplataformas totalmente herméticas, pero interconectadas por túneles, con algunas vías en la superficie y aeronaves también selladas. Luego con los avances biotecnológicos, respirar oxígeno a las concentraciones de la Tierra ya no fue necesario, hoy tenemos procesos biológicos modificados y la respiración ya no es tan importante y por lo tanto recorremos la superficie planetaria sin mayor dificultad.

Mi autojet lo aprecio mucho y le realizo el mantenimiento y las mejoras pertinentes, sin que pierda su originalidad de clásico terrícola. Aunque vivo cerca del laboratorio en ocasiones viajo en mi nave y ayer justo de regreso a mi "casa" o estación me sorprendí con el cambio de intensidad lumínica y luego observé a la Tierra interponiéndose entre Marte y el Sol. Este eclipse Solar es poco habitual; Marte es el cuarto planeta en orden de distancia al Sol y la Tierra el tercero, situándose a 54,6 millones de kilómetros de Marte, en su distancia más corta, ya que sus orbitas son elípticas. Aquí son más frecuentes los eclipses solares y lunares de Fobos y Deimos. Este fenómeno me recuerda algunos eclipses solares en la Tierra, uno que viene a mi memoria fue en unas vacaciones en Chile, cuando la sombra de la Luna cubrió una franja de 90 kilómetros, en la ciudad de Puerto Saavedra en la región de La Araucanía, nos situamos en una montaña con gafas protectoras, junto a muchos entusiastas, que se maravillaron con el anillo celeste que formó el eclipse. Soy terrícola y mantengo mucho cariño por mi planeta.

La naturaleza y mi niñez me despiertan sentimientos, que no tengo a menudo en Marte. Este planeta tiene menos de la mitad del tamaño de la Tierra y aún no tiene la belleza y tipos de climas que mi madre Tierra. Aquí persisten zonas agrestes y rojizas; por la abundancia de hierro en los suelos, inclusive a veces se percibe el aroma de oxidación. Yo vivo a 50 km del complejo volcánico de Tharsis. En él se encuentra el Monte Olimpo, el mayor volcán del sistema solar. Tiene una altura calculada entre 21 y 26 km (más de dos veces y media la altura del Everest sobre un globo mucho más pequeño que el de la Tierra) y su base tiene una anchura de 600 km. Aunque existen estaciones, las temperaturas son muy bajas hasta -90 °C, pero en verano es más tolerable y puede llegar a 20 °C.

Me tomo un teki, que es una bebida estimulante que proviene de una planta, que surgió de la hibridación de café, té, cacao, mate y stevia. Algo similar a la Tierra, es que los días duran aproximadamente 24 horas; con

12 horas/día y 12 horas/noche. Los años duran el doble, concretamente 687 días. Sin embargo, las plataformas funcionan 24 horas con energía isotópica. Esta aromática viene en goteros y cubos, que se agrega al agua caliente; aunque la tekira, se carga con los cubos o el aceite de teki y se mantiene la disponibilidad a toda hora.

Durante el eclipse, no sé si de forma real o imaginaria, sentí un poco de más frio; ya que no todo el tiempo uso los trajes térmicos, que están de moda para esta temporada. Yo vivo en una zona del hemisferio norte y por lo tanto es más frio que la zona medial. La especie "homo ciborg", debido a sus grandes transformaciones mecánicas, no perciben, ni se afecta por las temperaturas bajas y tampoco por la escasez de oxígeno en la atmosfera marciana. Ellos realizan la homeostasis de maneras muy diferentes y el componente biológico es menor al 30% y su energía proviene por baterías reguladas por energía isotópica y cuántica, además ingieren ciertos precursores que se administran periódicamente, ya que esta especie no necesita consumir alimentos, sino nanocompuestos y nanorobots, que realizan la diagnosis y regeneración de tejidos y estructuras inorgánicas. En esta plataforma la mayoría somos "homo hybridus" y mantenemos alguna similitud con los transhumanos terrícolas.

Debido a que la gravedad en la superficie de Marte es tan solo la tercera parte de la de la Tierra, los transhumanos presentan pérdida de masa muscular y descalcificación ósea, además de una mayor proliferación de la biótica.

Continúo degustando mi teki, mientras pienso en las tareas que quiero desarrollar y la programación de los sistemas inteligentes para avanzar en el proyecto. Cada individuo presta sus servicios a la organización como mínimo 30 h/s (horas semanales) y máximo 60 h/s. Entre 30 y 60 se pueden incrementar los points, que se convierten en más recursos para consumir o invertir.

Aquí, no existen gobiernos, ni políticos y tampoco burocracia, dependemos de organizaciones económicas con sede en la Tierra. Tampoco existe el dinero, pero si los points, que permiten invertir y adquirir caprichos, porque el resto es de uso colectivo, suministrado por la compañía. Existe la propiedad privada, pero prima la colectiva, ya que no somos empleados, sino accionistas. La mayoría del trabajo y la administración la efectúan las máquinas, coordinadas por inteligencia artificial, que es cuidadosamente programada por nosotros. En este laboratorio estamos 5 gen-hybridus y 1 transhumano que está cumpliendo una pasantía, por un año y luego regresa a la Tierra.

Ya terminé mi bebida y me voy a desconectar de la comunicación "en privado", para adherirme a la nube cuántica, que contiene toda la información disponible en la red; pero a la vez, convierte mis pensamientos en "públicos". Aunque las maquinas poseen enorme inteligencia, se siguen manteniendo solo como herramientas de los homo hybridus, ya que desde la antigüedad se ha temido por el poder de las máquinas y su capacidad para someternos, lo cual no ha sucedido.

Estoy trabajando en células artificiales, para humanos; ya que buena parte del mercado y las ventas se dirigen a los homo sapiens, que de forma permanente son bombardeados con nuevos productos y servicios; incrementando la riqueza de las empresas trasplanetarías. Intecmars ya tiene plataformas extractoras de recursos en Venus.

Los humanos no han tenido mucho éxito en Marte, por sus condiciones biológicas y escasas habilidades mentales y además solo viven 120 a 130 años, si no acuden a mutaciones o transformaciones. Como en el libro "un mundo feliz" escrito por Aldous Huxley en 1931, ya no nacen los individuos, sino que se reproducen eugenésicamente en los laboratorios, alejado de cualquier contexto familiar o romántico.

Los humanos han comenzado a incorporar muchos cambios en sus organismos, pero mantienen sus costumbres sociales y lazos familiares. La vida reproductiva de tipo sexual, sigue siendo una característica de la humanidad. Mantiene las mismas desigualdades, pobreza, corrupción, violencia; pero la riqueza económica se ha desplazado a los transhumanos y posthumanos, que ya controlan por completo el planeta.

Existen diferentes clases de células artificiales, pero estoy involucrado en el proyecto "ancestro", combinando arqueas con bacterias, dotándolos de nanotúbulos de inteligencia artificial, que luego se convierten en células "stem", pluripotenciales para administrar por vía oral o intravenosa y en menos de 48 horas se posicionan o desplazan los tejidos dañados o neoplásicos. También pueden ser células mejoradas; por ejemplo, pueden ser nano glóbulos rojos, con vida muy superior a los 120 días, que tienen los hematíes naturales y con una capacidad 50 veces mayor de transportar gases (O_2 y CO_2). Aunque persisten algunos problemas de rechazo o alergias, que ya estamos resolviendo.

En Marte no existen niños, porque todos los individuos se crean en versión adulto. Este proceso de formación dura de 5 a 6 meses y luego se dedican 1 a 2 meses para dotarlos de inteligencia y conocimientos, al igual que valores éticos, de autenticidad y libre albedrío. Cada vez más se hace hincapié en los aspectos que nos mantiene como seres vivos y organismos con cualidades individuales y autónomas, para evitar convertirnos en meras maquinas al servicio de compañías económicas. Es una línea muy delgada y peligrosa, pero todos los individuos nacen como accionistas de una compañía, pero pueden cambiar y conservar sus acciones y adquirir las que desee de otras empresas, viajar a la Tierra o inclusive quitarse la vida.

En algunas especies el suicidio es superior al humano, lo que resulta paradójico en plena era de la inmortalidad, lo que hace concluir que la evolución artificial no ha logrado superar los problemas de la infelicidad, la falta de sentido de la vida, la insatisfacción, las emociones negativas y otros aspectos críticos, que heredamos de los humanos.

Por ahora vuelvo al "pensamiento colectivo" y me ausento de mi propia privacidad, para poder continuar con mi labor científica, incrementando mis capacidades cognitivas en el sistema inteligente; cuántico y quarktico disponible en la red.

DATOS DEL AUTOR

Médico cirujano; con especializaciones en Gerencia Social, Gerencia en Servicios de Salud y Prevención de Riesgos. Ha desarrollado su carrera profesional en diferentes ámbitos del sector salud. Como docente universitario, investigador y asesor del Ministerio de Salud y Protección Social de Colombia; en convenio con la Organización Panamericana de la Salud (OPS).

Como escritor se está especializando en la reflexión disruptiva; sobre temas contemporáneos que habitualmente inquietan a la humanidad o que están rodeados de misterio y controversia científica, filosófica o religiosa. Más allá, del análisis teórico y la generación de hipótesis, busca repensar la vida y la condición humana, con un enfoque nuevo y constructivo, y que aporte tanto al conocimiento general, como a la calidad de vida de cada persona que lea sus libros.

HOMO HACKING hace parte de la serie "TABU" junto con libros como "Tus Seis Cerebros" y "La Formula Ikigai para el Éxito. La serie se conformará por diez libros que se encuentran en proceso investigativo y de edición, que abordan cuestiones del éxito, la felicidad, la inteligencia, la mente, el poder, la relación de género, la evolución, entre otros.

Bibliografía

concepto.de/particulas-subatomicas/.

es.wikipedia.org/wiki/Her%C3%A1clito

www.cecs.cl/educacion/index.php?section=fisica&classe=28&id=47#:~:text=La%20moderna%20teor%C3%ADa%20at%C3%B3mica%20tiene,partir%20de%20ox%C3%ADgeno%20e%20hidr%C3%B3geno.

https://www.newscientist.com/article/dn14245-did-newborn-earth-harbour-life/?ignored=irrelevant

https://es.wikipedia.org/wiki/Homo_sapiens

http://scielo.isciii.es/scielo.php?script=sci_arttext&pid=S1988-348X2016000300005

https://retina.elpais.com/retina/2018/12/17/tendencias/1545032685_764587.html

https://www.redalyc.org/jatsRepo/5155/515559481002/html/index.html

https://www.redalyc.org/pdf/5155/515551535004.pdf

https://es.wikipedia.org/wiki/Ford_T

https://archivoshistoria.com/la-fiebre-del-caucho/

https://es.wikipedia.org/wiki/Caucho

https://es.wikipedia.org/wiki/Bicicleta

https://es.wikipedia.org/wiki/Caucho_sint%C3%A9tico

https://energia.jcyl.es/web/es/biblioteca/historia-petroleo.html

https://www.elperiodico.com/es/sociedad/20210217/distancia-marte-tierra-planeta-rojo-11526432

https://www.teinteresa.es/ciencia/datos-Marte-sepas_0_1076293487.html#:~:text=El%20movimiento%20de%20rotaci%C3%B3n%20de,del%20sol%2C%20concretamente%20687%20d%C3%ADas.

https://es.wikipedia.org/wiki/Marte_(planeta)

https://www.semana.com/vida-moderna/articulo/eclipse-solar-2020-fecha-hora-y-donde-se-podra-ver-mejor-el-ultimo-fenomeno-astronomico-del-ano/202024/

https://www.bbc.com/mundo/noticias-55306473

https://www.nationalgeographic.com.es/ciencia/unos-300-millones-planetas-nuestra-galaxia-podrian-ser-habitables-segun-nasa_16072

https://www.sgm.gob.mx/Web/MuseoVirtual/Planeta/Origen-del-planeta

https://www.diferenciador.com/compuestos-organicos-e-inorganicos

https://www.muyinteresante.es/naturaleza/fotos/historia-del-planeta-tierra-desde-su-nacimiento-hasta-hoy/2

https://www.muyinteresante.es/naturaleza/fotos/historia-del-planeta-tierra-desde-su-nacimiento-hasta-hoy/5

https://estrucplan.com.ar/geologia-composicion-quimica-de-la-tierra/#

https://www.ecured.cu/Escala_geol%C3%B3gica_de_la_Tierra#Composici.C3.B3n

https://www.clarin.com/cultura/5-teorias-sobre-el-origen-de-la-vida-como-surgio-y-evoluciono-el-ser-vivo-_0_e91XDRZ-.html

https://www.bbc.com/mundo/vert-fut-55011670

http://www.ubiobio.cl/miweb/webfile/media/77/APUNTES%20DE%20APOYO%20DOCENTE/Origen%20de%20la%20vida.PDF

https://es.khanacademy.org/science/high-school-biology/hs-biology-foundations/hs-biology-and-the-scientific-method/a/what-is-life

https://www.fis.unam.mx/~max/MyWebPage/vidaenlatierra.html

https://www.scientificamerican.com/espanol/noticias/como-surgieron-en-la-tierra-las-moleculas-originarias-de-la-vida/

https://es.khanacademy.org/science/ap-biology/natural-selection/origins-of-life-on-earth/a/hypotheses-about-the-origins-of-life

http://www.conocimientosfundamentales.unam.mx/vol2/biologia

https://www.diferenciador.com/reinos-de-la-naturaleza/

https://brainly.lat/tarea/4578814

http://blogs.ciencia.unam.mx/lahuella/2015/02/23/de-cuando-aparecieron-los-mamiferos/#:~:text=De%20esta%20manera%2C%20el%20linaje,hoy%20pero%20de%20h%C3%A1bitos%20nocturnos.

https://www.investigacionyciencia.es/revistas/investigacion-y-ciencia/el-antepasado-del-homo-551/el-origen-del-gnero-em-homo-em-8657

http://agrega.educacion.es/repositorio/06122014/51/es_2014120612_9151141/gnero_homo_y_primeras_especies.html

http://antropologia.uc.cl/images/archivos/el%20genero%20homo_martinez.pdf

http://bibliotecadigital.ilce.edu.mx/sites/ciencia/volumen1/ciencia2/25/htm/sec_6.htm

https://unmundodevida.wordpress.com/causas-y-mecanismos-de-extincion/extinciones-cinco-extinciones-y-camino-de-la-sexta/

https://unmundodevida.wordpress.com/causas-y-mecanismos-de-extincion/la-sexta-extincion/

https://www.botanical-online.com/animales/animales-especies-cuantas

https://es.wikipedia.org/wiki/Biodiversidad_global

https://www.europapress.es/ciencia/astronomia/noticia-cuanto-pesa-planeta-tierra-20150210180922.html

https://es.wikipedia.org/wiki/Especie

https://es.wikipedia.org/wiki/Animismo

https://juansenq.wixsite.com/atrapadosenhistoria/post/c%C3%B3mo-surgi%C3%B3-el-sedentarismo

https://www.vix.com/es/btg/curiosidades/3867/las-plantas-tambien-se-domestican

https://grain.org/es/entries/6080-una-breve-historia-de-los-origenes-de-la-agricultura-la-domesticacion-y-la-diversidad-de-los-cultivos

https://www.significados.com/ser-humano/

https://www.bbc.com/mundo/noticias/2015/03/150317_ciencia_15_cambios_humanos_finde_np

https://psicologiaymente.com/cultura/etapas-de-prehistoria

https://concepto.de/historia/

http://scielo.sld.cu/scielo.php?script=sci_arttext&pid=S1024-94352004000200009

https://www.divulgaciondinamica.es/blog/procesos-del-envejecimiento/

https://www.scielo.sa.cr/scielo.php?script=sci_arttext&pid=S0001-60022001000300003

http://www3.gobiernodecanarias.org/medusa/ecoblog/mafogonl/2019/10/25/la-historia-de-la-medicina/

https://www.amputee-coalition.org/resources/spanish-history-prosthetics/

http://bibliotecadigital.ilce.edu.mx/sites/ciencia/volumen3/ciencia3/154/html/sec_16.html

https://www.um.es/acc/una-breve-historia-de-la-ciencia/

http://scielo.sld.cu/scielo.php?script=sci_arttext&pid=S1024-94351996000300007

https://www.researchgate.net/publication/337590812_Evolucion_de_la_ciencia_una_breve_trayectoria_historica

https://clinic-cloud.com/blog/avances-tecnologicos-en-la-medicina-desde-el-siglo-xx/

https://www.lavanguardia.com/historiayvida/historia-antigua/20191204/472017948936/cirugia-estetica.html

https://www.beautymed.es/cirugia-estetica-nacimiento-e-historia-desde-la-antiguedad-13831.php

https://www.clinicafernandez.com/historia-de-la-cirugia-plastica/

http://www.saludpublica.fcm.unc.edu.ar/sites/default/files/RSP09_2_09_mirada%20historica.pdf

https://es.wikipedia.org/wiki/Implante_(medicina)

https://www.news-medical.net/health/History-of-Dental-Implants-(Spanish).aspx

https://www.auditoriamedicahoy.com.ar/biblioteca/Karina%20Galli%20Sabrina%20Peloso%20Ortesis%20y%20pr%C3%B3tesis.pdf

https://www.medigraphic.com/pdfs/revmexang/an-2009/an091c.pdf

http://implantecoclear.org/index.php?option=com_content&view=article&id=76&Itemid=82

https://clustersalud.americaeconomia.com/opinion/los-desafios-detras-de-los-implantes-medicos

https://www.trasplantes.net/index.php/men-sobre-los-trasplantes/historia-de-los-trasplantes

https://es.wikipedia.org/wiki/Coraz%C3%B3n_artificial

http://www.nib.fmed.edu.uy/Rodriguez.pdf

https://www.agenciasinc.es/Noticias/Creacion-de-organos-artificiales-donde-estan-los-limites

https://lavozdelmuro.net/10-modificaciones-corporales-extremas-que-comenzaron-en-la-antiguedad-y-que-perduran-actualmente/

https://www.iifilologicas.unam.mx/estmesoam/uploads/Vol%C3%BAmenes/Volumen%203/alteraciones_culturales_josefina_ba2.pdf

https://es.wikipedia.org/wiki/Modificaci%C3%B3n_corporal

https://ethic.es/2017/11/transhumanismo-antonio-dieguez/

http://scielo.isciii.es/scielo.php?script=sci_arttext&pid=S1988-348X2016000300005

http://www.scielo.br/scielo.php?script=sci_arttext&pid=S1983-80422015000300505

https://nuso.org/articulo/hacia-un-futuro-transhumano/

https://es.wikipedia.org/wiki/Transhumanismo

https://www.infobae.com/tendencias/innovacion/2018/04/15/quienes-son-los-transhumanistas-y-por-que-menosprecian-a-los-humanos/

https://www.bbc.com/mundo/noticias-37925981

https://zemsaniaglobalgroup.com/biohacking-ciencia-mejorar-capacidades/

https://computerhoy.com/noticias/life/biohacking-primer-paso-transhumanismo-43687

https://computerhoy.com/noticias/life/este-espermatozoide-cyborg-podria-curar-infertilidad-39253

https://www.ens.psl.eu/sites/default/files/17_bcpst_rap_eoEsp.pdf

https://www.futuro360.com/videos/biohacking-transhumanos_20200304/

https://www.diariomotor.com/vapor/biohackers-y-autoimplantes-asi-es-como-alguna-gente-quiere-ser-mas-que-humana/

https://competenciasdelsiglo21.com/proyecto-cyborg-tecnologia-cuerpo/

https://es.wikipedia.org/wiki/C%C3%ADborg

http://www.scielo.org.mx/scielo.php?script=sci_arttext&pid=S1405-94362011000100014

https://www.xataka.com/robotica-e-ia/la-era-de-los-ciborgs-cuando-los-humanos-se-hagan-positronicos

https://competenciasdelsiglo21.com/proyecto-cyborg-tecnologia-cuerpo/

https://www.ukhillwalking.com/logbook/hills/chulilla-3789/eterna_juventud-218710

https://theconversation.com/cuanto-falta-para-dar-con-la-fuente-de-la-eterna-juventud-131512

https://www.lavanguardia.com/vivo/longevity/20210124/6194208/fuente-eterna-juventud-longevidad-ponce.html

https://www.diariodenavarra.es/noticias/vivir/ciencia/2016/12/16/la_ciencia_un_paso_mas_la_busqueda_la_eterna_juventud_505680_3241.html

http://dspace.umh.es/bitstream/11000/698/27/11_RESUMEN.pdf

https://www.fundacionmencia.org/noticias/la-ciencia-y-la-busqueda-de-la-eterna-juventud/

https://www.vision.org/es/en-busca-de-la-fuente-de-la-juventud-565

https://www.bellportbranding.com/ethical-hacking

https://en.wikipedia.org/wiki/Collective_intelligence

https://en.wikipedia.org/wiki/Brain%E2%80%93computer_interface

http://news.bbc.co.uk/2/hi/science/nature/358822.stm

https://en.wikipedia.org/wiki/Wetware_(brain)

https://www.monografias.com/trabajos/cibernetica/cibernetica.shtml

https://www.ecured.cu/Cibern%C3%A9tica

https://www.revistaciencia.amc.edu.mx/images/revista/67_1/PDF/Presentacion.pdf

https://www.eltiempo.com/archivo/documento/CMS-15989796

https://computerhoy.com/reportajes/tecnologia/inteligencia-artificial-469917

https://www.iberdrola.com/innovacion/que-es-inteligencia-artificial

https://www.nauticalnewstoday.com/medusa-inmortal-vida-eterna/

https://www.eurostemcell.org/es/regeneracion-que-significa-y-como-funciona

http://scielo.sld.cu/scielo.php?script=sci_arttext&pid=S0864-02892006000300004

https://www.bbc.com/mundo/noticias/2010/11/101119_super_humanos

www.ingramcontent.com/pod-product-compliance
Lightning Source LLC
Chambersburg PA
CBHW052341220526
45465CB00003BA/912